Stefan Henning

Modellbasierte Entwicklung von Methoden Algorithmen und Werkzeugen zur Analyse und Synthese nachgiebiger Mechanismen

Berichte der Ilmenauer Mechanismentechnik (BIMT)

Herausgegeben von
Prof. Lena Zentner
Fachgebiet Nachgiebige Systeme an der TU Ilmenau

Band 7

Modellbasierte Entwicklung von Methoden Algorithmen und Werkzeugen zur Analyse und Synthese nachgiebiger Mechanismen

Stefan Henning

Universitätsverlag Ilmenau
2022

Impressum

Bibliografische Information der Deutschen Nationalbibliothek
Die Deutsche Nationalbibliothek verzeichnet diese Publikation in der Deutschen Nationalbibliografie; detaillierte bibliografische Angaben sind im Internet über http://dnb.d-nb.de abrufbar.

Diese Arbeit hat der Fakultät für Maschinenbau der Technischen Universität Ilmenau als Dissertation vorgelegen.

Tag der Einreichung:	29. März 2022
1. Gutachterin:	Univ.-Prof. Dr.-Ing. habil. Lena Zentner (Technische Universität Ilmenau)
2. Gutachter:	Prof. Dr.-Ing Felix Becker (Westsächsische Hochschule Zwickau)
3. Gutachter/-in:	Univ.-Prof. Dr.-Ing. Dr. h. c. Burkhard Corves (RWTH Aachen)
Tag der Verteidigung:	19. Juli 2022

Technische Universität Ilmenau/Universitätsbibliothek
Universitätsverlag Ilmenau
Postfach 10 05 65
98684 Ilmenau
https://www.tu-ilmenau.de/universitaetsverlag

ISSN 2194-9476
ISBN 978-3-86360-252-9 (Druckausgabe)
DOI 10.22032/dbt.53126
URN urn:nbn:de:gbv:ilm1-2022000290

Vorwort

Die vorliegende Arbeit ist in einem Zeitraum von viereinhalb Jahren im Rahmen meiner Tätigkeit als wissenschaftlicher Mitarbeiter am Fachgebiet Nachgiebige Systeme an der Technischen Universität Ilmenau entstanden. Wesentliche Teile der Arbeit wurden im Zuge eines von der Deutschen Forschungsgemeinschaft (DFG) geförderten Gemeinschaftsprojektes (Geschäftszeichen ZE 714/10-2) erarbeitet. Ich möchte mich bei der DFG und den Projektpartnern für die gute Zusammenarbeit bedanken.

Mein besonderer Dank gilt Frau Univ.-Prof. Dr.-Ing. habil. Lena Zentner als Leiterin des Fachgebiets Nachgiebige Systeme und meiner Doktormutter. Durch die Möglichkeit zur eigenständigen Forschung und ihre hervorragende Betreuung sowie die zahlreichen fruchtbaren Diskussionen sind die wesentlichen Ansätze und Ideen für die Inhalte dieser Arbeit entstanden.

Weiterhin bedanke ich mich herzlich bei Prof. Dr.-Ing. Felix Becker sowie Univ.-Prof. Dr.-Ing. Dr. h. c. Burkhard Corves für ihr Interesse an der Thematik und die bereitwillige Übernahme der Gutachten.

Außerdem möchte ich mich herzlich bei meinen Kolleg*innen Dipl.-Ing. Alexandra Griebel, M. Sc. Marten Zirkel, M. Sc. Hannes Jahn, M. Sc. Vivien Platl, Dipl.-Ing. Dirk Wetzlich und Dr.-Ing. René Uhlig für ihre Unterstützung bedanken. Insbesondere haben die zahlreichen Anregungen und Hinweise durch Dr.-Ing. Stefan Griebel und Dr.-Ing. Sebastian Linß wesentlich zur Entstehung der Arbeit beigetragen. Außerdem gilt mein Dank Herrn Dr.-Ing. Philipp Schorr für die Unterstützung bei der Problemlösung numerischer Fragestellungen sowie Herrn M. Sc. Philipp Gräser für die Unterstützung bei der Durchführung von Messungen am beschriebenen Funktionsmuster.

Zudem möchte ich mich bei allen Studierenden für ihren Beitrag zur vorliegenden Arbeit durch die Anfertigung ihrer Abschlussarbeiten bedanken.

Nicht zuletzt bedanke ich mich ganz herzlich bei meiner Familie und vor allem bei meiner Freundin Anne für die endlose Geduld und Unterstützung während der gesamten Zeit meiner Promotion.

Ilmenau im August 2022
Stefan Henning

Kurzzusammenfassung

Nachgiebige Mechanismen sind in technischen Anwendungen weit verbreitet, insbesondere in der Robotik, Präzisions-, Mess- und Medizintechnik. Ihr Verformungsverhalten wird maßgeblich durch die Gestaltung ausgewählter nachgiebiger Strukturabschnitte, beispielsweise durch die gezielte Reduktion der Querschnittsabmessungen, beeinflusst. Die Bewegung des Mechanismus erfolgt vorwiegend durch Biegung dieser Abschnitte. Die Berechnung des Verformungsverhaltens unter dem Einfluss äußerer Belastungen stellt aufgrund von geometrischer Nichtlinearität eine anspruchsvolle Aufgabe bei der Analyse und Synthese nachgiebiger Mechanismen dar.

Daher wird in dieser Arbeit ein Beitrag zur analytischen Modellbildung und damit zum Analyse- und Syntheseprozess geleistet. Die Modellgleichungen werden für ebene und räumliche Anwendungsfälle gegeben. Mit Hilfe dieser können nachgiebige Mechanismen mit variierenden Querschnitten, Krümmungen, Werkstoffen und Verzweigungen charakterisiert werden. Für die Betrachtung beliebiger Mechanismen werden die Gleichungen in einer rekursiven Form gegeben.

Aufgrund von Strukturabschnitten unterschiedlicher Querschnitte werden, über reine Biegung hinaus, auch Querkraftschub und Querkontraktion im Modell berücksichtigt. Es werden Untersuchungen durchgeführt um zu definieren, wann diese Effekte, in Abhängigkeit der Geometrie, zu berücksichtigen sind. Auf Basis dieser Untersuchungen werden Empfehlungen für die zu verwendende Theorie gegeben. Durch die Formulierung der Gleichungen in einer einheitlichen Form wird ermöglicht, die Theorie für einzelne Abschnitte eines nachgiebigen Mechanismus individuell anzupassen.

Weiterhin wird das Modell durch Beispielmechanismen für zwei- und dreidimensionale Anwendungsfälle mit Hilfe der Finiten-Elemente-Methode und experimentellen Untersuchungen validiert. Dabei werden die Empfehlungen der einzusetzenden Theorie angewendet.

Daraufhin werden Algorithmen zur Dimensionierung einzelner Festkörpergelenke und nachgiebiger Mechanismen gegeben. Dadurch kann deren Bewegungsverhalten im Hinblick auf konkrete Zielkriterien verbessert werden.

Abschließend werden die Methoden in drei eigenständig ausführbare Softwarewerkzeuge implementiert, die frei zur Verfügung gestellt sind. Durch deren Entwicklung wird ein Beitrag zum Entwurf sowie zur Analyse und Synthese von Festkörpergelenken und nachgiebigen Mechanismen geleistet.

Abstract

Compliant mechanisms are widely used in technical applications, especially in robotics, precision engineering, measurement and medical technology. Their deformation behavior is significantly influenced by the design of selected compliant sections, for example by systematically reducing cross-sectional dimensions. Movement of the mechanism is predominantly achieved by bending these sections. Due to geometric nonlinearity, calculating the deformation behavior under the influence of external loads is a challenging task in analyzing and synthesizing compliant mechanisms.

Therefore, this work contributes to the analytical modelling and, consequently, to the analysis and synthesis process. A set of model equations is given for plane and spatial use cases. They can be used to characterize compliant mechanisms with varying cross sections, curvatures, materials, and branching points. Since we are considering arbitrary mechanisms, the equations are given in a recursive form.

Due to structures of varying cross sections, shear and lateral contraction are also considered in the model in addition to pure bending. Investigations are carried out to define when to consider which effects, depending on the geometry. Based on these investigations, recommendations are given for the theory to be used. By formulating the equations in a unified form, it is possible to customize the theory for individual sections of a compliant mechanism.

Furthermore, the model is validated by example mechanisms for two- and three-dimensional application cases using the finite element method and experimental investigations. Thereby, the recommendations for the suitable theory are included.

Subsequently, algorithms for dimensioning individual flexure hinges and compliant mechanisms are given. This allows for improved motion behavior with respect to specific objectives.

Finally, the methods are implemented in three stand-alone executable software tools that are freely available. Through their development, a contribution is made to the design as well as the analysis and synthesis of flexure hinges and compliant mechanisms.

Inhaltsverzeichnis

Liste verwendeter Symbole und Abkürzungen

Kennzeichnungshinweise

- Dimensionslose Größen, werden mit „~" akzentuiert ($\tilde{H}$),
- Vektoren, werden mit „→" akzentuiert ($\vec{p}$),
- Matrizen werden fett gedruckt dargestellt ($\mathbf{T}$),
- Parameter am Starrkörpermechanismus werden mit * gekennzeichnet (δ^*),
- die Kennzeichnung „oE" bedeutet „ohne Einheit".

Verwendete Symbole

Symbol	Definition	Einheit
a, b, c, d	Abmessungen eines Mechanismus	m
a_q, $\tilde{a}_\mathrm{q}$	Seitenlänge des quadratischen Querschnitts, dimensionslos	m, oE
A	Ursprung der Balkenachse eines Mechanismus	
A_s	wirksame Schubfläche	m^2
A_f	Querschnittsfläche eines Balkens	m^2
B, B_λ	Endpunkt der Balkenachse eines kontinuierlichen Balkens, des Balkens $\lambda = \mathrm{I}, \mathrm{II}, ...$	
C	Punkt auf einem Mechanismus	
C_1	Integrationskonstante	
d_i	Abstand der beiden Strahlen des x-Interferometers	m
D, $\tilde{D}$	Durchmesser eines Balkens mit Kreisquerschnitt, dimensionslos	m, oE
e	Nummer eines Balkenelements mit $e \in \mathbb{N}$	
$\vec{e}_1$, $\vec{e}_2$, $\vec{e}_3$	Einheitsvektoren im Stabkoordinatensystem	
$\vec{e}_x$, $\vec{e}_y$, $\vec{e}_z$	Einheitsvektoren im KARTESISCHEN Koordinatensystem	
eps	Maschinengenauigkeit ($2{,}22 \cdot 10^{-16}$)	
E, E_λ	Elastizitätsmodul, des Balkens $\lambda = \mathrm{I}, \mathrm{II}, ...$	Pa
f_G, $f_{\mathrm{G}i}$	Faktor zur Beschreibung der Position eines Festkörpergelenks, des Festkörpergelenks $i = 1, 2, ...$	
F, $\vec{F}$, $\vec{F}_{\lambda e}$	externe Kraft bei räumlicher Belastung, Kraftvektor einer externen Kraft, am Ende des Balkenelements $e = 1, 2, ...$ des Balkens $\lambda = \mathrm{I}, \mathrm{II}, ...$	N
F_0	Startwert der Kraft für das Optimierungsproblem	N
F_x, F_y	Kraft in x-Richtung, in y-Richtung	N
$\tilde{F}_x$, $\tilde{F}_y$	dimensionslose Kraft in x-Richtung, in y-Richtung	

Symbol	Definition	Einheit
F_{xe}, F_{xt}, $F_{x\lambda e}$	Kraft in x-Richtung am Ende des Balkenelements $e = 1, 2, ...$, des Balkenelements $t = 1, 2, ...$, des Balkenelements $e = 1, 2, ...$ des Balkens $\lambda = \mathrm{I}, \mathrm{II}, ...$	N
F_{xA}, F_{xB}, F_{xC}	Kraft im Punkt A, im Punkt B, im Punkt C in x-Richtung	N
F_{yB}, F_{yC}, F_{yP_4}	Kraft im Punkt B, im Punkt C, im Punkt P_4 in y-Richtung	N
F_{xB_λ}, F_{yB_λ}	Kräfte im Punkt B_λ mit $\lambda = \mathrm{I}, \mathrm{II}, ...$	N
$\bar{F}_{xC}$	spezifischer Mittelwert der Kraft F_{xC}	N
F_{ye}, F_{yt}, $F_{y\lambda e}$	Kraft in y-Richtung am Ende des Balkenelements $e = 1, 2, ...$, des Balkenelements $t = 1, 2, ...$, des Balkenelements $e = 1, 2, ...$ des Balkens $\lambda = \mathrm{I}, \mathrm{II}, ...$	N
G	Schubmodul	Pa
$G_{1,..,9}$	Gelenkpunkte 1 bis 9 eines Starrkörpermechanismus	
h, h_e	minimale Stegdicke eines Festkörpergelenks, des Festkörpergelenks $e = 1, 2, ...$	m
h_0, l_0, n_0	Startwert für den Parameter h, den Parameter l, den Parameter n bei Festkörpergelenksynthese	m
h_C, $\tilde{h}_C$	Höhe entlang der Gelenkkontur eines Festkörpergelenks, dimensionslos	m, oE
$h_{\max}$, $h_{\min}$	obere, untere Grenze für den Parameter h bei Synthese	m, oE
H, H_e, $\tilde{H}$	Höhe eines Balkens, des Balkenelements $e = 1, 2, ...$, Höhe dimensionslos	m, m, oE
H'	Heaviside-Funktion	
$H_{\lambda e}$	Höhe des Balkenlements $e = 1, 2, ...$ des Balkens $\lambda = \mathrm{I}, \mathrm{II}, ...$	m
i	Zählvariable mit $i \in \mathbb{N}$	
I_1, I_2, I_3	Trägheitsmoment um die $\vec{e}_1$-, die $\vec{e}_2$, die $\vec{e}_3$-Achse	m^4
$I_{1\mathrm{recht.}}$, $\tilde{I}_{1\mathrm{recht.}}$	Trägheitsmoment um die $\vec{e}_1$-Achse für Rechteckquerschnitte, dimensionslos	m^4, oE
$I_{1\mathrm{quadr.}}$, $\tilde{I}_{1\mathrm{quadr.}}$	Trägheitsmoment um die $\vec{e}_1$-Achse für quadratische Querschnitte, dimensionslos	m^4, oE
$\tilde{I}_{1\mathrm{rot.}}$	dimensionsloses Trägheitsmoment um die $\vec{e}_1$-Achse für rotationssymmetrische Querschnitte	
$I_{3\lambda}$	Trägheitsmoment um die $\vec{e}_3$-Achse des Balkens $\lambda = \mathrm{I}, \mathrm{II}, ...$	m^4
I_3'	Substitution bei Integration von κ_3	m^{-3}
I_p	polares Flächenträgheitsmoment	m^4
j	Zählvariable mit $j \in \mathbb{N}$	
k	Toleranzfaktor für eine Normalverteilung	
K	Verzweigungspunkt	
l, $\tilde{l}$	Länge der Kontur eines Festkörpergelenks, dimensionslos	m, oE
$l_{\max}$, $l_{\min}$	obere, untere Grenze für den Parameter l bei Synthese	m
L, $\tilde{L}$	Länge eines Balkens, dimensionslos	m, oE
L_e, L_λ, $L_{\lambda e}$	Länge des Balkenelements $e = 1, 2, ...$, des Balkens $\lambda = \mathrm{I}, \mathrm{II}, ...$, des Balkenelements $e = 1, 2, ...$ des Balkens $\lambda = \mathrm{I}, \mathrm{II}, ...$	m

Symbol	Definition	Einheit
L_{Gb}, $L_{\mathrm{Gb}i}$	Länge eines Gelenkbereichs zur Definition der Gelenkposition eines Festkörpergelenks, des Festkörpergelenks $i = 1, 2, ...$	m
m_{e}	verteiltes Moment um die z-Achse	N
M_1	Torsionsmoment bezüglich der $\vec{e}_1$-Achse	Nm
M_{e}, M_{enorm}	externes Moment, normiert	Nm, oE
$M_{\mathrm{e}e}$, $M_{\mathrm{e}t}$	externes Moment am Ende des Balkenelements $e = 1, 2, ...$, am Ende des Balkenelements $t = 1, 2, ...$	Nm
M_x, M_y, M_z	Torsionsmoment um die x-Achse, Biegemoment um die y-Achse, Biegemoment um die z-Achse	Nm
$\tilde{M}_z$	dimensionsloses Biegemoment um die z-Achse	
M_{ze}	Biegemoment um die z-Achse am Ende des Balkenelements $e = 1, 2, ...$	Nm
M_{zA}	Biegemoment um die z-Achse im Punkt A	Nm
$M_{z\mathrm{S}}$	Startwert für das Moment M_z bei numerischer Lösung	Nm
$M_{z\lambda}$	Biegemoment um die z-Achse des Balkens $\lambda = \mathrm{I, II}, ...$	Nm
$M_{z\lambda K}$	Biegemoment um die z-Achse des Balkens $\lambda = \mathrm{I, II}, ...$ im Punkt K	Nm
n, n_e, n_i	Exponent einer Potenzfunktionskontur, des Balkenelements $e = 1, 2, ...$, des Festkörpergelenks $i = 1, 2, ...$	
n_L, n_H, n_w	Anzahl der Elemente entlang der Länge, der Höhe, der Breite bei FEM-Simulationen	
n_{G}	Elementgröße bei FEM-Simulationen	m
$n_{\max}$, $n_{\min}$	obere, untere Grenze für den Parameter n bei Synthese	
N	Anzahl durchgeführter Messungen	
N', N''	Anzahl zu minimierender, zu maximierender Zielkriterien bei Auswertung von Parameterstudien der Software *CoMUI*	
$\mathbb{N}$	Menge der natürlichen Zahlen ohne Null	
O	Optimum für den Parameter V_{P} bei einer Parameterstudie mit der Software *CoMUI*	
$\vec{p}$	Ortsvektor im KARTESISCHEN Koordinatensystem	m
$\vec{p}_{\mathrm{r}}$	Radiusvektor im Querschnitt	m
$p_{\mathrm{r}2}$, $p_{\mathrm{r}3}$	Komponente des Radiusvektors $\vec{p}_{\mathrm{r}}$ in $\vec{e}_2$-Richtung, in $\vec{e}_3$-Richtung	m
P	virtueller Punkt eines Pentaprismas	
P_4, P_{13}	Punkte auf der Balkenachse der sphärischen Kurbelschwinge	
q_x, q_y	Streckenlast in x-, in y-Richtung	$\mathrm{N\,m^{-1}}$
Q_{s}	Querkraft	N
$Q_{x\lambda}$, $Q_{y\lambda}$	Schnittkräfte im Balken $\lambda = \mathrm{I, II}, ...$	N
r	Eckenradius der Viertelkreiskontur	m
r_2, r_{20}	Abstand einer Faser von der Balkenachse in $\vec{e}_2$-Richtung, im unbelasteten Zustand	m
r_x, r_y	Halbradien der Ellipsenkontur	m
R	Radius der Halbkreiskontur	m

Symbol	Definition	Einheit
s, $\tilde{s}$	Koordinate der Balkenachse eines Balkens, dimensionslos	m, oE
s_e, s_t, s_λ, $s_{\lambda e}$	Koordinate der Balkenachse eines Balkens, des Balkenelements $e = 1, 2, ...$, des Balkenelements $t = 1, 2, ...$, des Balkens $\lambda = \mathrm{I}, \mathrm{II}, ...$, des Balkenelements $e = 1, 2, ...$ des Balkens $\lambda = \mathrm{I}, \mathrm{II}, ...$	m
s_f, s_f0	Länge einer von der Balkenachse entfernten Faser, im unbelasteten Zustand	m
$s_{\lambda\mathrm{end}}$	Koordinate des Endpunkts der Balkenachse des Balkens $\lambda = \mathrm{I}, \mathrm{II}, ...$	m
$\mathbf{S}$	Steifigkeitsmatrix	
S_F	Sicherheitsfaktor	
t	Anzahl von Elementen eines Balkens mit $t \in \mathbb{N}$	
t_s	Berechnungszeit	s
t_λ	letztes Balkenelement des Balkens $\lambda = \mathrm{I}, \mathrm{II}, ...$ mit $t \in \mathbb{N}$	
$\mathbf{T}$	Drehmatrix als Kombination der Rotationen um θ_1, θ_2 und θ_3	
$\mathbf{T_1}$	Rotationsmatrix mit Hilfe des Winkels θ_1	
$\mathbf{T_2}$	Rotationsmatrix mit Hilfe des Winkels θ_2	
$\mathbf{T_3}$	Rotationsmatrix mit Hilfe des Winkels θ_3	
T_e	Endpunkt des Balkenelements $e = 1, 2, ...$	
$\mathbf{T}_{\boldsymbol{\theta}}$	Transformationsmatrix	
u_G, u_Gnorm	Geradenabweichung, normiert	m, oE
u_x, u_y, u_z	Verschiebung in x-Richtung, in y-Richtung, z-Richtung	m
$\tilde{u}_x$, $\tilde{u}_y$	dimensionslose Verschiebung in x-Richtung, in y-Richtung	
u_{xA}	Verschiebung des Punktes A in x-Richtung	m
u_{xB_λ}, $u^*_{xB_\lambda}$	Verschiebung des Punktes B_λ in x-Richtung im nachgiebigen Mechanismus, im Starrkörpermechanismus	m
u_{xC}, u^*_{xC}	Verschiebung des Punktes C in x-Richtung im nachgiebigen Mechanismus, im Starrkörpermechanismus	m
u_{xK}, u_{yK}	Verschiebung des Punktes K in x-Richtung, in y-Richtung	m
u_{xP}, u_{yP}	Verschiebung des virtuellen Pentaprismenpunktes P in x-Richtung, in y-Richtung	m
u_{yB_λ}, $u^*_{yB_\lambda}$	Verschiebung des Punktes B_λ in y-Richtung im nachgiebigen Mechanismus, im Starrkörpermechanismus	m
u_{yC}, u^*_{yC}	Verschiebung des Punktes C in y-Richtung, im nachgiebigen Mechanismus, im Starrkörpermechanismus	m
$\tilde{u}_{y\mathrm{FEM}}$	dimensionsloses, durch FEM-Simulation ermitteltes Ergebnis der Verschiebung in y-Richtung	
u_{xP_4}, u_{yP_4}, u_{zP_4}	Verschiebung des Punktes P_4 in x-Richtung, in y-Richtung, in z-Richtung	m
$u_{xP_{13}}$, $u_{yP_{13}}$, $u_{zP_{13}}$	Verschiebung des Punktes P_{13} in x-Richtung, in y-Richtung, in z-Richtung	m
$\vec{v}$	Vektor unbekannter Systemparameter	
$\vec{v}_0$	Startwerte für die unbekannten Systemparameter	

Symbol	Definition	Einheit
v_D, $\tilde{v}_\mathrm{D}$, v_Dnorm	Drehachsenverlagerung, dimensionslos, normiert	m, oE, oE
$v_{\mathrm{D}x}$, $v_{\mathrm{D}y}$	Anteil der Drehachsenverlagerung in x-Richtung, in y-Richtung	m
V_P	Variationsparameter einer Parameterstudie	
w, $\tilde{w}$	Breite eines Balkens, dimensionslos	m, oE
w_e, $w_{\lambda e}$	Breite des Balkenelements $e = 1, 2, ...$, des Balkenlements $e = 1, 2, ...$ des Balkens $\lambda = \mathrm{I}, \mathrm{II}, ...$	m
W_i, W_j	Wichtungsfaktoren	
x, y, z	Achsen des KARTESISCHEN Koordinatensystems	
x_e, y_e	KARTESISCHE Koordinaten des Punktes T_e	m
x_{m1}, x_{m2}	Längenänderung der beiden Strahlen des x-Interferometers	m
x_λ, y_λ	KARTESISCHE Koordinaten des Balkens $\lambda = \mathrm{I}, \mathrm{II}, ...$	m
$x_{\mathrm{S}1}$, $x_{\mathrm{S}2}$	x-Koordinate des ersten, des zweiten Strahls des y-Interferometers	m
y_{m1}, y_{m2}	Längenänderung der beiden Strahlen des y-Interferometers	m
Z	zentraler Punkt der sphärischen Kurbelschwinge	
Z_min, Z_max	zu minimierende, zu maximierende Zielkriterien	
$\tilde{Z}_\mathrm{min}$, $\tilde{Z}_\mathrm{max}$	normierte zu minimierende, zu maximierende Zielkriterien	
α	Winkelabmessung eines Mechanismus	
α_k	Krümmungswinkel	
β_i	Winkel zur Beschreibung der Gelenkorientierung des Festkörpergelenks $i = 1, 2, ...$	
γ	Schubwinkel	
δ, δ^*, δ_norm	Verdrehungswinkel einer Koppel/Ebene im nachgiebigen Mechanismus, im Starrkörpermechanismus, normiert	
Δ_FEM	realtive Abweichung von FEM	
$\Delta_{F_{xC}}$, Δ_{u_y}, $\Delta_{u_{yC}}$, Δ_δ, Δ_{θ_3}	realtive Abweichung der Kraft F_{xC}, der Verschiebung u_y, der Verschiebung u_{yC}, des Winkels δ, des Winkels θ_3	
ε_1, ε_2	Dehnung in Richtung der $\vec{e}_1$-, der $\vec{e}_2$-Achse	
ε_adm, ε_max	zulässige Dehnung eines Werkstoffes, maximale Dehnung bei Verformung	
ε_λ, $\varepsilon_{\lambda e}$	Dehnung der Randfaser des Balkens $\lambda = \mathrm{I}, \mathrm{II}, ...$, im Element $e = 1, 2, ...$ des Balkens $\lambda = \mathrm{I}, \mathrm{II}, ...$	
ζ	Länge der rechteckigen Abschnitte einer Halbkreiskontur	m
η, η_λ	Abstand zwischen Balkenachse und Randfaser eines Balkens, des Balkens $\lambda = \mathrm{I}, \mathrm{II}, ...$	m
θ_1, θ_2, θ_3	Winkel bei Drehung um die $\vec{e}_1$-, die $\vec{e}_2$-, die $\vec{e}_3$-Achse im belasteten Zustand	
θ_{10}, θ_{20}, θ_{30}	Winkel bei Drehung um die $\vec{e}_1$-, die $\vec{e}_2$-, die $\vec{e}_3$-Achse im unbelasteten Zustand	
θ_{12}	Winkel zwischen dem Radiusvektor $\vec{p}_\mathrm{r}$ und der $\vec{e}_2$-Achse	
θ_{3e}, $\theta_{3\lambda}$	Winkel bei Drehung um die $\vec{e}_3$-Achse, im Punkt T_e, des Balkens $\lambda = \mathrm{I}, \mathrm{II}, ...$	

Symbol	Definition	Einheit
$\theta_{3\text{FEM}}$	mittels FEM-Simulation ermitteltes Ergebnis des Winkels θ_3	
$\theta_{30\text{II}}$, $\theta_{30\text{III}}$	relativer Winkel im Verzweigungspunkt K zwischen der s_{I}- und der s_{II}-Achse, der s_{III}-Achse	
$\theta_{3\text{S}}$	resultierender Winkel am Ende eines Festkörpergelenks bei Belastung durch $M_{z\text{S}}$	
κ_1, κ_{10}	Drillung der Balkenachse um die $\vec{e}_1$-Achse, im unbelasteten Zustand	m^{-1}
κ_2, κ_{20}	Projektion der Krümmung der Balkenachse auf die $\vec{e}_2$-Achse, im unbelasteten Zustand	m^{-1}
κ_3, $\kappa_{3\lambda}$	Projektion der Krümmung der Balkenachse auf die $\vec{e}_3$-Achse, des Balkens λ	m^{-1}
$\tilde{\kappa}_3$	dimensionslose Projektion der Krümmung der Balkenachse auf die $\vec{e}_3$-Achse	
κ_{30}, κ_{30e}, $\kappa_{30\lambda}$	Projektion der Krümmung der Balkenachse auf die $\vec{e}_3$-Achse im unbelasteten Zustand, des Balkenelements e, des Balkens λ	m^{-1}
$\varkappa$	Korrekturfaktor bei Querkraftschub	
λ	Nummer eines Balkens mit $\lambda \in \mathbb{N}$ in römischen Zahlen	
ν	Querkontraktionszahl	
π	Kreiszahl	
ρ, ρ_0	Krümmungsradius eines Balkens, im unbelasteten Zustand	m
ρ'	Radius des Kreisbogens $\text{d}\varphi$	m
σ_1, σ_2, σ_3	Spannung in Richtung der $\vec{e}_1$-, der $\vec{e}_2$-, der $\vec{e}_3$-Achse	Pa
$\sigma_{F_{xC}}$, $\sigma_{u_{yC}}$, σ_δ	Standardabweichung der Kraft F_{xC}, der Verschiebung u_{yC}, des Winkels δ	N, m, oE
τ, τ_2, τ_3	Schubspannung, in Richtung der $\vec{e}_2$-, der $\vec{e}_3$-Achse	Pa
$\tau_{\max}$	maximale Schubspannung	Pa
φ	Winkel zwischen den Normalen der unverformten und verformten Querschnittsfläche bei Querkraftschub	
φ_1	Torsionswinkel	
φ_{G}	relativer Winkel eines Festkörpergelenks	
ψ	Spannungsfunktion	Pa m
ψ_{Rand}	Wert der Spannungsfunktion am Rand des Querschnitts	Pa m
$\vec{\omega}_{\text{an}}$	Antriebswinkelgeschwindigkeit	s^{-1}

Verwendete Abkürzungen

API	Programmschnittstelle
BCM	beam constraint model
CAD	computer-aided-design
CAO	Strukturoptimierung
CBCM	chained beam constraint model
DGL	Differentialgleichung
DGL-System	Differentialgleichungssystem
E-Modul	Elastizitätsmodul
FEM	Finite-Elemente-Methode
FKG	Festkörpergelenk
G-Modul	Gleitmodul
GUI	grafische Benutzeroberfläche
IFToMM	International Federation for the Promotion of Mechanism and Machine Science
NM	nachgiebiger Mechanismus
PRBM	pseudo-rigid-body-model
SKM	Starrkörpermechanismus
TO	Topologieoptimierung

1 Einleitung

Aufgrund ihrer Vorteile wie spiel- und reibungsfreier Bewegung, Skalierbarkeit und hoher Reproduzierbarkeit werden nachgiebige Mechanismen (NM) in vielen unterschiedlichen technischen Bereichen wie der Robotik, der Feinwerk-, Präzisions-, Mess oder Medizintechnik eingesetzt [19, 32, 56, 78, 123]. Typischerweise handelt es sich um monolithische Körper, die sich unter dem Einfluss äußerer Belastungen im elastischen Bereich des verwendeten Werkstoffs verformen. Das Verformungsverhalten wird maßgeblich durch die Geometrie des NM beeinflusst und resultiert aus der Nachgiebigkeit des Mechanismus. Diese kann sich dabei auf einzelne Strukturabschnitte konzentrieren oder auf den gesamten Mechanismus verteilen. Die nachgiebigen Abschnitte werden in der Regel durch eine gezielte Reduzierung der Steifigkeit gestaltet, die entweder durch die Kombination unterschiedlicher Werkstoffe und/oder die Reduzierung von Querschnittsabmessungen erreicht werden kann. Die dadurch entstehenden nachgiebigen Strukturabschnitte werden vorrangig auf Biegung belastet.

Aufgrund der geometrischen Nichtlinearität infolge großer Verformungen ist die Analyse des Bewegungsverhaltens von NM bei bestimmten Belastungen oder Verschiebungen nicht trivial. Trotz der zunehmenden Anwendung in technischen Systemen ist das Bewegungsverhalten von NM, wie z. B. Verschiebungen infolge von Kräften und Momenten, maximale Dehnungen oder die Drehachsenverlagerung von Festkörpergelenken (FKG), schwer vorherzusagen. Hierfür existieren in der Literatur einige Modelle, die jeweils konkrete Vor- und Nachteile bieten.

An dieser Stelle knüpfen die Untersuchungen dieser Arbeit an. Es soll ein Beitrag zur analytischen Modellbildung geleistet werden, um sowohl den Analyse- als auch den Syntheseprozess zu erleichtern. Durch die Entwicklung von Algorithmen und Softwarewerkzeugen soll ein verbesserter Zugang zur Thematik der NM in der Industrie, Forschung und Lehre ermöglicht werden.

1.1 Einordnung des Themas und Schwerpunkte der Arbeit

Eine einfache Methode, die die Anwendung auf vielseitige Anwendungsfälle ermöglicht, kommt in der Literatur nicht zum Einsatz, vgl. Abschnitt 2.2. Mit Hilfe herkömmlicher Methoden, wie beispielsweise der Finite-Elemente-Methode (FEM), können zwar hinreichend genaue Ergebnisse erzielt werden, jedoch können solche Methoden sehr komplex, iterativ und zeit- bzw. rechenaufwendig in der Anwendung und dadurch für frühe Entwicklungsphasen ungeeignet sein. An dieser Stelle können einfache, aber genaue Methoden zur Charakterisierung von NM wesentlich zum Entwicklungsprozess, vor allem in frühen Phasen, beitragen. Dabei soll es möglich sein, ein breites Spektrum an NM abbilden zu können, die unterschiedliche Randbedingungen oder Verzweigungen aufweisen.

Durch die vielseitigen Gestaltungsmöglichkeiten können nachgiebige Strukturabschnitte in NM unterschiedliche Geometrieverhältnisse aufweisen, sodass es vorteilhaft ist, ein Modell in einheitlicher Form zu verwenden, das ermöglicht, für unterschiedliche Abschnitte eines Mechanismus unterschiedliche Effekte zu berücksichtigen. Beispielsweise kann in sehr breiten Abschnitten neben reiner Biegung auch Querkontraktion auftreten [153, 185] und das Verformungsverhalten beeinflussen. Bei sehr dicken FKG hingegen kann Querkraftschub wiederum eine große Rolle spielen. Es ist daher sinnvoll ein Modell heranzuziehen, das es ermöglicht, in den unterschiedlichen Abschnitten eines NM entsprechend individuell die Theorie anzupassen. Durch einen solchen Ansatz ist es möglich, die Grenzen des bisherigen Modells zu verschieben, sodass neben dünnen Balken auch Geometrien mit einem größeren Verhältnis von Breite zu Länge oder Höhe zu Länge berücksichtigt werden können.

Neben der Analyse der Verformung eines konkreten NM unter äußeren Belastungen können in frühen Entwicklungsphasen Anpassungen der Geometrie erforderlich sein, um spezifische Bewegungen zu realisieren. Daher sind in dieser Entwicklungsphase effiziente Ansätze für die Durchführung von Parameterstudien zur Dimensionierung notwendig.

Spezielle Softwarewerkzeuge für den Entwurf und die Berechnung sowie Dimensionierung von FKG und NM können einen wesentlichen Beitrag zum Entwicklungsprozess leisten. Daher werden in dieser Arbeit die folgenden wesentlichen Schwerpunkte verfolgt:

SP 1 Analytische Beschreibung ebener und räumlicher NM mit beliebiger Struktur (bei Erfüllung konkreter Annahmen) inklusive Verzweigungen,

SP 2 Implementieren von Querkraftschub und Querkontraktion in das analytische Modell und Ableiten von Empfehlungen zu deren Anwendung in Abhängigkeit der Balkengeometrie,

SP 3 Formulieren der Modellgleichungen in rekursiver Form für die Anwendung auf beliebige NM in 2D,

SP 4 Verifikation der analytischen Modelle in 2D und 3D,

SP 5 Entwicklung von Optimierungs- und Dimensionierungsansätzen für den Syntheseprozess von FKG und NM in 2D,

SP 6 Entwicklung von Softwarewerkzeugen mit grafischer Benutzeroberfläche (GUI) zur Analyse und Synthese von FKG und NM in 2D.

Das Ziel dieser Arbeit ist es, anhand der genannten Schwerpunkte einen Beitrag zur analytischen Modellbildung von NM zu leisten. Das erarbeitete Modell soll genutzt werden, um Analyse- und Synthesemethoden zu entwickeln, die Konstrukteure bei der Auslegung derartiger Mechanismen in nachgiebigen Systemen unterstützen und den Entwicklungsprozess erleichtern können. Dazu sollen auch die entwickelten Werkzeuge einen wesentlichen Beitrag leisten.

1.2 Abgrenzung der Arbeit

In unterschiedlichen Anwendungsbereichen von NM werden verschiedene Materialien für deren Herstellung eingesetzt. Beispielsweise kommen in der Medizintechnik häufig Elastomere zum Einsatz, z. B. [56, 57]. Bei großen Verformungen kommt dabei ein nichtlineares Materialverhalten zum Tragen [49]. In der Präzisionstechnik hingegen, werden oftmals hochfeste Aluminiumlegierungen verwendet, z. B. [2, 39, 135]. Da die Untersuchungen dieser Arbeit vor allem im Hinblick auf die Präzisionstechnik angesiedelt sind, werden ausschließlich Verformungen im linear-elastischen Bereich des Materials betrachtet. Im Modell wird hingegen geometrische Nichtlinearität angenommen (vgl. Abschnitt 2.1).

Aufgrund von in der Präzisionstechnik häufig eingesetzten Linearantrieben [50, 53], zur Einleitung von Bewegungen in NM, werden in dieser Arbeit ausschließlich richtungstreue Kräfte [178] in den Modellen berücksichtigt.

Durch die oftmals hohe Nachgiebigkeit von NM in gewünschte Bewegungsrichtungen sind sie anfällig für Schwingungen, weshalb Messungen oft nach Ausschwingen auf schwingungsisolierten Tischen durchgeführt werden, z. B. [54]. Die Untersuchungen dieser Arbeit sind jedoch auf statische Systeme beschränkt.

Zur Synthese von FKG und NM existiert in der Literatur eine Vielzahl möglicher Herangehensweisen. Häufig werden dabei stochastische Verfahren eingesetzt, z. B. genetische Algorithmen [3, 127]. Bei den gewählten Synthesebeispielen dieser Arbeit sind die Verläufe oft deterministisch, vgl. Abschnitt 6.1, weshalb hier deterministische Algorithmen bei der Synthese eingesetzt werden. Die Ansätze zur Synthese sollen auf Basis der analytischen Modelle aus Kapitel 3 für ebene Anwendungen erfolgen (Unterabschnitt 3.1.1).

1.3 Aufbau der Arbeit

Der grundlegende Aufbau der Arbeit ist schematisch in Abbildung 1.1 dargestellt. Die in Abschnitt 1.1 genannten Schwerpunkte sind darin den einzelnen Kapiteln zugeordnet.

In Kapitel 2 folgt zunächst eine Klärung wichtiger, in dieser Arbeit häufig verwendeter, Begriffe. Anschließend wird der Stand der Forschung einerseits auf bekannte Methoden zur Analyse und Synthese von FKG und NM untersucht. Andererseits werden bekannte Werkzeuge vorgestellt. Die bekannten Veröffentlichungen werden jeweils anhand ausgewählter Kategorien und Merkmale klassifiziert. Darauf aufbauend werden die Untersuchungen dieser Arbeit eingeordnet.

In Kapitel 3 folgt die Herleitung der im Rahmen der Arbeit verwendeten Modellgleichungen sowohl für ebene als auch für räumliche Mechanismen. Zudem werden im ebenen Fall Querkraftschub und Querkontraktion in das Modell integriert.

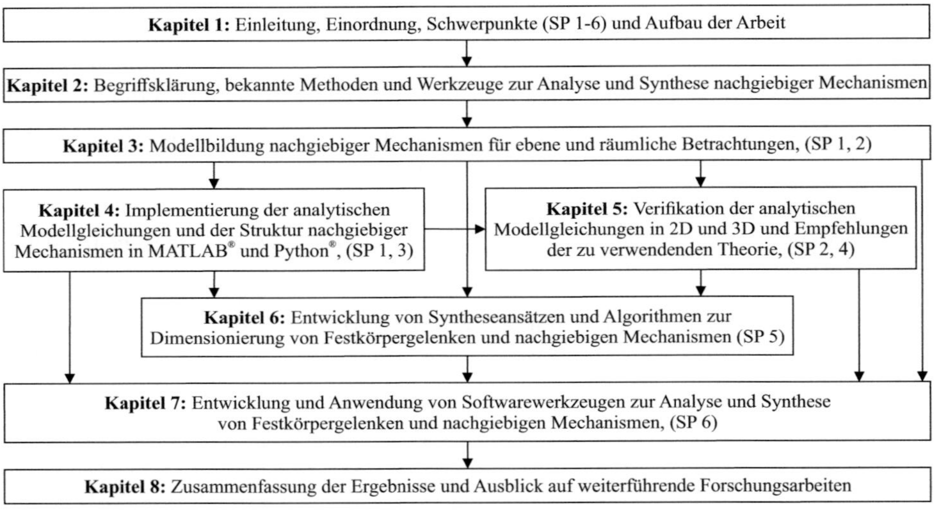

Abbildung 1.1: Schematische Darstellung des Aufbaus der Arbeit mit Zuordnung der Schwerpunkte.

In Kapitel 4 werden die Modellgleichungen aus Kapitel 3 in die Programmiersprachen MATLAB® und Python® implementiert. Außerdem wird beschrieben wie NM, die unterschiedliche nachgiebige Strukturabschnitte, Randbedingungen oder Verzweigungen enthalten, modelliert werden können. Zudem werden Modellgleichungen formuliert, die ermöglichen, beliebige NM zu beschreiben.

In Kapitel 5 erfolgt die Verifikation und Validierung der analytischen Modellgleichungen sowohl für ebene als auch räumliche NM. Dazu werden zahlreiche Beispielmechanismen unterschiedlicher Komplexität betrachtet. Zu Beginn des Kapitels erfolgt die Berechnung eines NM basierend auf dem Starrkörpermechanismus (SKM) einer Parallelkurbel durch numerische Lösung des analytischen Modells. Zur Verifikation wird ein 3D FEM-Modell herangezogen sowie experimentelle Untersuchungen anhand eines Funktionsmusters durchgeführt.

In Kapitel 6 werden Möglichkeiten aufgezeigt, die analytischen Modellgleichungen für Optimierungs- und Dimensionierungsaufgaben im Syntheseprozess von FKG und NM einzusetzen und jeweils an Beispielen demonstriert.

In Kapitel 7 werden schließlich drei verschiedene Softwarewerkzeuge zur Analyse und Synthese von FKG und NM entwickelt, bei denen die Modellgleichungen aus Kapitel 3 und deren Implementierung in MATLAB® und Python® aus Kapitel 4 verwendet werden. Weiterhin wird jedes Tool anhand eines Beispiels angewendet.

Die Ergebnisse der Arbeit sowie ein Ausblick auf weiterführende Forschungsarbeiten werden in Kapitel 8 zusammengefasst.

2 Bekannte Methoden und Werkzeuge zur Analyse und Synthese nachgiebiger Mechanismen

In diesem Kapitel folgt zu Beginn die Definition und Erläuterung wesentlicher, in dieser Arbeit verwendeter, Begriffe. Daraufhin ist das Ziel dieses Kapitels, den Stand der Forschung und Technik auf bekannte Methoden und Werkzeuge zur Analyse und Synthese von FKG und NM zu untersuchen. Häufig verwendete Methoden zu deren Berechnung werden beschrieben und erörtert.

Die durchgeführte Recherche ist in zwei Teilbereiche aufgeteilt. Einerseits wurden Literaturquellen herausgesucht, die sich mit der Analyse und/oder Snyhtese von FKG und NM beschäftigen. Es wurden einige Kategorien und Merkmale zu deren Einordnung definiert und die Literatur daraufhin untersucht. Andererseits wurde eine Recherche durchgeführt, um bestehende Softwareanwendungen für FKG und NM aufzuzeigen.

Abschließend wird der Forschungsbedarf im Bereich der Analyse und Synthese von FKG und NM aufgezeigt und die in dieser Arbeit durchgeführten Untersuchungen und Entwicklungen entsprechend eingeordnet.

2.1 Begriffsklärung

Zentrale Begriffe dieser Arbeit sind die Begriffe **Nachgiebigkeit**, **nachgiebiger Mechanismus** und **Festkörpergelenk**. Diese wiederkehrenden Bezeichnungen und einige weitere Begriffsdefinitionen sind im Folgenden erläutert. Dazu wird die Terminologie der International Federation for the Promotion of Mechanism and Machine Science (IFToMM) verwendet [81].

Nachgiebigkeit

Die Nachgiebigkeit ist nach [81] Punkt 3.5.8 ein „Maß für die Fähigkeit eines Körpers oder einer Struktur zur Deformation unter der Wirkung äußerer Kräfte“. Die Nachgiebigkeit ist definiert als der Reziprokwert der Steifigkeit. Je nach geometrischer Ausführung der nachgiebigen Abschnitte eines NM wird in [178] zwischen konzentrierter und verteilter Nachgiebigkeit unterschieden. Dabei ist die Art der Nachgiebigkeit von den Abmessungen des Gesamtsystems im Verhältnis zur Länge der nachgiebigen Strukturabschnitte abhängig, vgl. Abbildung 2.1. Laut [178] ist von konzentrierter Nachgiebigkeit die Rede, wenn die nachgiebigen Strukturabschnitte mehr als zehn Mal

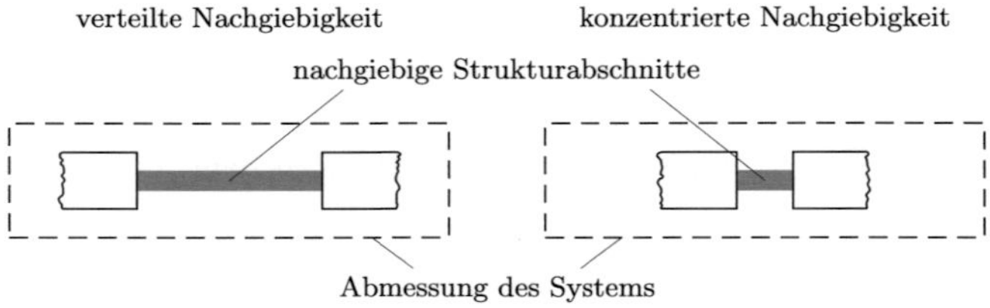

Abbildung 2.1: Einteilung der Nachgiebigkeit in Anlehnung an [178, S. 4].

kleiner sind als die Gesamtabmessung des Körpers. Andernfalls wird von verteilter Nachgiebigkeit gesprochen.

Nachgiebige Mechanismen

NM, z. B. [77], stellen neben den nachgiebigen Aktuatoren, z. B. [57], und den nachgiebigen Sensoren, z. B. [180], eine Gruppe der nachgiebigen Systeme dar [97, 178]. Die Bewegung von NM wird dabei durch die Verformung der Mechanismusstruktur erreicht. Durch die gezielte Gestaltung nachgiebiger Strukturabschnitte mit konzentrierter oder verteilter Nachgiebigkeit wird das Verformungsverhalten beeinflusst und definiert.

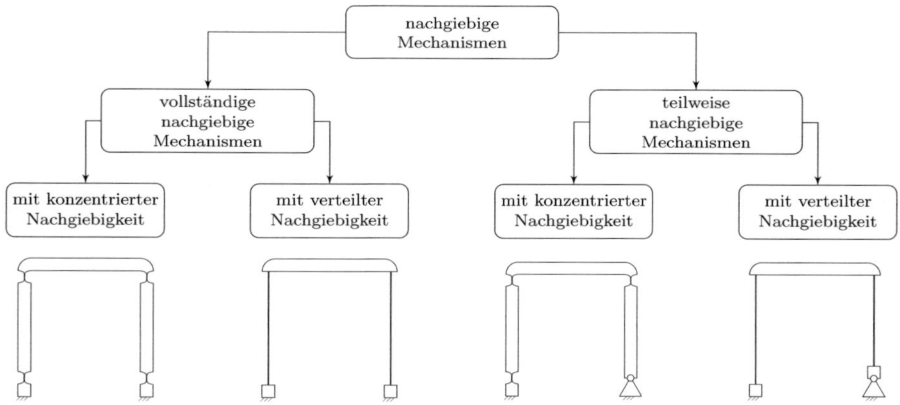

Abbildung 2.2: Einteilung von NM in Anlehnung an [178, S. 8, 9].

NM werden, wie in Abbildung 2.2 dargestellt, anhand ihrer Nachgiebigkeit eingeteilt. Zunächst wird zwischen vollständigen NM, die rein monolithisch gestaltet sind und teilweise NM, die eine Kombination nachgiebiger Strukturabschnitte und konventioneller Gelenke beinhalten, unterschieden. Sowohl vollständige NM als auch teilweise NM können nachgiebige Strukturabschnitte mit konzentrierter und verteilter Nachgiebigkeit sowie einer Kombination daraus aufweisen. Durch die in dieser Arbeit definierten

Randbedingungen (Unterabschnitt 4.2.3) können mit Hilfe des analytischen Modells aus Kapitel 3 vollständige und auch teilweise NM mit beliebiger Art der Nachgiebigkeit numerisch berechnet werden.

Festkörpergelenke

FKG werden auch stoffschlüssige Gelenke genannt und in [81] unter Punkt 1.2.8.1 erläutert als: „Gelenke, in denen zwei benachbarte Glieder bzw. Gliedsegmente stofflich miteinander verbunden sind und ihre relative Beweglichkeit durch Nachgiebigkeit der Verbindung ermöglicht wird."

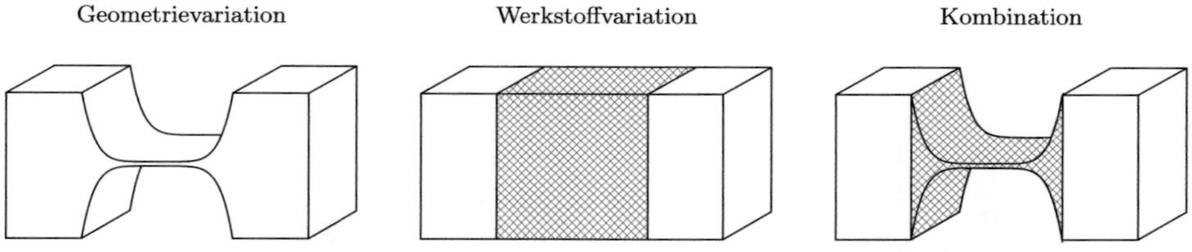

Abbildung 2.3: Einteilung von FKG anhand der Ursache ihrer Nachgiebigkeit.

FKG können ebenso wie NM anhand ihrer Nachgiebigkeit eingeteilt werden und in Abhängigkeit der Abmessungen des Gesamtsystems konzentrierte oder verteilte Nachgiebigkeiten aufweisen. Die Ursache für die Nachgiebigkeit der Strukturabschnitte kann einerseits in der Variation der Geometrie in Form konkreter Gelenkkonturen, also Verjüngungen des Querschnitts, liegen. Andererseits kann die Nachgiebigkeit durch Variation des Werkstoffs oder eine Kombination von Geometrie- und Werkstoffvariation realisiert werden, vgl. Abbildung 2.3. Die vorrangige Belastung von FKG ist in der Regel Biegung.

In der Präzisionstechnik erfolgt die Umsetzung der nachgiebigen Strukturabschnitte häufig durch Anwendung konzentrierter Nachgiebigkeiten in Form von FKG. Diese besitzen meist eine deutlich höhere Nachgiebigkeit als die umgebenden Abschnitte eines NM. Die Nachgiebigkeit wird maßgeblich durch die Geometrie der Gelenkkontur beeinflusst. In der Literatur existiert dazu eine Vielzahl möglicher Ausführungen, z. B. [107, 117]. In Abbildung 2.3 sind beispielhaft Gelenkkonturen mit Potenzfunktionskonturen dargestellt.

In den Beispielen im Laufe der folgenden Kapitel dieser Arbeit werden ausschließlich FKG, die ihre Nachgiebigkeit aufgrund von Geometrievariation erhalten, betrachtet. Mit Hilfe des analytischen Modells aus Kapitel 3 können jedoch problemlos auch Werkstoffvariationen oder eine Kombination aus Geometrie- und Werkstoffvariation berücksichtigt werden.

Drehachsenverlagerung

Da FKG keine gelenkige Verbindung von starren Gliedern darstellen, gibt es im FKG keine definierte Drehachse. Dadurch können die Bewegungsbahnen von Punkten eines NM im Vergleich zu einem Starrkörpervorbild abweichen [158]. Im unbelasteten Zustand kann die Drehachse von FKG mit gerader Balkenachse in der Gelenkmitte bei $x = \frac{L}{2}$ angenommen werden, vgl. Abbildung 2.4. Bei Verformung verlagert sich diese Drehachse. Diese Drehachsenverlagerung kann durch den Betrag v_{D} ausgedrückt werden. Zur Beschreibung der Drehachsenverlagerung existieren in der Literatur unterschiedliche Modelle [107]. In dieser Arbeit soll die Definition gemäß der Darstellung in Abbildung 2.4 erfolgen. Bei dieser Auffassung wird ein starres Segment senkrecht zur Endfläche der Gelenkkontur bei der Verformung mitgeführt.

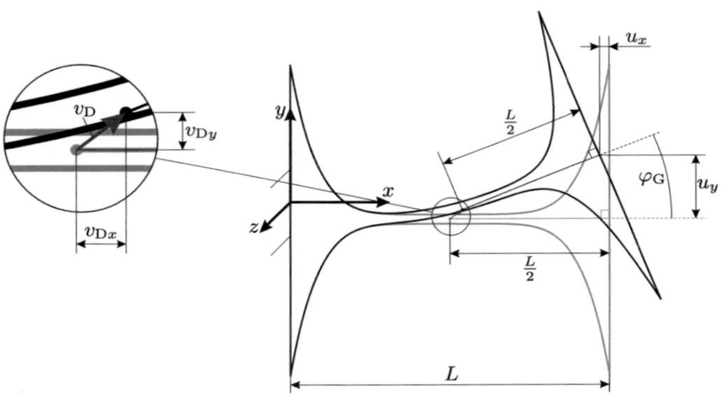

Abbildung 2.4: Definition der Drehachsenverlagerung v_{D} am Beispiel eines FKG mit Potenzfunktionskontur.

Die Drehachsenverlagerung wird mit v_{D} bezeichnet und kann in die beiden Anteile $v_{\mathrm{D}x}$ und $v_{\mathrm{D}y}$ aufgeteilt werden, vgl. Abbildung 2.4. Die Berechnung von v_{D} erfolgt nach Gleichung 2.1.

$$v_{\mathrm{D}x} = \frac{L}{2}(1 - \cos\varphi_{\mathrm{G}}) - |u_x|, \quad v_{\mathrm{D}y} = |u_y| - \frac{L}{2}\sin\varphi_{\mathrm{G}}, \quad v_{\mathrm{D}} = \sqrt{v_{\mathrm{D}x}^2 + v_{\mathrm{D}y}^2} \tag{2.1}$$

Nichtlinearitäten in der Balkentheorie

Bei der Modellbildung in Kapitel 3 resultiert ein nichtlineares Differentialgleichungssystem (DGL-System) aufgrund von großen Verformungen. In der Balkentheorie wird grundsätzlich zwischen zwei verschiedenen Arten der Nichtlinearität unterschieden, die im Modell berücksichtigt werden können, vgl. z. B. [140]. Diese sind schematisch in Abbildung 2.5 (a) und (b) dargestellt. Dazu zählt zum einen die genannte **geometrische Nichtlinearität**, z. B. durch große Verformungen, bei welchen eine Verschiebung u_x berücksichtigt wird (Abbildung 2.5 (a)). Weiterhin kann ein **nichtli-**

neares Materialverhalten implementiert werden, z. B. ein nichtlinear-elastisches Spannungs-Dehnungs-Diagramm des Werkstoffs (Abbildung 2.5 (b)).

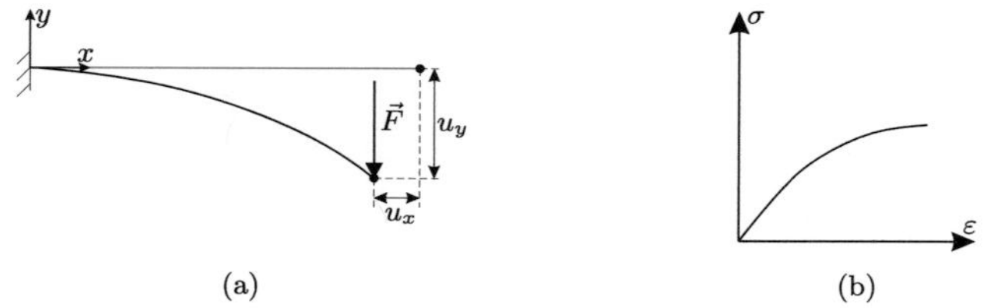

Abbildung 2.5: Die beiden unterschiedlichen Arten der Nichtlinearität bei analytischer Modellbildung: (a) geometrische Nichtlinearität, (b) nichtlineares Materialverhalten.

Im Rahmen dieser Arbeit wird jedoch ausschließlich geometrische Nichtlinearität betrachtet und in den zu entwickelnden Modellgleichungen berücksichtigt. Die Verformungen erfolgen im linear-elastischen Bereich des betrachteten Werkstoffs. Aufgrund der großen Auslenkungen und der monolithischen Bauweise führen geometrische Nichtlinearitäten zu einem System von Differentialgleichungen, das häufig eine numerische Lösung erfordert. Folglich ist die Analyse von NM eine anspruchsvolle und nicht-intuitive Aufgabe.

2.2 Bekannte Ansätze zur Analyse und Synthese nachgiebiger Mechanismen

In der Literatur existiert ein breites Spektrum zu gängigen Anwendungen von FKG und NM. Die Arbeiten von Howell [77], Smith [146], Lobontiu [117] sowie Zentner und Linss [178] stellen hervorragende Referenzen für den Entwurf und die Modellbildung von derartigen Systemen dar. Darin werden verschiedene Ansätze und Modelle zur Analyse und Synthese vorgeschlagen, die sich in ihrer Komplexität sowie Vorhersagegenauigkeit für das Bewegungsverhalten unter äußeren Belastungen stark unterscheiden können. Ein Überblick über Analyse- und Synthesemethoden für NM ist in [14] und in [46] gegeben.

Entwicklungsprozess nachgiebiger Mechanismen

Wenn in dieser Arbeit die Rede von Analyse und Synthese von NM ist, wird sich dabei auf die beiden Teilschritte Modellbildung und Optimierung des gesamten Entwicklungsprozesses derartiger Systeme bezogen. Zur Einordnung sind wichtige Teilschritte des Entwicklungsprozesses in Abbildung 2.6 dargestellt. Zu diesen Teilschritten zählt die Findung einer Struktur, wofür wiederum die drei folgenden Verfahren üblich sind:

- kinematischer Ansatz,
- Baukastenverfahren (englisch: „building blocks approach“),
- Struktursynthese.

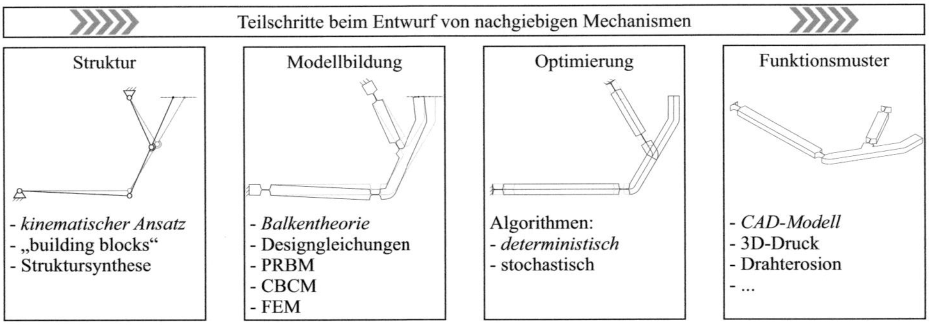

Abbildung 2.6: Häufig angewendete Methoden der einzelnen Teilschritte beim Entwurf von NM am Beispiel eines EVANS-Mechanismus. Kursiv geschriebene Methoden sind im Bild skizziert.

Beim kinematischen Ansatz wird sich auf die Bewegungsanforderungen des Mechanismus konzentriert. So kann beispielsweise für die Erfüllung geforderter Funktionen, wie einer Geradführung, zunächst ein geeigneter SKM gewählt werden, vgl. Abbildung 2.6. Darauf aufbauend folgt eine Umwandlung des SKM zu einem NM, indem die konventionellen Gelenke und Glieder durch ein monolithisches System ersetzt werden. Häufig werden dazu die Gelenke durch FKG ersetzt, z. B. [178], wobei es auch möglich ist, die Bewegung durch verteilte Nachgiebigkeiten zu realisieren.

Eine weitere Möglichkeit, die Struktur eines NM zu entwickeln, besteht in der Anwendung des sogenannten „building blocks“-Verfahrens. Bei diesem Verfahren werden entweder mehrere einfache NM mit gewissen Eigenschaften zu einem komplexeren System verkettet, beispielsweise um eine gewünschte Bewegungsbahn eines Punktes zu erreichen (z. B. [92]). Darüber hinaus kommen bei diesem Verfahren Methoden zum Einsatz, bei denen eine optimale Anordnung nachgiebiger Elemente innerhalb einer netzartigen Designdomäne ermittelt werden (z. B. [93]).

Weiterhin werden Verfahren zur Struktursynthese (Topologieoptimierung (TO)) im ersten Teilschritt des Entwicklungsprozesses angewendet. Hierbei wird unter Anwendung von Optimierungstechniken die Struktur eines NM bei Erfüllung einer Zielfunktion unter Nebenbedingungen erreicht. Dazu wird eine Designdomäne in viele miteinander verbundenen Elemente unterteilt und Eingangs- und Ausgangsbewegungen sowie Belastungen definiert. Die Topologieoptimierung bezieht sich dann auf den Prozess der Suche nach der optimalen Struktur, die die Zielfunktion am besten erfüllt. Dazu können beispielsweise genetische Algorithmen [127], die FEM [114], das Starrkörperersatzmodell, englisch „pseudo-rigid-body-model (PRBM)“ [95, 162] oder das chained beam constraint model (CBCM) [16] eingesetzt werden. Aufgrund dieser Vorgehensweise können beliebige Lastfälle, Randbedingungen und Bauräume gewählt werden. Die Dauer der Lösungsfindung ist maßgeblich vom zugrundeliegenden Modell abhängig.

Im wesentlichen sind die Untersuchungen dieser Arbeit im zweiten und im dritten Teilschritt des Entwicklungsprozesses angesiedelt, also im Bereich der Modellbildung (**Analyse**) und der Optimierung (**Synthese**) von NM. Für beide Teilschritte existieren in der Literatur zahlreiche mögliche Methoden. Häufig verwendete Methoden sollen im Folgenden kurz erörtert werden. Das bereits beschriebene Prinzip der **Topologieoptimierung** kann auch zur Synthese von NM eingesetzt werden und wird hier nicht erneut aufgelistet.

Balkentheorie

Da die nachgiebigen Strukturabschnitte in NM vorwiegend auf Biegung belastet werden, erscheint die **Balkentheorie** als geeignet zur Beschreibung deren Verformungsverhaltens. Sie wird erfolgreich bei der Berechnung von FKG, z. B. [38] und NM, z. B. [41] mit unterschiedlicher Komplexität angewendet. Verschiedene Balkentheorien werden grundsätzlich anhand ihrer Ordnung eingeteilt. Dabei wird zwischen drei verschiedenen Ordnungen unterschieden [147]:

- **Theorie erster Ordnung:** Die Gleichgewichtsbedingungen werden am unverformten Balken formuliert. Dabei werden ausschließlich kleine Verformungen berücksichtigt. Die Gleichungen sind linear.
- **Theorie zweiter Ordnung:** Die Gleichgewichtsbedingungen werden am verformten Balken formuliert. Dabei werden kleine Verformungen in der Größenordnung der Balkenhöhe berücksichtigt [147]. Die Gleichungen sind linear.
- **Theorie dritter Ordnung:** Die Gleichgewichtsbedingungen werden am verformten Balken formuliert. Dabei werden große Verformungen (geometrische Nichtlinearität) berücksichtigt. Dies wird in dieser Arbeit angewendet. Die Gleichungen sind nichtlinear.

Der Vorteil der Theorie erster und zweiter Ordnung besteht darin, dass für einige Anwendungsbeispiele explizite Lösungen gefunden werden können. Dadurch ist es möglich, sehr effizient sowohl eine Analyse als auch Dimensionierungsaufgaben durchführen zu können. Aufgrund der Berücksichtigung kleiner Verformungen sind jedoch je nach Konfiguration eines NM große Abweichungen zur Theorie dritter Ordnung zu erwarten. In den dem Autor bekannten Veröffentlichungen wird die Balkentheorie dritter Ordnung, bei der geometrische Nichtlinearität berücksichtigt wird, nur in Fällen mit einfachen Balkenstrukturen konstanten Querschnitts angewendet [1, 4, 5, 11, 161, 174]. Dies hängt damit zusammen, dass eine explizite und exakte Lösung mit Hilfe elliptischer Integrale nur für einfache Querschnitte möglich ist. Bei komplexeren NM bietet sich jedoch eine numerische Lösung der Differentialgleichungen an, was in der Literatur für FKG und NM so nicht zu finden ist. Dies stellt den Gegenstand dieser Arbeit dar und wird im weiteren Verlauf auf viele NM mit nicht konstanten Querschnitten angewendet. Aufgrund moderner numerischer Berechnungssoftware ist somit eine sehr schnelle Lösung komplexer Strukturen möglich. Durch diese Effizienz eignet sich die Methode auch für Dimensionierungsaufgaben im Syntheseprozess.

Designgleichungen

Hinsichtlich konzentrierter Nachgiebigkeiten in Form von FKG mit Aussparungskontur existieren in der Literatur einige **Designgleichungen** in expliziter Form, z. B. [112, 113, 117, 131, 142, 145, 155, 171]. Diese dienen beispielsweise zur Berechnung von Steifigkeiten, Verformungen, maximalen Dehungen und Spannungen oder der Drehachsenverlagerung und werden auch für FKG innerhalb von NM angewendet, z. B. [143, 165]. Zur Herleitung werden für konkrete Lastfälle zunächst Parameterstudien mit Hilfe von FEM [126, 142, 153] oder der Balkentheorie [113, 118, 171] durchgeführt. Daraufhin werden Gleichungen über die erhaltenen Ergebnissen interpoliert. Die so entstandenen expliziten Designgleichungen sind über einem eingeschränkten Parameterraum mit einer gewissen Genauigkeit gültig. Weiterhin sind die Gleichungen abhängig von der Belastung und der FKG-Kontur und -Geometrie. Aufgrund des expliziten Charakters eignen sie sich auch für die Dimensionierung einzelner FKG.

Starrkörperersatzmodell (PRBM)

Außerdem kommt häufig das von Larry L. Howell eingeführte PRBM [77] bei der Analyse und Synthese von NM zum Einsatz. Dabei werden nachgiebige Strukturabschnitte durch eine Reihe von starren Gliedern, die mit Torsions- oder linearen Federn mit definierter Steifigkeit verbunden sind, ersetzt. In der Literatur wurden mehrere PRBM mit zunehmender Komplexität vorgestellt. Eine Übersicht kann [159] entnommen werden. Neben der einfachen Anwendbarkeit auf komplexe Strukturen reicht der Fokus auf einzelne Strukturabschnitte oft nicht aus, um das Verformungsverhalten von NM als Gesamtsystem zu bestimmen, da Verformungen auch in den übrigen Bereichen, z. B. dem Gestell auftreten [121]. Wird die Verformung von einzelnen Strukturabschnitten im Modell vernachlässigt und als starr angesehen, sind somit Abweichungen zur Realität zu erwarten und können je nach geforderter Präzision ggf. inakzeptabel sein.

Chained beam constraint model (CBCM)

Das sogenannte CBCM [120] stellt eine Erweiterung des beam constraint model (BCM) [8, 9] dar. Das BCM wurde entwickelt, um das Verhalten flexibler Balken unter kleinen Verformungen mit Hilfe expliziter Gleichungen vorherzusagen. Dabei wurde gezeigt, dass Verformungen von bis zu 10 % der Balkenlänge relativ genau (Differenz zum nichtlinearen Balkenmodell unter 1 %) berechnet werden können [9, 144]. Um Verformungen darüber hinaus zu betrachten, wurde das CBCM entwickelt. Dieses Verfahren basiert auf der Diskretisierung von Balken in mehrere Balkenelemente, die jeweils mit Hilfe des BCM modelliert und miteinander verkettet werden. Die Form der Balken wird durch geometrische Randbedingungen definiert. Es können verschiedene Randbedingungen und Lastfälle berücksichtigt werden. Die expliziten Gleichungen für die einzelnen Balkenelemente basieren auf der linearen Balkentheorie. Die endgültige Verformung wird durch iteratives Lösen der einzelnen BCM-Gleichungen mit Berücksichtigung von Rand- und Gleichgewichtsbedingungen erhalten.

Das CBCM bietet den Vorteil, dass sowohl Schub [25, 116] als auch axiale Belastungen im Modell berücksichtigt werden können. Der explizite Charakter des Modells ermöglicht es, die Verformung mit einer Effizienz zu berechnen, die je nach verwendeter Diskretisierung mit eindimensionalen FEM-Berechnungen vergleichbar ist. Das CBCM muss für konkrete Mechanismen individuell hergeleitet werden. Daraufhin kann das Modell auch für die Synthese geometrischer Parameter eingesetzt werden. In der Literatur werden ausschließlich gerade oder gekrümmte Balken mit konstantem Querschnitt mit Hilfe der Methode beschrieben. Bei nicht konstanten Querschnitten oder gar FKG-Konturen findet die Methode keine Anwendung. Zudem werden, außer im Fall von [121], einzelne die nachgiebigen Strukturabschnitte umgebenen Bereiche als starr modelliert. Die wesentliche Einschränkung dieser Methode besteht darin, dass die Genauigkeit der Lösung stark von der Diskretisierung abhängt und das Modell nur für eine bestimmte Geometrie gilt und für andere Mechanismen erst neu formuliert werden muss.

Energie-basierte Methoden

Eine weitere Möglichkeit zur Berechung von NM stellt die Anwendung von Energiemethoden [137] dar. Dabei kommen z. B. der Satz von Castigliano [82] oder das Prinzip der virtuellen Arbeit [7, 87, 104, 135, 173] zum Einsatz. Dabei wird die Gleichgewichtslage eines NM durch die Bestimmung der minimalen potenziellen Energie des Mechanismus erreicht. Die virtuelle Arbeit bezieht sich sowohl auf die Arbeit, die von einer Kraft auf ein System während einer virtuellen Verschiebung verrichtet wird als auch auf die Arbeit, die von einer virtuellen Kraft auf eine reale Verschiebung verrichtet wird. Mit Hilfe dieser Prinzipien kann das Gleichgewicht des Gesamtsystems berechnet werden. Problematisch ist, dass nicht der vollständige Verformungszustand berechnet wird, sondern lediglich die Kräfte, Winkel und Verschiebungen an bestimmten Punkten eines NM.

FEM-Modelle

Es ist allgemein bekannt, dass die genauesten Ergebnisse durch Simulationen mit der FEM erzielt werden können [44]. Dabei muss jedoch zwischen der Anzahl der möglichen Verformungsrichtungen, die durch verschiedene Elementtypen definiert werden, und den möglichen Freiheitsgraden für das Gesamtmodell (1D/2D/3D) unterschieden werden [60]. Genauer gesagt, je höher die Anzahl der möglichen Verformungsrichtungen des finiten Elements und je höher die möglichen Freiheitsgrade, desto genauer kann eine Lösung für das gesamte Modell sein. Daher liefern dreidimensionale Volumenelemente Ergebnisse, die der Realität am nächsten kommen. FEM-Simulationen mit Hilfe von Balkenelementen, d. h. ein- oder zweidimensionalen Elementtypen, können aufgrund der schnellen Berechnungszeiten eine geeignete Methode für die Analyse von NM darstellen [17]. Bestimmte 3D-Effekte wie Spannungskonzentrationen [99, 153] oder Effekte wie „anticlastic bending“ [21] werden dabei jedoch vernachlässigt, können aber für bestimmte Geometrieverhältnisse selbst bei ebenen NM wichtig sein. Große Verformungen, nichtlineare Materialeigenschaften, Schub, Querkontraktion und axiale Dehnungen werden bei 3D FEM-Simulationen berücksichtigt. Sowohl 3D-Mechanismen als auch Belastungen und Verformungen außerhalb der Ebene können modelliert werden. Die Genauigkeit hängt jedoch weitgehend von der Diskretisierung, dem Elementtyp und den Freiheitsgraden (1D/2D/3D) ab. Die Berechnungszeiten werden in der Regel durch eine höhere Diskretisierung beeinträchtigt.

Literaturrecherche

Zur Einordnung der Literatur wurde Tabelle 2.1 angefertigt. Für den Vergleich der einzelnen Referenzen wurden einige Kategorien und Merkmale definiert. Die Erfüllung dieser Merkmale von einer Literaturquelle ist in der Tabelle mit einem „x“ gekennzeichnet. Wird keine Information über ein Merkmal gegeben, ist dies mit einem „-“ dargestellt. Gegebenenfalls können von bestimmten Literaturquellen auch mehrere Merkmale der selben Kategorie erfüllt werden.

Neben der Struktur werden in der Tabelle die Dimension (2D oder 3D), der Gegenstand (Analyse oder Synthese), die Art der Nachgiebigkeit (konzentriert oder verteilt), die verwendete Methode (zuvor beschrieben), die berücksichtigten Belastungsarten (Biegung, Querkraftschub etc.), der Verformungsgrad (klein oder groß) und einige Besonderheiten aufgeführt. Zu den Besonderheiten zählen, ob alle Abschnitte des

Mechanismus verformbar modelliert (vollständig verformbar), ob Gelenkkonturen betrachtet oder ob Verzweigungen implementiert werden können. Zudem wird die Anwendung durch eine Abkürzung genannt (vgl. Tabelle 2.1).

Unterhalb der untersuchten Literaturquellen wird die Häufigkeit der Erfüllung der einzelnen Merkmale anhand von Kreisen mit unterschiedlicher Ausfüllung angedeutet. In der letzten Zeile, gekennzeichnet durch ★, ist markiert, wo die Ergebnisse dieser Arbeit einzuordnen sind.

Tabelle 2.1: Auszug aus dem Stand der Forschung zur Analyse und Synthese von FKG und NM („x" – trifft zu; „-" – keine Angabe; „H." – Angabe der Häufigkeit in absteigender Reihenfolge: ●, ◕, ◑, ◔, ○); ★ – Einordnung dieser Arbeit (letzte Zeile); Anwendungen: B – bistabiler Mechanismus, F – Führungsmechanismus, G – Greifer, V – Bewegungsvergrößerung, E – einzelnes FKG oder einzelner Balken, L – Luft- und Raumfahrttechnik, Po – Positioniersystem, Pr – Präzisionstechnik, K – Mechanismus zur Kraftübertragung, M – Messtechnik, R – Robotik

	Struktur		Dimension		Gegenstand		Nachgiebigkeit		Methode							Belastungen zusätzlich zu Biegung				Verformungsgrad		Besonderheit			
Referenz	FKG	NM	2D	3D	Analyse	Synthese	konzentriert	verteilt	Designgleichungen	PRBM	Energiemethoden	CBCM	FEM	TO	Balkentheorie	Querkraftschub	Querkontraktion	Zug/Druck	Torsion	klein	groß	vollständig verformbar	konturspezifisch	Verzweigungen	Anwendung
[1]	x	x	x		x		x	x		x					x						x				F
[3]		x	x			x	x			x											x				B
[5]		x	x		x			x							x						x			x	Po
[11]		x	x		x			x		x					x	x		x			x				F
[15]		x		x	x			x		x			x							x					F
[16]		x	x		x			x				x									x				Pr
[18]		x	x			x		x						x		x		x		x		x		x	G
[22]		x	x			x	x							x				x		x		x	x	x	Po
[23]		x	x			x		x						x							x	x			Pr
[24]		x		x	x			x				x							x		x				E
[26]		x	x		x			x				x									x				Pr
[27]	x		x		x		x		x											x			x		E
[28]		x	x		x		x			x								x		x			x		G
[29]		x	x			x		x						x			x				x	x		x	F
[31]		x	x		x		x						x			x	x	x			x	x	x	x	M
[34]		x	x			x		x						x						x		x		x	K
[38]	x		x		x		x								x	x		x		x			x		E
[40]	x		x		x		x								x					x					E

Referenz	Struktur		Dimension		Gegenstand		Nachgiebigkeit		Methode							Belastungen zusätzlich zu Biegung				Verformungsgrad		Besonderheit			
	FKG	NM	2D	3D	Analyse	Synthese	konzentriert	verteilt	Designgleichungen	PRBM	Energiemethoden	CBCM	FEM	TO	Balkentheorie	Querkraftschub	Querkontraktion	Zug/Druck	Torsion	klein	groß	vollständig verformbar	konturspezifisch	Verzweigungen	Anwendung
[41]		x	x		x		x								x					x			x		V
[44]	x	x	x		x		x						x					x			x	x	x		V
[50]		x	x		x		x						x			x	x	x			x	x	x	x	Po
[59]		x		x	x			x							x			x		x				x	Po
[61]		x	x			x		x						x						x		x		x	K
[62]		x	x		x			x				x									x				E
[63]	x		x		x		x						x							-	-	x		x	L
[79]		x	x		x	x	x						x							-	-	x			V
[80]		x	x		x		x						x							x		x		x	G
[82]		x	x		x	x		x			x					x		x		x		x		x	V
[83]	x			x	x		x						x			x		x		x		x	x	x	Po
[90]		x	x		x			x							x	x		x		x					Po
[94]		x	x		x	x		x				x									x				Po
[95]	x	x	x		x	x	x			x				x		x					x		x	x	V
[98]		x	x			x		x					x	x		x		x		x		x		x	K
[103]		x		x	x			x					x			x		x	x		x	x		x	Po
[104]		x	x		x	x		x			x							x		x					Po
[105]		x	x		x		x	x					x			x		x		x		x	x	x	Po
[113]	x		x		x		x		x												x		x		E
[115]		x	x			x	x	x						x							x	x		x	K
[116]		x	x		x		x					x				x		x			x				V
[118]	x		x	x	x			x	x							x		x		x			x		E
[119]		x	x		x		x			x										x				x	Po
[121]		x	x		x			x				x									x	x		x	F
[122]		x	x		x			x				x				x		x			x				F
[123]		x	x		x		x			x										x				x	M
[126]	x		x		x		x		x							x		x			x		x		E
[128]		x	x		x			x		x			x							x					F
[130]		x		x	x	x	x			x										x					Po
[131]	x		x		x		x		x							x		x		x		x	x		E

Referenz	Struktur		Dimension		Gegenstand		Nachgiebigkeit		Methode							Belastungen zusätzlich zu Biegung				Verformungsgrad		Besonderheit			
	FKG	NM	2D	3D	Analyse	Synthese	konzentriert	verteilt	Designgleichungen	PRBM	Energiemethoden	CBCM	FEM	TO	Balkentheorie	Querkraftschub	Querkontraktion	Zug/Druck	Torsion	klein	groß	vollständig verformbar	konturspezifisch	Verzweigungen	Anwendung
[132]		x		x	x			x		x									x	x					Po
[134]	x		x		x	x	x			x										x				x	Pr
[135]		x	x		x		x			x	x									x			x		Po
[136]	x	x	x	x	x		x			x									x		x		x	x	R
[138]	x	x		x	x	x	x						x			x	x	x	x		x	x	x	x	Pr
[139]		x	x		x			x							x					x				x	Po
[142]	x		x		x		x		x							x		x		x			x		E
[143]		x	x		x	x	x		x											x			x	x	V
[145]	x	x	x		x		x		x											x			x		F
[149]		x	x		x		x						x								x	x	x	x	F
[150]		x		x	x			x							x	x			x	x					M
[153]	x		x		x		x		x				x			x	x	x			x		x		E
[155]	x		x		x		x		x							x				x			x		E
[158]	x	x	x		x		x	x							x			x			x		x		F
[160]		x	x		x			x		x											x				Po
[161]		x	x		x			x							x	x					x				F
[165]		x	x		x		x		x							x		x		x		x		x	Po
[166]		x	x			x		x						x						x		x		x	V
[169]		x	x		x			x				x				x					x			x	P
[170]	x	x	x		x		x			x						x		x		x			x		F
[171]	x			x	x		x		x							x		x		x			x		E
[174]		x	x		x		x	x	x												x				F
[175]		x	x		x		x	x		x					x			x		x		x			F
[179]		x	x		x		x						x			x	x			x		x	x	x	Po
[181]		x	x			x		x						x							x	x		x	L
[182]		x	x			x		x						x						-	-	x		x	L
H.	◔	●	●	○	●	◔	◑	◑	○	◔	○	○	◔	○	○	◔	○	◔	○	◑	◑	◑	◔	◑	-
★	x	x	x	x	x	x	x	x							x	x	x		x		x	x	x	x	Pr

Anhand der Recherche und der Darstellung in Tabelle 2.1 können zunächst vielseitige Anwendungen von FKG und NM festgestellt werden. Diese reichen von der Präzisions- und Messtechnik über Führungen und Positionierungen bis hin zur Luft- und Raumfahrttechnik. Im Vergleich zu einzelnen FKG werden deutlich häufiger NM betrachtet. Außerdem stellt der überwiegende Teil der aufgelisteten Anwendungen zweidimensionale Systeme dar. Zudem ist erkennbar, dass sich die Untersuchungen gegenüber der Synthese überwiegend auf die Analyse konzentrieren. Die angewendeten Methoden wiederum sind recht gleichmäßig verteilt, wobei das PRBM sowie die TO etwas häufiger vorkommen als die übrigen Ansätze. In etwa einem Viertel der Anwendungen werden über reine Biegung hinaus zusätzlich Querkraftschub oder auch Zug- und Druckbelastungen berücksichtigt. Vereinzelt werden auch Querkontraktion und selten, überwiegend bei räumlichen Applikationen, Torsion berücksichtigt. In etwa der Hälfte der untersuchten Veröffentlichungen werden alle Bereiche des Mechanismus als verformbar modelliert. Genauso häufig werden verzweigte Mechanismen betrachtet. Seltener erfolgt eine konturspezifische Modellierung der eingesetzten FKG-Geometrien. Bekannte Werkzeuge zur Analyse und Synthese von NM sollen im Folgenden recherchiert werden.

2.3 Bekannte Werkzeuge zur Berechnung nachgiebiger Mechanismen

Obwohl einige Methoden zur Analyse und Synthese von NM existieren und erfolgreich anhand konkreter Beispiele angewendet werden (vgl. Abschnitt 2.2), existieren nur wenige Softwarewerkzeuge oder -tools zur Auslegung von NM. Oftmals werden Modelle zur Berechnung von NM für konkrete Anwendungsbeispiele formuliert und sind ausschließlich für diese anwendbar (z. B. [169]).

Ein Überblick über die dem Autor, zum Zeitpunkt der Anfertigung dieser Arbeit, bekannten Werkzeuge zur Berechnung von FKG und NM ist in Tabelle 2.2 gegeben. Zur Darstellung der Eigenschaften der untersuchten Tools wurden überwiegend die gleichen Kategorien und Merkmale wie in Tabelle 2.1 gewählt. Bei den Besonderheiten wird hier zudem aufgeschlüsselt, ob eine GUI vorliegt und ob die Werkzeuge frei zur Verfügung stehen.

Die Zeilen der Tabelleneinträge sind in drei Gruppen unterteilt. Zunächst sind die insgesamt 14 analysierten Softwareanwendungen aufgelistet. Darunter ist analog zu Tabelle 2.1 die Häufigkeit der Erfüllung der einzelnen Merkmale angedeutet. Unterhalb dieser sind zur Einordnung die drei im Rahmen dieser Arbeit entstandenen Werkzeuge aufgeführt.

Tabelle 2.2: Literaturübersicht über bestehende Werkzeuge und Tools für die Analyse und Synthese von FKG und NM („x“ – trifft zu; „-“ – keine Angabe; „H.“ – Angabe der Häufigkeit in absteigender Reihenfolge: ●, ◕, ◑, ◔, ○); eigene Referenzen sind „fett“ hervorgehoben (untere drei Zeilen).

	Struktur		Dimension		Gegenstand		Nachgiebigkeit		Methode						Belastungen zusätzlich zu Biegung				Verformungsgrad		Besonderheit				
Referenz	FKG	NM	2D	3D	Analyse	Synthese	konzentriert	verteilt	Designgleichungen	PRBM	Energiemethoden	FEM	TO	Balkentheorie	Querkraftschub	Querkontraktion	Zug/Druck	Torsion	klein	groß	vollständig verformbar	konturspezifisch	Verzweigungen	GUI	frei verfügbar
[13]		x	x	x	x	x		x		x					x					x				-	
[20]		x	x		x		x	x						x						x	x				x
[33]		x	x	x	x	x		x						x					x		x		x	x	-
[37]	x	x	x		x		x	x						x					x			x		x	x
[42]		x	x			x		x					x						x		x		x	x	
[84]	x		x		x		x							x	x					x		x		x	
[86]	x	x	x		x		x	x	x									x		x	x	x			x
[88]		x	x	x	x		x	x				x			x		x	x		x	x			x	x
[114]		x	x	x		x		x				x	x		x	x	x		x		x		x		x
[125]		x	x	x	x	x	x	x		x	x				x					x		x	x	-	
[127]		x	x			x		x					x							x	x		x	-	
[156]		x	x		x	x		x		x	x									x			x	x	x
[157]	x		x		x		x		x										x			x		x	x
[163]	x		x		x		x		x										x			x		x	x
H.	◔	●	●	◔	●	◑	◕	●	◔	◔	○	○	◔	◔	◔	○	○	○	◑	◕	◑	◑	◑	◕	◕
[70]	x		x		x	x	x	x						x						x	x	x		x	x
[73]	x	x	x		x	x	x	x						x	x	x				x	x	x	x	x	x
[85]	x	x	x		x	x	x	x						x						x	x	x		x	x

Die Erkenntnisse aus Tabelle 2.2 sind im Folgenden zusammengefasst. Es existieren wenige Tools zur Berechnung einzelner FKG [37, 84, 86, 157, 163]. Überwiegend werden NM mit verteilter Nachgiebigkeit berücksichtigt. Viele der verfügbaren Werkzeuge für die Analyse von FKG sind auf konkrete Gelenkkonturen (z. B. [84, 86, 157, 163]) und NM mit festgelegter Struktur beschränkt (z. B. [86]), während andere mehr Gestaltungsfreiraum bieten (z. B. [13, 33, 88, 125, 156]).

In allen Anwendungen werden 2D-Anwendungsfälle betrachtet. Zusätzlich werden bei einigen auch räumliche Mechanismen betrachtet [13, 33, 88, 114, 125]. Außerdem kann bei der Software *CoMeT* [33], z. B. mit Hilfe eines „Tablets“, ein Mechanismus, dessen Belastungen und Randbedingungen skizziert und im Programm berechnet werden. Leider ist die in [33] genannte Webseite nicht mehr aktiv, sodass das Programm laut Kenntnisstand des Autors nicht verfügbar ist.

Vorwiegend dienen die Werkzeuge für den Analyseprozess. Etwa die Hälfte der Anwendungen ist auf die Synthese von NM ausgerichtet. Diese basieren oft auf dem Starrkörperersatzmodell [13, 125, 156] oder auf Topologieoptimierung mittels genetischer Algorithmen [127] und FEM [42, 114]. Im Hinblick auf die Topologieoptimierung wird in [183] ein Überblick über Softwarewerkzeuge für die Lehre gegeben, die hier nicht aufgeführt sind.

Die zugrundeliegenden Methoden sind in etwa ausgeglichen. Einfache Anwendungen zur Analyse einzelner FKG bedienen sich meist speziellen Designgleichungen [86, 157, 163]. Genauso häufig wird das Starrkörperersatzmodell zur Analyse und Synthese von NM angewendet [13, 125, 156], teilweise gepaart mit Energiemethoden [125, 156]. In zwei Fällen werden FEM-Ansätze verwendet [88, 114]. Werkzeuge, die ausschließlich zur Synthese von NM entwickelt wurden, basieren auf der Topologieoptimierung [42, 114, 127]. In vier Fällen wird die Balkentheorie zur Modellierung herangezogen. Einerseits für kleine Verformungen [33, 37] und andererseits für große Verformungen, wobei dann lediglich die Verformung einzelner Balken mit konstantem Querschnitt durch elliptische Integrale [20] oder einzelne FKG [84] berechnet werden.

Alle betrachteten Werkzeuge berücksichtigen Biegung als vorrangige Belastungsart. Darüber hinaus wird bei etwa einem Viertel der Werkzeuge Querkraftschub berücksichtigt [13, 84, 88, 114, 125]. Querkontraktion wird lediglich bei einem Tool, basierend auf einem 3D FEM-Modell, berücksichtigt [114]. Die Längenänderung der Balkenachse wird bei [88] und [114] betrachtet. Die Berücksichtigung von Torsion bezieht sich bei [86] lediglich auf eine Formelsammlung zur Berechnung einzelner Balken unter reiner Torsionsbelastung. Bei [88] hingegen wird Torsion im räumlichen Belastungsfall von NM berücksichtigt.

Die Modellierung kleiner oder großer Verformungen ist zwischen den betrachteten Referenzen ebenfalls nahezu ausgeglichen. Etwas häufiger werden große Verformungen berücksichtigt.

In sieben Anwendungen werden nicht nur die nachgiebigen Strukturabschnitte, sondern auch die übrigen Bereiche eines NM als verformbar betrachtet, was in der Präzisionstechnik von Bedeutung sein kann. Bei jeweils etwa der Hälfte der Anwendungen sind eine konturspezifische Modellierung der FKG und Verzweigungen modellierbar.

Ein überwiegender Anteil liegt zudem als GUI vor. Ebenso ist ein Großteil der Anwendungen frei verfügbar. Einige dieser Tools weisen eine intuitive GUI auf, die ohne zusätzliche Software auskommt und entweder heruntergeladen (z. B. [163]) oder direkt im Web-Browser verwendet werden kann [37, 157]. Darüber hinaus sind Berechnungsskripte für FKG und spezifische NM auf der Grundlage von Mathcad® unter [86] verfügbar. Deren Berechnungen beruhen auf den Designgleichungen von [96]. Berechnungsskripte sind auch für MATLAB® verfügbar, z. B. [114].

2.4 Forschungsbedarf bei der Berechnung nachgiebiger Mechanismen

Anhand der in Tabelle 2.1 aufgelisteten Literaturquellen lassen sich einige Schwierigkeiten bei der Modellierung von FKG und insbesondere NM im gegenwärtigen Stand der Forschung ableiten:

- Betrachtung aller Abschnitte eines NM als nachgiebig,
- Implementierung gekrümmter Strukturabschnitte,
- Betrachtung verzweigter Strukturen,
- Berücksichtigung nicht konstanter Querschnitte entlang der Balkenachse,
- Berücksichtigung zusätzlicher Belastungen neben reiner Biegung,
- Verwendung unterschiedlicher Theorien für einzelne Abschnitte eines NM,
- Berücksichtigung großer Verformungen.

Je nach konkretem Anwendungsbeispiel kann die Erfüllung eines oder auch mehrerer dieser Punkte für eine geforderte Genauigkeit notwendig sein. Eine Vernachlässigung einiger dieser Punkte führt zwangsläufig zur Einschränkung in der Modellbildung und schränkt dadurch die Vorhersagegenauigkeit der verwendeten Methode ein. All diese Punkte werden laut Tabelle 2.1 ausschließlich bei der 3D FEM in einer Methode vereint. In einigen der aufgeführten Beiträge, bei denen auf andere Methoden als die FEM zurückgegriffen wird, werden nie alle Punkte erfüllt.

An dieser Stelle sollen die Untersuchungen dieser Arbeit anknüpfen. Es wird gezeigt, dass mit Hilfe der Balkentheorie all die genannten Punkte im Modell berücksichtigt werden können und sie auch auf komplexe und verzweigte NM in 2D und 3D angewendet werden kann. Dabei besitzt die numerische Lösung des entstehenden Randwertproblems den wesentlichen Vorteil der Zeitersparnis gegenüber 3D FEM-Modellen und eignet sich dadurch hervorragend für Parameterstudien, Optimierungsansätze sowie der Erstellung von Softwarewerkzeugen zur Analyse und Synthese. Im Gegensatz dazu würde eine FEM-Simulation (insbesondere mit Hilfe kommerziell erhältlicher Software) separate Berechnungen für jede Änderung eines Geometrieparameters erfordern, was mühsam und sehr zeitaufwendig sein kann.

Weitere Vorteile der Balkentheorie zur Berechnung von FKG und NM sind die Berücksichtigung großer Verformungen und die Möglichkeit, nicht konstante Querschnitte, Krümmungen und Materialeigenschaften zu modellieren. Das Modell weist eine gewisse Vielseitigkeit auf, da beliebige Randbedingungen oder sogar Kontakte, Verzweigungspunkte und Lastfälle durch (verteilte) Kräfte und Momente angenommen werden können. Auch Schub und Querkontraktion können in das Modell implementiert werden. Aufgrund der Modellierung als Kontinuum kann ein NM in mehrere Abschnitte unterteilt werden. Dadurch ergibt sich die Möglichkeit, verschiedene Theorien gezielt auf einzelne Abschnitte eines Mechanismus anzuwenden. So können Abschnitte mit unterschiedlichen Geometrieverhältnissen entsprechend individuell modelliert werden. Dies ist so in der Literatur nicht zu finden. Daher besteht ein wesentliches Ziel dieser Arbeit darin, die verschiedenen Theorien (reine Biegung, Schub und Querkontraktion) in einer einheitlichen Form darzustellen und sie einzeln oder in Kombination für bestimmte Abschnitte eines NM anwendbar zu machen. Es sollen Empfehlungen gegeben werden, wann welche Theorie zu verwenden ist.

Die Anwendung der Theorie auf konkrete Mechanismen kann unter Umständen eine komplexe Aufgabe darstellen, da für jeden Abschnitt eines Mechanismus mathematische Ausdrücke für Querschnitte, Krümmungen oder den Elastizitätsmodul formuliert werden müssen. Da sich das Randwertproblem jedoch mit moderner Software schnell und hinreichend genau lösen lässt, eignet es sich nicht nur für die Durchführung von Parameterstudien für Dimensionierungsaufgaben im Syntheseprozess, sondern ist auch für die Implementierung in grafische Softwareanwendungen bestens geeignet. Somit kann auch Ingenieuren, die unerfahren im Umgang mit NM sind, ermöglicht werden, diese Systeme zu berechnen. Außerdem kann der Umgang mit NM mit Hilfe derartiger Werkzeuge im Bereich der Lehre geschult werden. Die zahlreichen Vorteile der Modellierung von NM unter Verwendung der Balkentheorie und die Einschränkungen anderer Methoden bilden die Grundlage für die in dieser Arbeit beschriebenen Untersuchungen und Entwicklungen.

Umfassende Werkzeuge, die eine Vielzahl der in Tabelle 2.2 aufgezeigten Merkmale zur Berechnung von FKG und NM erfüllen, sind dem Autor nicht bekannt. Keine der aufgelisteten Tools vereint mehrere Belastungsarten, vollständige Verformbarkeit (alle Abschnitte eines Mechanismus sind nachgiebig), konturspezifische Modellierung von FKG und Verzweigungen zur Analyse und Synthese von NM mit konzentrierter und verteilter Nachgiebigkeit in einer GUI und ist zudem frei verfügbar.

Um diesen Anforderungen gerecht zu werden, werden in Kapitel 7 drei frei zugängliche Werkzeuge jeweils mit GUI basierend auf den analytischen Modellen aus Kapitel 3 entwickelt und vorgestellt. Deren Eigenschaften sind in den unteren Zeilen von Tabelle 2.2 aufgeführt und schließen damit eine Lücke im Stand der Forschung. Dabei sollen die folgenden Aspekte hervorgehoben werden, die durch die in Kapitel 7 entwickelten Tools zu erfüllt werden:

- einen Nachteil einiger der Werkzeuge in Tabelle 2.2 stellt die begrenzte oder nicht vorhandene GUI dar. Daher ist das Ziel bei der Entwicklung der Softwarewerkzeuge, eine umfassende GUI für den intuitiven und effizienten Entwurf von NM sowie deren Analyse und Dimensionierung bereitzustellen.
- Wie bereits erwähnt, wird teilweise die Verformung von Abschnitten, die konzentrierte Nachgiebigkeitsbereiche umgeben, in vielen Tools vernachlässigt. Da NM in dieser Arbeit als Kontinua modelliert werden, werden diese Verformungen auch in den entwickelten Werkzeugen berücksichtigt.
- Einige der bisherigen Werkzeuge sind auf einfache Geometrien beschränkt. Mit Hilfe der Modelle aus Kapitel 3 können im Hinblick auf konkrete Annahmen beliebige Geometrien berücksichtigt werden. Dazu gehören FKG beliebiger Kontur und gekrümmte Strukturabschnitte.
- Bei einigen der erwähnten Werkzeuge werden nur kleine Verformungen berücksichtigt. Dies kann je nach geforderter Präzision unzureichend sein. In den entwickelten Werkzeugen werden daher große Verformungen berücksichtigt.
- Die meisten Werkzeuge sind entweder auf konzentrierte oder verteilte Nachgiebigkeit beschränkt. Bestimmte NM erfordern eine Kombination aus beidem, weshalb dies auch bei der Erstellung der Werkzeuge berücksichtigt wird, indem die Geometrie aller Abschnitte eines FKG oder NM individuell anpassbar ist.
- Häufig wird bei den bekannten Werkzeugen auf kommerzielle Berechnungssoftware zurückgegriffen. Im Gegensatz dazu sind zur Benutzung der in Kapitel 7 entwickelten Tools keine Lizenzen notwendig.
- Einige der Werkzeuge in Tabelle 2.2 berücksichtigen Schub, Querkontraktion oder Zug/Druck für den gesamten Mechanismus. Mit Hilfe der hier entwickelten Software „CoMUI“ kann die zu verwendende Theorie abschnittsweise je nach Geometrieverhältnis gewählt werden.
- Über die Analyse und Synthese hinaus werden Exportiermöglichkeiten geboten, die die Erstellung von Funktionsmustern mittels computer-aided-design (CAD)-Modellen und 3D-Druck erleichtern und damit einen Beitrag zum letzten Teilschritt des Entwicklungsprozesses von NM nach Abbildung 2.6 leisten.

Zusammenfassend kann gesagt werden, dass aufgrund der Rechenleistung moderner Computer der Verformungszustand eines NM innerhalb von Sekundenbruchteilen mit Hilfe der Balkentheorie numerisch berechnet werden kann. Die Methode legitimiert vielseitige Gestaltungsmöglichkeiten der betrachteten NM. Aufgrund der Effizienz des analytischen Modells und der Anpassungsfähigkeit an beliebige Mechanismen eignet sich die numerische Lösung besonders für die Implementierung in Softwareanwendungen.

3 Modellbildung nachgiebiger Mechanismen

Die Beschreibung des Verformungsverhaltens von NM ist aufgrund der monolithischen Bauweise, komplexer Geometrien und Nichtlinearitäten durch große Verformungen nicht trivial. Vereinfachte lineare Gleichungen sind unzureichend, um den Verformungszustand zu beschreiben, weshalb meist zeitaufwendige FEM-Simulationen zum Einsatz kommen. Analytische Ansätze basieren häufig auf einem Starrkörperersatzmodell und sind hinsichtlich der Genauigkeit ihrer Ergebnisse deutlich im Nachteil gegenüber den Ergebnissen nichtlinearer FEM-Simulationen. Verformungen treten im gesamten Mechanismus auf, also auch in Abschnitten eines NM, die die Bereiche mit konzentrierter Nachgiebigkeit umgeben oder dem Gestell [121]. Diese Verformungen werden jedoch beispielsweise von der Methode des PRBM nicht erfasst.

In diesem Kapitel wird daher ein mechanisches Modell zur Beschreibung NM unter großen Verformungen gegeben. Das Modell wird zunächst für ebene Anwendungsfälle formuliert (Abschnitt 3.1) und im Anschluss auf räumliche Betrachtungen erweitert (Abschnitt 3.2). Im jeweiligen Fall werden dafür konkrete Annahmen getroffen und in ein mathematisches Modell überführt. Die analytische Beschreibung von NM erfolgt nichtlinear für große Verformungen in Form von Randwertproblemen und soll für Mechanismen mit arbiträrer Geometrie, Orientierung der nachgiebigen Strukturabschnitte sowie mit nicht-konstanten Querschnitten gültig sein. Durch die Modellbildung sollen gleichermaßen sowohl konzentrierte als auch verteilte Nachgiebigkeiten realisiert werden können, sodass die Möglichkeit besteht, nicht-konstante Querschnitte in Form von FKG mit variabler Gelenkgeometrie im Mechanismus analytisch zu beschreiben.

Im ersten Schritt wird ausschließlich reine Biegung modelliert. Anschließend werden die Theorien für Querkraftschub und Querkontraktion in eine einheitliche Form mit der bestehenden Theorie großer Verformungen stabförmiger Strukturen gebracht und dort integriert. Dadurch werden sie individuell für bestimmte Abschnitte von NM anwendbar. Es wird ermöglicht, in einzelnen Bereichen mit unterschiedlichen Geometrieverhältnissen unterschiedliche Gleichungen verwenden zu können, während das System dennoch als Kontinuum behandelt wird.

3.1 Ebene Betrachtungen

Zunächst werden die Modellgleichungen für eine ebene Betrachtungsweise hergeleitet. Eine Vielzahl denkbarer Anwendungen von NM können bereits mit Hilfe dieses zweidimensionalen Modells beschrieben werden. Ebene Starrkörpersysteme aus der Präzisionstechnik, die als Vorbild für die Gestaltung von NM dienen, sind Punktgeradführungsmechanismen wie z. B. ROBERTS und EVANS Mechanismus [52, 69], WATT Mechanismus [107], Schubkurbel [106], Panthographenmechanismus [149] oder Ebenengeradführungsmechanismen wie z. B. Parallelkurbel [11, 50, 71, 102, 174, 175], Doppelparallelkurbel [31], xy-Stages [101] und ebenfalls Pantographenmechanismen [76]. Eine Übersicht über weitere Beispiele ist in [178] gegeben. Hinzu kommen Positioniersysteme, z. B. xy-Stages [50] oder Parallelmanipulatoren [119]. Weitere Anwendungsbeispiele sind nachgiebige Greifersysteme, z. B. [91]. Die Bewegung dieser und vieler weiterer Anwendungen findet innerhalb einer Ebene statt und lässt sich dadurch mittels ebenen Modellen beschreiben. Meist erfolgt ihre Anordnung auf eine Weise, sodass die Bewegung orthogonal zur Schwerkraft steht und diese bei der Modellierung vernachlässigt werden kann. Oftmals sind die Antriebskräfte wesentlich höher als der Verformungseinfluss durch die Schwerkraft.

3.1.1 Theorie großer Verformungen stabförmiger Strukturen

Grundsätzlich werden Biegetheorien anhand ihrer Ordnung eingeteilt. Es wird zwischen drei Ordnungen unterschieden, die eine Aussage darüber treffen, ob die Gleichgewichtsbedingungen am unverformten oder am verformten System aufgestellt und ob große Verformungen berücksichtigt werden. Analytische Ansätze für die Modellierung von NM aus der Literatur basieren vorwiegend auf der Theorie 3. Ordnung [168, 177]. Dies ist dadurch begründet, dass sich in NM durchaus große Verformungen einstellen können. Bei konzentrierten Nachgiebigkeiten können dies Gelenkwinkel von über zehn Grad darstellen [70]. Deutlich größere Auslenkungen sind weiterhin bei elastischer Verformung von Mechanismen mit verteilten Nachgiebigkeiten zu erwarten. Dies bedeutet, dass die Gleichgewichtsbedingungen am verformten System aufgestellt werden und große Verformungen berücksichtigt werden. Diese Betrachtungsweise führt unmittelbar zu einem geometrisch nichtlinearen Charakter.

Im deutschen Sprachgebrauch hat sich die Bezeichnung „Theorie großer Verformung (gekrümmter) stabförmiger Strukturen“ etabliert [148, 177], während die Theorie im Englischen „theory for large deflections of (curved) rod-like structures“ bezeichnet wird.

Annahmen zur Modellbildung

Bei der Modellbildung mit Hilfe der genannten Theorie werden zunächst einige Annahmen getroffen und Einschränkungen vorgenommen.

Annahme 3.1. Statik:

a) Es wird ein statisches Problem betrachtet, d. h. die Gleichgewichtsbedingungen werden am ruhenden Körper formuliert.

Annahme 3.2. Werkstoff:

a) Die Gültigkeit des Elastizitätsgesetzes (HOOKE'sches Gesetz) wird vorausgesetzt. Das Balkenelement bildet einen **einachsigen** Spannungszustand aus. Damit wird das HOOKE'sche Gesetz in allgemeiner Form durch Gleichung 3.1 beschrieben.

$$\sigma = E\varepsilon \tag{3.1}$$

b) Es gilt eine materialseitige Linearität (vgl. Gleichung 3.1) und es wird von einem linear-elastischen Werkstoffverhalten gesprochen. Daher sind nur Lösungen gültig, bei denen die maximal auftretende Dehnung bzw. Spannung keine plastischen Verformungen im gegebenen Material hervorrufen.

Annahme 3.3. Äußere Lasten:

a) Die Aktuierung von NM erfolgt meist mit Hilfe von Linearaktuatoren [50, 53]. Diese werden derart in das System integriert, dass die Krafteinleitung richtungstreu erfolgt. Aus diesem Grund werden in dieser Arbeit ausschließlich richtungstreue Kräfte berücksichtigt.

b) Das Prinzip von ST.-VENANT ist gültig. Die Spannungen an einer Kraftangriffsstelle sind derart verteilt, als würde die Kraft auf den gesamten Querschnitt wirken.

c) Streckenlasten werden in dieser Arbeit nicht berücksichtigt. Deren Betrachtung kann aber ohne weiteres zu den Modellgleichungen hinzugefügt werden.

Annahme 3.4. Geometrie:

a) Die Balkenachse s verläuft durch den Schwerpunkt der Querschnitte und stellt eine der eingeführten Koordinatenachsen dar.

b) Es wird geometrische Nichtlinearität angenommen. Das heißt, große Verformungen werden berücksichtigt.

c) Die Länge der Balkenachse ändert sich nicht.

d) Die Balkenachse befindet sich sowohl im unbelasteten als auch im belasteten Zustand in der xy-Ebene (**2D-Anwendungsfall**).

e) Die Schlankheitsbedingung wird erfüllt: In der Literatur existieren unterschiedliche Aussagen über das Verhältnis $\frac{L}{H}$ und $\frac{L}{w}$ bei rechteckigen bzw. $\frac{L}{D}$ bei runden Querschnitten. In [177] liegt der Wert bei zehn und in [58] bei fünf. In dieser Arbeit wird ein Wert von zehn angesetzt. Somit sind die Querschnittsabmessungen (H, w) im unverformten und verformten Zustand wesentlich kleiner als die Länge (L) und der Krümmungsradius (ρ) des Balkens.

Annahme 3.5. BERNOULLI'sche Hypothesen:

a) Die Querschnitte vor und während der Deformation stehen stets **senkrecht zur Balkenachse**.

b) Ebene Querschnitte bleiben bei Deformation eben.

Annahme 3.6. Randbedingungen:

a) Am Balkenanfang (A) und -ende (B) können beliebige Randbedingungen definiert werden.

b) Es wird ein KARTESISCHES Inertialsystem am Balkenanfang definiert.

Mathematische Beschreibung des Verformungszustandes

Eine detaillierte Herleitung der Verformungsdifferentialgleichungen für einen allgemeinen Fall mit Streckenlasten, äußeren Momenten und Hohlräumen mit Innendrücken können [177] und [178] entnommen werden. Ausgehend von den genannten Annahmen kann ein Biegebalken nach dem allgemeinen BERNOULLI-Prinzip beschrieben werden. Eine Skizze der Problemstellung wird in Abbildung 3.1 gezeigt.

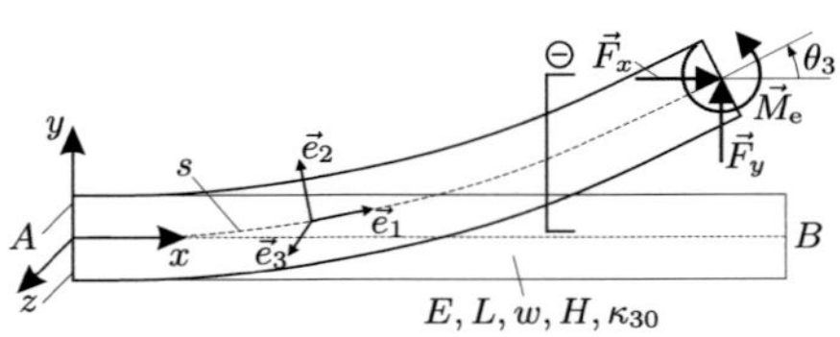

Abbildung 3.1: Unverformter und verformter Zustand eines mit den Kräften $\vec{F}_x$ und $\vec{F}_y$ sowie dem Moment $\vec{M}_e$ belasteten Balkens [73].

Am Balkenanfang besitzt das KARTESISCHE Inertialsystem xyz den Ursprung 0. Der Belastungsfall wird für Auslenkungen in x- und y-Richtung mit den Kräften und dem externen Moment am Balkenende modelliert:

$$\vec{F}_x = F_x\vec{e_x}, \quad \vec{F}_y = F_y\vec{e_y}, \quad \vec{M}_e = M_e\vec{e_z}. \tag{3.2}$$

In Abschnitt 4.3 wird gezeigt, wie mehrere Kräfte und Momente an beliebigen Punkten entlang der Balkenachse eines NM in die Gleichungen implementiert werden können. Da die Belastung als reine Biegebelastung modelliert wird, ändert sich die Länge der neutralen Faser nicht (s. Annahme 3.4 c)).

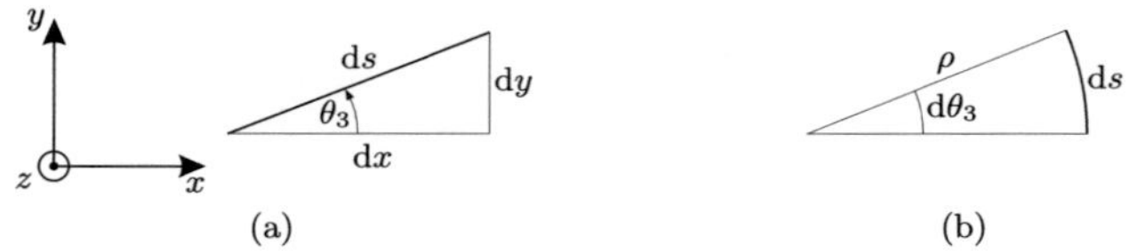

Abbildung 3.2: Zerlegung eines Streckenabschnittes ds: (a) in eine Parameterdarstellung mit $\theta_3(s)$, (b) Krümmungsradius ρ und Krümmung d$\theta_3(s)$.

Es wird eine Balkenkoordinate s eingeführt, welche die Balkenachse im Intervall von $s \in [0, L]$ widerspiegelt. Durch die Verformung entsteht eine gekrümmte Biegelinie der Balkenachse, zu deren Beschreibung das balkenfeste Koordinatensystem $\{\vec{e}_1, \vec{e}_2, \vec{e}_3\}$ genutzt wird. Dieses Koordinatensystem ist fest mit dem verformten Balken verbunden und repräsentiert das Balkenkoordinatensystem. Der Vektor $\vec{e}_1$ liegt tangential an der Balkenachse s an. Der Vektor $\vec{e}_2$ fällt mit der Hauptträgheitsachse der Querschnitte zusammen. Der Vektor $\vec{e}_3$ ist derart gerichtet, dass ein Rechtskoordinatensystem gebildet wird.

In jedem Punkt s erfährt der Balken eine Verschiebung in x- und y-Richtung. Zudem existiert an jeder Stelle ein durch die Auslenkung bedingter Biegewinkel $\theta_3(s)$ um die $\vec{e}_3$-Achse, welcher den Neigungswinkel der Balkenachse $\vec{e}_1$ im verformten Zustand zur x-Achse darstellt. Ein Balkenabschnitt ds kann gemäß Abbildung 3.2 (a) in seine Bestandteile dx und dy zerlegt werden.

Im Dreieck wird der Neigungswinkel θ_3 eingeschlossen. Anhand der Zerlegung von ds folgen die zwei nichtlinearen, homogenen Differentialgleichungen erster Ordnung:

$$\frac{\mathrm{d}x}{\mathrm{d}s} = \cos\theta_3, \tag{3.3}$$

$$\frac{\mathrm{d}y}{\mathrm{d}s} = \sin\theta_3. \tag{3.4}$$

Durch Anwendung des Schnittprinzips (z. B. [35]) wird das Biegemoment $M_z(s)$ im Bereich von $s \in [0; L]$ des Balkens in Abbildung 3.1 formuliert:

$$M_z = -F_x(y(L) - y(s)) + F_y(x(L) - x(s)) + M_\mathrm{e}. \tag{3.5}$$

Die Koordinaten des Balkenendes $x(L)$ und $y(L)$ sind nicht bekannt. Ableiten der Gleichung führt zur Eliminierung der Größen $x(L)$ und $y(L)$ und schließlich zu folgender Differentialgleichung:

$$\frac{\mathrm{d}M_z}{\mathrm{d}s} = F_x \sin\theta_3 - F_y \cos\theta_3. \tag{3.6}$$

Die Ableitung des Neigungswinkels beschreibt bei ebenen Kurven die Krümmung κ_3 bezogen auf die $\vec{e}_3$-Achse, sodass eine zweite Differentialgleichung aufgeschrieben werden kann (vgl. Abbildung 3.2 (b)):

$$\frac{\mathrm{d}\theta_3}{\mathrm{d}s} = \kappa_3. \tag{3.7}$$

Darüber hinaus werden die Geometrie, Materialeingenschaften und Krümmung des Balkens im unbelasteten Zustand nach dem Zusammenhang in Gleichung 3.8 implementiert. Die Gleichung wird aus der Längenänderung einer zur neutralen Faser im Abstand stehenden Faser am Balkenelement hergeleitet (vlg. [177]).

$$M_z = EI_3(\kappa_3 - \kappa_{30}) \tag{3.8}$$

Zusammenfassend entsteht für den gesuchten Verformungszustand ein DGL-System bestehend aus den vier Differentialgleichungen:

$$\frac{\mathrm{d}M_z}{\mathrm{d}s} = F_x \sin\theta_3 - F_y \cos\theta_3, \tag{3.9}$$

$$\frac{\mathrm{d}\theta_3}{\mathrm{d}s} = \kappa_3, \text{ mit } \kappa_3 = \frac{M_z}{EI_3} + \kappa_{30}, \tag{3.10}$$

$$\frac{\mathrm{d}x}{\mathrm{d}s} = \cos\theta_3, \tag{3.11}$$

$$\frac{\mathrm{d}y}{\mathrm{d}s} = \sin\theta_3. \tag{3.12}$$

In Bezug auf Gleichung 3.10 sei erwähnt, dass sowohl die Krümmung im unbelasteten Zustand κ_{30}, der Elastizitätsmodul (E-Modul) E als auch das äquatoriale Flächenträgheitsmoment I_3 vorgegebene Parameter eines entsprechenden Anwendungsfalls darstellen. Diese Parameter müssen außerdem nicht konstant über den Verlauf von s sein wie z. B. im Fall von FKG. Zu den vier Differentialgleichungen können für das Beispiel eines freien Balkenendes in Abbildung 3.1 die vier Randbedingungen in Gleichung 3.13 formuliert werden:

$$M_z(L) = M_\mathrm{e},\ \theta_3(0) = 0,\ x(0) = 0,\ y(0) = 0. \tag{3.13}$$

Es resultiert ein Randwertproblem (Gleichungen 3.9 - 3.12), für das die Randbedingungen je nach Anwendungsfall (zum Beispiel eine Einspannung oder ein Schubgelenk am Balkenende) beliebig angepasst werden können. Eine Lösung kann zum Beispiel numerisch erfolgen.

3.1.2 Berücksichtigung des Querkraftschubs

In einigen Untersuchungen konnte gezeigt werden, dass mit Hilfe der Theorie großer Verformungen stabförmiger Strukturen gute Übereinstimmungen zu FEM-Simulationen [69] und Messungen [106] am Beispiel von NM erreicht werden können. Jedoch stellten sich im Vergleich zu 3D FEM-Simulationen für spezifische Anwendungsbeispiele in der Literatur Abweichungen von bis zu 12 % ein [153]. Kurze nachgiebige Strukturabschnitte stellen sehr häufig die wesentlichen Bausteine von NM in der Präzisionstechnik dar [53]. Das hergeleitete Modell zur Beschreibung von NM unter großen Verformungen gilt nach der formulierten Annahme 3.4 e) für Balken, deren Verhältnis $\frac{H}{L} < 0{,}1$ ist. Ein Überschreiten dieses Verhältnisses je nach Mechanismus kann schließlich eine mögliche Erklärung für die genannten Abweichungen darstellen.

Um dennoch möglichst hohe Vorhersagegenauigkeiten mit Hilfe des analytischen Modells in Bezug auf die Verformungseigenschaften zu erreichen, sollten zusätzliche Effekte berücksichtigt werden [90]. Dies bedeutet, dass im Fall von Geometrien, für die die Schlankheitsbedingung nicht eingehalten wird (Annahme 3.4 e)), nicht von reiner Biegung ausgegangen werden kann und schließlich eine Ergänzung vorgenommen werden muss. Die Verringerung des Abstandes zum Kraftangriffspunkt aufgrund der kurzen nachgiebigen Abschnitte ruft neben der Biegung eine weitere Beanspruchung des Bauteils hervor. Eine Querkraft am Balkenende führt zu einer zusätzlichen Auslenkung durch Gleiten der Querschnitte, dem sogenannten Querkraftschub. Grundlagen zur Berücksichtigung des Querkraftschubs sind allgemein durch die Arbeiten von S. P. Timoshenko bekannt [151]. Ziel dieses Abschnitts ist es, die bestehende Theorie des Querkraftschubs in die gleiche Form zu bringen wie die Gleichungen 3.9 - 3.12. Dadurch soll ermöglicht werden, dass im Gesamtsystem eines NM einzelne Abschnitte mit Hilfe unterschiedlicher Theorien berechnet werden können. Die Gleichungen sollen ebenfalls für große Verformungen gelten.

Annahmen zur Modellbildung

Die Annahmen 3.1 - 3.4 c) und 3.6 bleiben gültig. Anstelle von Annahme 3.5 kommt Annahme 3.7 hinzu. Die Schlankheitsbedingung nach Annahme 3.4 e) wird für die Balkenhöhe nicht mehr eingeschränkt und durch Annahme 3.7 c) ersetzt.

Annahme 3.7. Berücksichtigung des Querkraftschubs:

a) Die Querschnitte vor und während der Deformation stehen **nicht zwangsläufig senkrecht zur Balkenachse**.

b) Die Querschnitte bleiben bei Deformation eben.

c) Die Schlankheitsbedingung wird für die Balkenbreite w erfüllt: Die Breite w ist mindestens zehn mal kleiner als die Länge (L) und der Krümmungsradius (ρ) des Balkens. Es gilt $\frac{L}{w} \geq 10$.

d) Der Abstand r_{20} einer Faser von der Balkenachse bleibt bei Deformation konstant.

Mathematische Beschreibung des Verformungszustandes

Durch das Zulassen zusätzlicher Balkendeformation gemäß des Schubs verringert sich die Steifigkeit des Balkens gegenüber der Berechnungen mit Hilfe der BERNOULLI-Hypothesen. Der Balken wird somit beweglicher und es sind höhere Deformationen bei gleicher Belastung zu erwarten. Um den Querkraftschub mit in die Theorie einzuarbeiten, wird zunächst reiner Querkraftschub ohne Biegung betrachtet. Zur Veranschaulichung dient Abbildung 3.3 (a).

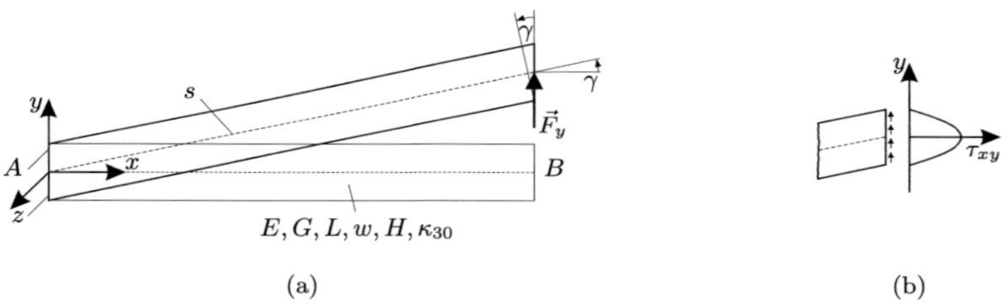

Abbildung 3.3: Reine Schubverformung eines Balkens: (a) Balken im unverformten Zustand und reine Schubverformung bei Belastung durch eine Kraft $\vec{F}_y$, (b) Schubspannungsverteilung im Querschnitt [73].

Ein Schubwinkel γ gibt den Winkel zwischen der Balkenachsennormalen und dem Querschnitt in der verformten Lage an. Die Schubspannungen können nicht als konstant über der Querschnittsfläche angenommen werden. Die Schubspannungen werden am Rand des Querschnitts Null. In Abbildung 3.3 (b) ist ersichtlich, dass die größte Schubspannung in der Balkenachse auftritt. Es wird eine Korrektur für die wirksame Schubfläche $A_s = \varkappa A_f$ als berechnete Reduzierung der Querschnittsfläche A_f eines Körpers mit Hilfe eines Korrekturfaktors $\varkappa$ vorgenommen. Dieser wird aus der Bedingung gewonnen, „dass die bei der Verformung erzeugten Formänderungsenergien des realen bzw. gemittelten Schubspannungszustandes gleich sind" [35]. Für einen Rechteckquerschnitt gilt beispielsweise $\varkappa = \frac{5}{6}$ [35]. Die Schubspannungsgleichung in Folge einer Querkraft $Q_s(s)$ im Balkenquerschnitt lautet:

$$\tau(s) = \frac{F}{A_s(s)} = \frac{Q_s(s)}{\varkappa A_f(s)}. \tag{3.14}$$

Aus dem HOOKE'schen Gesetz folgt eine Relation zwischen Schubspannungen und Gleitungen durch den G-Modul. Der Gleitmodul (G-Modul) G beschreibt das Verhältnis zwischen der Schubspannung τ und dem Schubwinkel γ:

$$\tau = G\gamma. \tag{3.15}$$

Die Verbindung von Gleichung 3.14 und Gleichung 3.15 ergibt einen Zusammenhang zwischen Querkraft und Schubwinkel:

$$\gamma = \frac{Q_{\mathrm{s}}(s)}{\varkappa A_{\mathrm{f}}(s) G}. \tag{3.16}$$

Nun wird der schubweiche Balken betrachtet, indem die Biegung mit dem Querkraftschub überlagert wird. Die Verformung ist in Abbildung 3.4 (a) dargestellt. In Abbildung 3.4 (b) wird verdeutlicht, welche Winkel von besonderer Wichtigkeit sind.

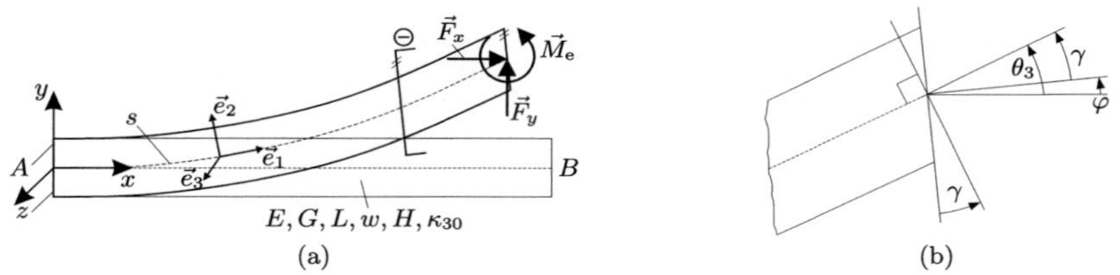

Abbildung 3.4: Verformter Zustand eines Balkens bei Überlagerung von Querkraftschub- und Biegeverformung: (a) unverformter und verformter Zustand eines mit den Kräften $\vec{F}_x$ und $\vec{F}_y$ sowie dem Moment $\vec{M}_e$ belasteten Balkens, (b) Vergrößerung des Balkenendes. [73].

Wie bisher im Fall der Theorie großer Verformungen stabförmiger Strukturen wird der Neigungswinkel der Balkenachse mit θ_3 bezeichnet. Zwischen den Normalen der unverformten und der verformten Querschnittsfläche wird ein Winkel φ eingeführt. Ebenso ist der Schubwinkel γ zwischen der Querschnittsnormalen in der verformten Lage und der Balkenachsentangente wiederzufinden. Folglich kann ein Zusammenhang der drei Winkel formuliert werden:

$$\theta_3 = \varphi + \gamma. \tag{3.17}$$

Nachfolgend werden die Gleichgewichtsbedingungen aufgeschrieben. Am Balken wird je eine Kraft in positive x- und y-Richtung sowie ein Moment um die z-Achse angesetzt (Abbildung 3.4 (a)). Wird negativ zum freien Balkenende in der verformten Lage geschnitten, ergibt sich im Intervall $s \in [0, L]$ für einen Balken mit der Länge L das Schnittmoment, welches identisch mit dem in Gleichung 3.5 ist:

$$M_z(s) = -F_x(y(L) - y(s)) + F_y(x(L) - x(s)) + M_{\mathrm{e}}. \tag{3.18}$$

Demnach ist auch die Differentialgleichung nach Ableitung identisch zu Gleichung 3.6. Als Nächstes gilt es, die Krümmung der Balkenachse im unbelasteten Zustand $\kappa_{30}(s)$

einzubringen. Die Krümmung einer ebenen Kurve ist als die abgeleitete Größe des Neigungswinkels definiert. Für den unbelasteten Zustand folgt:

$$\kappa_{30} = \frac{\mathrm{d}\theta_{30}}{\mathrm{d}s}. \tag{3.19}$$

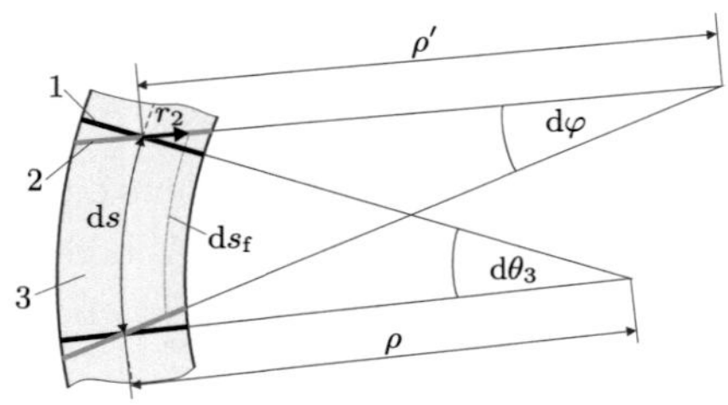

Abbildung 3.5: Verformter Zustand eines Balkensegments unter Berücksichtigung des Querkraftschubs mit 1– Querschnitt, der orthogonal zur Balkenachse steht, 2– Querschnitt, der im unbelasteten Zustand orthogonal zur Balkenachse stand, 3– Balkenelement, das ein Element der Länge d_s enthält [73].

Zur Einbindung der Materialeigenschaften werden die Verformungsgleichungen analog zu [177] anhand der Dehnung einer Balkenfaser hergeleitet. Die axiale Dehnung wird als die Längenänderung der Faser $\mathrm{d}s_\mathrm{f}$ betrachtet. Diese Faser ist um r_2 von der neutralen Faser entfernt. Zur Veranschaulichung dient Abbildung 3.5. Die Dehnung setzt sich wie folgt zusammen:

$$\varepsilon_1 = \frac{\mathrm{d}s_\mathrm{f} - \mathrm{d}s_\mathrm{f0}}{\mathrm{d}s_\mathrm{f0}} = \frac{(\rho' - r_2)\mathrm{d}\varphi - (\rho_0 - r_{20})\mathrm{d}\theta_{30}}{(\rho_0 - r_{20})\mathrm{d}\theta_{30}}. \tag{3.20}$$

Darin sind ρ der Krümmungsradius der neutralen Faser und ρ' der Radius des Kreisbogens $\mathrm{d}\varphi$. Weiterhin spiegelt ρ_0 den Radius der Krümmung im unbelasteten Zustand wider und r_{20} die Koordinate der Faser $\mathrm{d}s_\mathrm{f}$ im Querschnitt des unverformten Zustands (nicht dargestellt). Es sei angemerkt, dass die Beträge der Vektoren r_{20} und r_2 untereinander gleich bleiben (vgl. Annahme 3.7 d)). Die Länge der neutralen Faser bleibt konstant, weshalb gilt:

$$\rho_0\mathrm{d}\theta_{30} = \rho\mathrm{d}\theta. \tag{3.21}$$

Zunächst ist ρ' unbekannt, jedoch kann an den Dreiecken in Abbildung 3.5 der folgende Zusammenhang für $\mathrm{d}s$ formuliert werden:

$$\mathrm{d}s = \rho_0\mathrm{d}\theta_{30} = \rho\mathrm{d}\theta_3 = \rho'\mathrm{d}\varphi. \tag{3.22}$$

Umgestellt ergibt sich damit:

$$\frac{\mathrm{d}\varphi}{\mathrm{d}\theta_{30}} = \frac{\rho_0}{\rho'}. \tag{3.23}$$

Mit Hilfe von Gleichung 3.23 folgt aus Gleichung 3.20:

$$\varepsilon_1 = \frac{\rho_0}{\rho'} \frac{\rho' - r_2}{\rho_0 - r_2} - 1 = \frac{\rho_0(\rho' - r_2) - \rho'(\rho_0 - r_2)}{\rho'(\rho_0 - r_2)}. \tag{3.24}$$

Nach Vereinfachung folgt:

$$\varepsilon_1 = \frac{r_2}{\rho_0 - r_2} \cdot \frac{\rho' - \rho_0}{\rho'}. \tag{3.25}$$

Mit Berücksichtigung der Tatsache, dass r_2 nach Annahme 3.7 c) wesentlich kleiner als ρ_0 ist, wird Gleichung 3.25 erneut aufgeschrieben:

$$\varepsilon_1 = r_2 \left(\frac{1}{\rho_0} - \frac{1}{\rho'} \right). \tag{3.26}$$

Das Biegemoment M_z ist in [177] gegeben:

$$M_z = \int (-r_2 \sigma_1) \mathrm{d}A_\mathrm{f}. \tag{3.27}$$

Die Spannung wird aus dem HOOKE'schen Gesetz (Gleichung 3.1) erhalten:

$$\sigma_1 = E\varepsilon_1.$$

Die Dehnung aus Gleichung 3.26 wird anschließend in Gleichung 3.1 eingesetzt und integriert:

$$M_z = -\int \left(r_2 E r_2 \left(\frac{1}{\rho_0} - \frac{1}{\rho'} \right) \right) \mathrm{d}A_\mathrm{f} = E \left(\frac{1}{\rho'} - \frac{1}{\rho_0} \right) \int r_2^2 \mathrm{d}A_\mathrm{f}. \tag{3.28}$$

Mit Hilfe der Kenntnis von $\int r_2^2 \mathrm{d}A_\mathrm{f} = I_3$ und mit den Informationen aus Gleichung 3.22 sowie mit Gleichung 3.19 resultiert für das Biegemoment in der Ebene:

$$M_z(s) = EI_3 \left(\frac{1}{\rho'} - \frac{1}{\rho_0} \right) = EI_3 \left(\frac{\mathrm{d}\varphi}{\mathrm{d}s} - \kappa_{30} \right). \tag{3.29}$$

Schließlich wird die Querkraft $Q_\mathrm{s}(s)$ für die Formulierung des Winkels γ in Gleichung 3.16 benötigt. Da die Querkraft in der Ebene des Querschnitts des Balkens im verformten Zustand definiert ist, ergibt sich Gleichung 3.30:

$$Q_\mathrm{s}(s) = -F_x \sin\varphi + F_y \cos\varphi. \tag{3.30}$$

Es resultiert folgendes DGL-System:

$$\frac{\mathrm{d}M_z}{\mathrm{d}s} = F_x \sin(\varphi + \gamma) - F_y \cos(\varphi + \gamma), \tag{3.31}$$

$$\frac{\mathrm{d}\varphi}{\mathrm{d}s} = \frac{M_z}{EI_3} + \kappa_{30}, \tag{3.32}$$

$$\frac{\mathrm{d}x}{\mathrm{d}s} = \cos(\varphi + \gamma), \tag{3.33}$$

$$\frac{\mathrm{d}y}{\mathrm{d}s} = \sin(\varphi + \gamma), \tag{3.34}$$

$$\text{mit } \gamma = \frac{-F_x \sin\varphi + F_y \cos\varphi}{\varkappa A_\mathrm{f} G}. \tag{3.35}$$

Die Randbedingungen für den Balken in Abbildung 3.4 lauten:

$$M_z(L) = M_\mathrm{e},\ \varphi(0) = 0,\ x(0) = 0,\ y(0) = 0. \tag{3.36}$$

Der wesentliche Unterschied zum DGL-System 3.9 - 3.12 besteht in Gleichung 3.32.

3.1.3 Berücksichtigung der Querkontraktion

Aufgrund der Tatsache, dass im NM häufig FKG eingesetzt werden, deren Verhältnis:

$$\tilde{w} = \frac{w}{L} >> 0{,}1 \tag{3.37}$$

ist, wird von Annahme 3.4 e) abgewichen. Genau genommen handelt es sich somit nicht um schlanke Balken, sondern vielmehr um Platten, für die einige Annahmen abweichend von der Theorie großer Verformungen stabförmiger Strukturen getroffen werden müssen (vgl. [153, 185]).

Annahmen zur Modellbildung

Bisher wurde angenommen, dass Spannungen im Balken nur in Längsrichtung auftreten (vgl. Annahme 3.2). Für die nun betrachteten breiten Strukturen muss die Entstehung von Spannungen in z-Richtung (vgl. Abbildung 3.6) jedoch ebenfalls berücksichtigt werden.

Bei geringem Höhen-Längenverhältnis $\tilde{H}$ können Verformungen in $\vec{e}_2$-Richtung weiterhin ungehindert erfolgen, jedoch durch die große Breite nicht in $\vec{e}_3$-Richtung. Das bedeutet, dass sich ein zweiachsiger Spannungszustand ausbildet. Wird ein Balkenelement zusätzlich zur Längsspannung σ_1 durch eine Querspannung σ_3 beansprucht, verringert sich die Längsdehnung um die anteiligen Querdehnungen (z. B. [10]). Bei der geometrisch nichtlinearen Plattentheorie stehen die axiale Spannung σ_1 und die Dehnungen in $\vec{e}_3$-Richtung (ε_3) aufgrund des HOOKE'schen Gesetzes in folgendem

Zusammenhang:

$$\varepsilon_1 = \frac{1}{E}(\sigma_1 - \nu\sigma_3) \tag{3.38}$$

$$\varepsilon_3 = \frac{1}{E}(\sigma_3 - \nu\sigma_1) \tag{3.39}$$

Darin stellt ν die materialspezifische Querkontraktionszahl dar. Breite Querschnitte erfordern die Annahme $\varepsilon_3 = 0$, sodass $\sigma_3 \neq 0$ ist [185]. Somit folgt aus Gleichung 3.38 und Gleichung 3.39:

$$\varepsilon_1 = \frac{\sigma_1}{E}(1 - \nu^2) \tag{3.40}$$

Zusammengefasst kann Annahme 3.2 a) bei Berücksichtigung der Querkontraktion zu Annahme 3.8 abgeändert werden. Außerdem gilt die Schlankheitsbedingung aus Annahme 3.4 e) nun nur noch für die Balkenhöhe:

Annahme 3.8. Berücksichtigung der Querkontraktion:

a) Die Gültigkeit des Elastizitätsgesetzes (HOOKE'sches Gesetz) wird vorausgesetzt. Das Balkenelement bildet einen **zweiachsigen** Spannungszustand aus. Das HOOKE'sche Gesetz wird durch Gleichung 3.40 beschrieben.

b) Die Schlankheitsbedingung wird für eine der beiden Querschnittsabmessungen des Balkens (H oder w) erfüllt. Diese Abmessung ist mindestens zehnmal kleiner als die Länge (L) und der Krümmungsradius (ρ) des Balkens.

Es wird deutlich, dass sich Gleichung 3.40 um den Faktor $1 - \nu^2$ von der allgemeinen Formulierung nach Gleichung 3.1 unterscheidet. Bei einer typischen Querkontraktionszahl für Aluminiumlegierungen von zum Beispiel $\nu = 0{,}33$ bedeutet das, dass die Steifigkeit bei Modellierung unter Berücksichtigung der Querkontraktion höher ausfällt. Die übrigen Annahmen 3.1 und 3.3 - 3.6 werden beibehalten.

Mathematische Beschreibung des Verformungszustandes

In Abbildung 3.6 wird der verformte Zustand einer Platte dargestellt. Die Kräfte $\vec{F}_x$ und $\vec{F}_y$ sowie das Moment $\vec{M}_e$ am Plattenende sind konstant über die Breite der Platte in Form der verteilten Lasten $\vec{q}_x(L)$ und $\vec{q}_y(L)$ und dem verteilten Moment $\vec{m}_e(L)$. Unter Berücksichtigung von $F_x = q_x(L)w$, $F_y = q_y(L)w$ und $M_e = m_e(L)w$ wird analog zu den Gleichungen 3.9 - 3.12 das DGL-System für den zweiachsigen Spannungszustand aufgeschrieben. Daraus folgt das DGL-System in den Gleichungen 3.41 - 3.44.

$$\frac{\mathrm{d}M_z}{\mathrm{d}s} = F_x \sin\theta_3 - F_y \cos\theta_3, \tag{3.41}$$

$$\frac{\mathrm{d}\theta_3}{\mathrm{d}s} = \kappa_3, \text{ mit } \kappa_3 = \frac{M_z}{EI_3}(1-\nu^2) + \kappa_{30}, \tag{3.42}$$

$$\frac{\mathrm{d}x}{\mathrm{d}s} = \cos\theta_3, \tag{3.43}$$

$$\frac{\mathrm{d}y}{\mathrm{d}s} = \sin\theta_3. \tag{3.44}$$

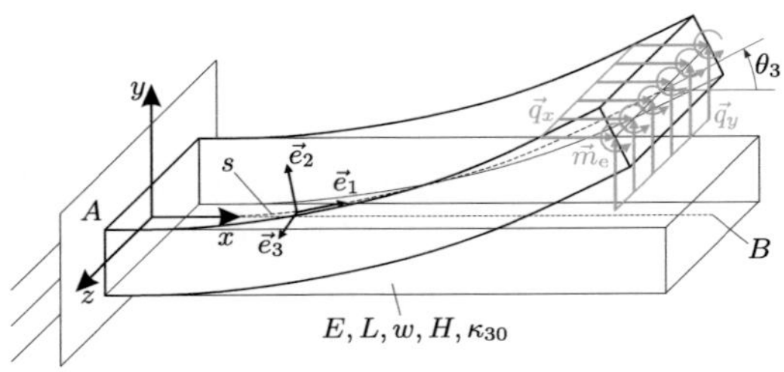

Abbildung 3.6: Gleichgewichtsbedingungen an einer Platte [73]; Belastungen sind grau dargestellt.

Der Unterschied liegt lediglich im beschriebenen Faktor $1-\nu^2$. Die Randbedingungen sind identisch zu Gleichung 3.13.

3.2 Räumliche Betrachtungen

In der Präzisionstechnik können weitere Aufgaben von NM auch die Positionierung oder Manipulation von Objekten im Raum darstellen. Während im Fall von Führungsaufgaben die Führungen meist auf Bewegungen innerhalb einzelner Ebenen reduziert werden können, findet die Positionierung und Manipulation meist räumlich statt. Die Art der Bewegung kann dabei zum Beispiel sphärisch um ein kinematisches Zentrum (z. B. sphärische Kurbelschwinge [130, 132, 167]) oder mehrachsig erfolgen (z. B. Kniehebelmechanismus [138], Mikromanipulator [84], Parallelroboter [136], Verstellmechanismen in Fahrzeugsitzsystemen [141]). Im Folgenden werden die analytischen Modellgleichungen für die Beschreibung derartiger räumlicher Mechanismen beschrieben.

3.2.1 Theorie großer Verformungen stabförmiger Strukturen

Die hier beschriebenen Modellgleichungen werden in Form der Theorie großer Verformungen stabförmiger Strukturen gegeben. Im Folgenden soll auf eine vollständige Herleitung verzichtet werden. Stattdessen wird auf die für die im Rahmen dieser Arbeit betrachteten NM wichtigsten Gleichungen und zusätzlich notwendigen Schritte genauer eingegangen. Detaillierte Herleitungen können [148], [177] und [178] entnommen werden.

Annahmen zur Modellbildung

Es gelten wie im Fall der 2D-Modellbildung auch hier die Annahmen 3.1 - 3.6 mit Ausnahme von Annahme 3.4 d) und Annahme 3.5 b). An deren Stelle wird Annahme 3.9 neu eingeführt.

Annahme 3.9. Räumliche Bedingungen:

a) Die Balkenachse kann sich sowohl im unbelasteten als auch im belasteten Zustand im xyz-Raum orientieren (**3D-Anwendungsfall**).

b) Die Oberfläche des Balkens ist lastfrei.

c) Die Verwölbung in Folge der Torsion wird nicht verhindert und ist konstant über die Länge.

d) Es werden kleine Torsionswinkel betrachtet.

e) Es werden ausschließlich Vollquerschnitte betrachtet.

Mathematische Beschreibung des Verformungszustandes

In diesem Abschnitt wird der räumlich belastete und verformte Balken in Abbildung 3.7 unter reiner Biegung betrachtet.

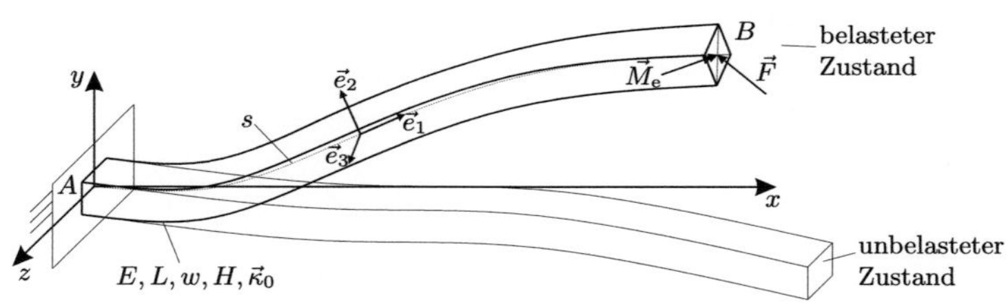

Abbildung 3.7: Verformter Zustand eines mit der Kraft $\vec{F}$ und dem Moment $\vec{M}_e$ räumlich belasteten Balkens.

In [177] und [178] ist das DGL-System zur Beschreibung des räumlichen Verformungszustandes in vektorieller Form für ein KARTESISCHES Koordinatensystem gegeben (Matrizen werden fett gedruckt dargestellt, Eine Matrix mit hochgestelltem „T“ steht für eine transponierte Matrix und mit hochgestellter -1 für eine inverse Matrix):

$$\frac{\mathrm{d}\vec{M}}{\mathrm{d}s} = -(\mathbf{T}^{\mathrm{T}}\vec{e}_x \times \vec{F}), \tag{3.45}$$

$$\frac{\mathrm{d}\vec{\theta}}{\mathrm{d}s} = \mathbf{T}_{\boldsymbol{\theta}}^{-1}\vec{\kappa}, \tag{3.46}$$

$$\frac{\mathrm{d}\vec{p}}{\mathrm{d}s} = \mathbf{T}^{\mathrm{T}}\vec{e}_x, \tag{3.47}$$

$$\text{mit } \vec{\kappa} = \mathbf{S}^{-1}\mathbf{T}\vec{M} + \vec{\kappa}_0. \tag{3.48}$$

Für einen einseitig eingespannten Balken mit einem freien Ende nach Abbildung 3.7 resultieren die Randbedingungen:

$$\vec{M}(L) = \vec{M}_{\mathrm{e}},\ \vec{\theta}(0) = \vec{0},\ \vec{p}(0) = \vec{0}. \tag{3.49}$$

Im DGL-System in den Gleichungen 3.45 - 3.48 stellen die einzelnen Vektoren die in Gleichung 3.50 folgenden Parameter bezogen auf das KARTESISCHE Inertialsystem dar (zusätzlich ist $\vec{e}_x$ der Einheitsvektor in x-Richtung).

$$\vec{M} = \begin{pmatrix} M_x \\ M_y \\ M_z \end{pmatrix},\ \vec{F} = \begin{pmatrix} F_x \\ F_y \\ F_z \end{pmatrix},\ \vec{p} = \begin{pmatrix} x \\ y \\ z \end{pmatrix},\ \vec{\theta} = \begin{pmatrix} \theta_1 \\ \theta_2 \\ \theta_3 \end{pmatrix},\ \vec{\kappa} = \begin{pmatrix} \kappa_1 \\ \kappa_2 \\ \kappa_3 \end{pmatrix},\ \vec{\kappa}_0 = \begin{pmatrix} \kappa_{10} \\ \kappa_{20} \\ \kappa_{30} \end{pmatrix} \tag{3.50}$$

Der Vektor $\vec{\theta}$ beinhaltet die relativen Winkel des balkenfesten Koordinatensystems $\vec{e}_1$, $\vec{e}_2$, $\vec{e}_3$ zum ortsfesten Koordinatensystem $\vec{e}_x$, $\vec{e}_y$, $\vec{e}_z$ im verformten Zustand. Der Winkel θ_1 repräsentiert dabei eine Rotation um die $\vec{e}_1$-Achse, der Winkel θ_2 analog um die $\vec{e}_2$-Achse und der Winkel θ_3 um die $\vec{e}_3$-Achse, vgl. Abbildung 3.8.

Zur Beschreibung eines Ortsvektors $\vec{p}$, dessen Komponenten in der Basis $\vec{e}_{x,..,z}$ definiert sind, auf die Basis $\vec{e}_{1,..,3}$, sind Transformationen notwendig. Transformationen mit einzelnen Winkeln θ_1, θ_2 oder θ_3 können mit den folgenden Transformationsmatrizen durchgeführt werden:

$$\mathbf{T_1} = \begin{pmatrix} 1 & 0 & 0 \\ 0 & \cos\theta_1 & \sin\theta_1 \\ 0 & -\sin\theta_1 & \cos\theta_1 \end{pmatrix},\ \mathbf{T_2} = \begin{pmatrix} \cos\theta_2 & 0 & -\sin\theta_2 \\ 0 & 1 & 0 \\ \sin\theta_2 & 0 & \cos\theta_2 \end{pmatrix},\ \mathbf{T_3} = \begin{pmatrix} \cos\theta_3 & \sin\theta_3 & 0 \\ -\sin\theta_3 & \cos\theta_3 & 0 \\ 0 & 0 & 1 \end{pmatrix}. \tag{3.51}$$

Werden die drei einzelnen Drehnungen in Gleichung 3.51 kombiniert, entsteht die Transformationsmatrix $\mathbf{T} = \mathbf{T_1}\mathbf{T_2}\mathbf{T_3}$ in Gleichung 3.52. Dabei hängt die Transformationsmatrix von der verwendeten Transformationsreihenfolge ab.

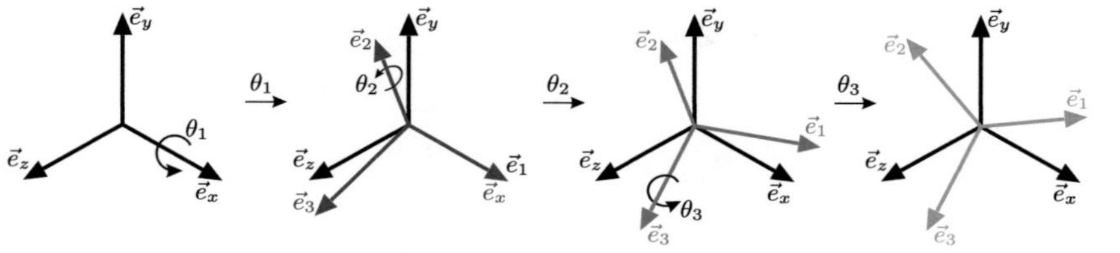

Abbildung 3.8: Darstellung der Transformation von x, y, z zu $\vec{e}_1$, $\vec{e}_2$, $\vec{e}_3$ mit den Winkeln θ_1, θ_2 und θ_3.

Die Transformationsmatrix in Gleichung 3.52 entsteht für die Transformationsreihenfolge mit θ_1, θ_2 und anschließend mit θ_3 bei intrinsischen Rotationen.

$$\mathbf{T} = \begin{pmatrix} \cos\theta_2\cos\theta_3 & \cos\theta_2\sin\theta_3 & -\sin\theta_2 \\ \begin{matrix}\sin\theta_1\sin\theta_2\cos\theta_3 \\ -\cos\theta_1\sin\theta_3\end{matrix} & \begin{matrix}\cos\theta_1\cos\theta_3 \\ +\sin\theta_1\sin\theta_2\sin\theta_3\end{matrix} & \sin\theta_1\cos\theta_2 \\ \begin{matrix}\sin\theta_1\sin\theta_3 \\ +\cos\theta_1\sin\theta_2\cos\theta_3\end{matrix} & \begin{matrix}-\sin\theta_1\cos\theta_3 \\ +\cos\theta_1\sin\theta_2\sin\theta_3\end{matrix} & \cos\theta_1\cos\theta_2 \end{pmatrix} \tag{3.52}$$

Um die Form des Balkens zu charakterisieren, wird der Vektor $\vec{\kappa}$ betrachtet und mit den Winkeln $\vec{\theta}$ in Beziehung gesetzt. Dieser Zusammenhang kann mit Hilfe einer Matrix $\mathbf{T}_{\boldsymbol{\theta}}$ nach Gleichung 3.53 beschrieben werden:

$$\vec{\kappa} = \mathbf{T}_{\boldsymbol{\theta}} \frac{\mathrm{d}\vec{\theta}}{\mathrm{d}s}. \tag{3.53}$$

Umgestellt folgt daraus Gleichung 3.46. Die Matrix $\mathbf{T}_{\boldsymbol{\theta}}^{-1}$ ist ebenfalls abhängig von der Transformationsreihenfolge und lautet für die gewählte Reihenfolge:

$$\mathbf{T}_{\boldsymbol{\theta}}^{-1} = \begin{pmatrix} 1 & \sin\theta_1\tan\theta_2 & \cos\theta_1\tan\theta_2 \\ 0 & \cos\theta_1 & -\sin\theta_1 \\ 0 & \sin\theta_1\sec\theta_2 & \cos\theta_1\sec\theta_2 \end{pmatrix}. \tag{3.54}$$

Die Materialeigenschaften und die Belastungen des Balkens sind durch Gleichung 3.48 miteinander verknüpft. Darin sind die Materialeigenschaften des Balkens durch die Steifigkeitsmatrix $\mathbf{S}$ implementiert:

$$\mathbf{S} = \begin{pmatrix} GI_1 & 0 & 0 \\ 0 & EI_2 & 0 \\ 0 & 0 & EI_3 \end{pmatrix}. \tag{3.55}$$

Neben den Materialeigenschaften (G-Modul und E-Modul) sind darin I_1 das Torsionsträgheitsmoment des Querschnittes, I_2 das äquatoriale Flächenträgheitsmoment um die $\vec{e}_2$-Achse und I_3 das äquatoriale Flächenträgheitsmoment um die $\vec{e}_3$-Achse. Während I_2 und I_3 beispielsweise bei Balken mit Rechteckquerschnitten bekannt sind:

$$I_2 = \frac{Hw^3}{12}, \quad I_3 = \frac{wH^3}{12}, \tag{3.56}$$

ist das Torsionsträgheitsmoment I_1 bei Vollquerschnitten jedoch nicht trivial. Daher soll im nachstehenden Abschnitt genauer auf dessen Herleitung eingegangen werden.

3.2.2 Torsion von Vollquerschnitten

Eine Besonderheit der räumlichen Betrachtung des Verformungszustandes besteht darin, dass zusätzlich zur Biegung um die $\vec{e}_3$-Achse auch eine Biegung um die $\vec{e}_2$-Achse und eine eine Torsion um die $\vec{e}_1$-Achse auftreten kann. Aus der Torsion um die $\vec{e}_1$-Achse resultiert die Drillung κ_1 mit dem zugehörigen Winkel θ_1. Die Definition von I_1 ist bei nicht-rotationssymmetrischen Querschnitten aufgrund von Querschnittsverwölbungen nicht trivial. Häufig weisen NM jedoch auch in räumlichen Anwendungen prismatische Vollquerschnitte auf, vgl Annahme 3.9. Daher soll im Folgenden auf die Herleitung von I_1 für Rechteckquerschnitte mit geschlossenem Profil eingegangen werden. Laut [177] entspricht das polare Flächenträgheitsmoment:

$$I_\mathrm{p} = I_2 + I_3. \tag{3.57}$$

Im Fall von Kreis- und Kreisringquerschnitten ist das polare Flächenträgheitsmoment I_p identisch mit dem Torsionsträgheitsmoment I_1 [35]. Dabei wird vorausgesetzt, dass ebene Querschnitte bei Torsionsverformung eben bleiben. Diese Voraussetzung ist für Rechteckquerschnitte und andere nicht-rotationssymmetrische Querschnitte jedoch nicht zu erfüllen. Es entstehen unterschiedliche Schubwinkel benachbarter Querschnittselemente, welche unweigerlich dazu führen, dass die Querschnittsflächen verwölbt werden. Unter der Voraussetzung, dass sich die Querschnittsverwölbungen ungehindert ausbilden können (Annahme 3.9 c)), ist die St.-Venant'sche Torsionstheorie anwendbar [35, 43, 172]. In vielen praktischen Anwendungsbeispielen wird diese Vorraussetzung jedoch durch starre Einspannungen an Balkenenden oder Querschnittsänderungen nicht erfüllt. Laut [35] liefert die St.-Venant'sche Torsionstheorie dennoch auch bei der Betrachtung starrer Einspannungen eine gute Näherung. Dies wird im späteren Verlauf der Arbeit in Unterabschnitt 5.2.4 bestätigt. In Balken mit rotationssymmetrischen Querschnitten fällt bei reiner Torsionsbelastung die Balkenachse mit der Rotationsachse zusammen und die Schubspannungen steigen linear mit der Entfernung zur Balkenachse an. Dies ist bei beliebigen Querschnitten jedoch nicht der Fall. In Abbildung 3.9 ist die Schubspannungsverteilung am Beispiel von Rechteckquerschnitten angedeutet. Darin wird gezeigt, dass die größte Schubspannung

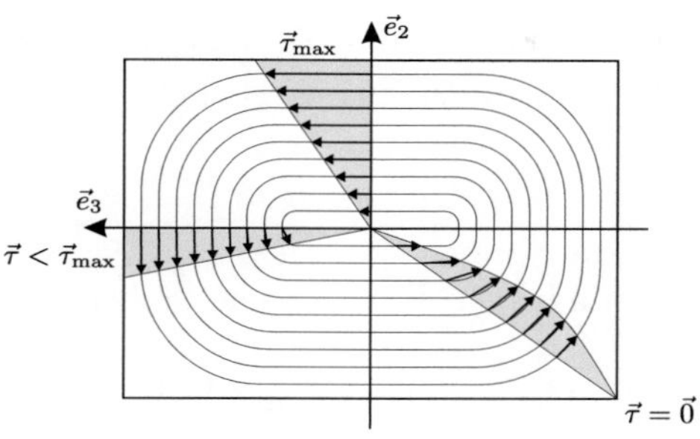

Abbildung 3.9: Prinzipbild zur Darstellung von Torsionsspannungen in Rechteckquerschnitten.

($\tau_{\max}$) am Rand der langen Seite des Rechtecks auftritt und die Schubspannungen in den Ecken des Rechtecks null sind. Durch diese Schubspannungsverteilung muss eine Verschiebung einzelner Balkenelemente in Richtung der Balkenachse ermöglicht werden (Verwölbung der Querschnitte). Da die Vorstellung, wie die Schubspannungen im Querschnitt verteilt sind, nicht trivial ist, wird bei der Torsionstheorie oft eine Analogie zur Strömungslehre hergestellt, z. B. [48]. Demnach sind die Schubspannungen analog zu einer ebenen Flüssigkeitsströmung im Querschnitt verteilt (Abbildung 3.9). Diese Analogie geht auf L. PRANDTL zurück [152].

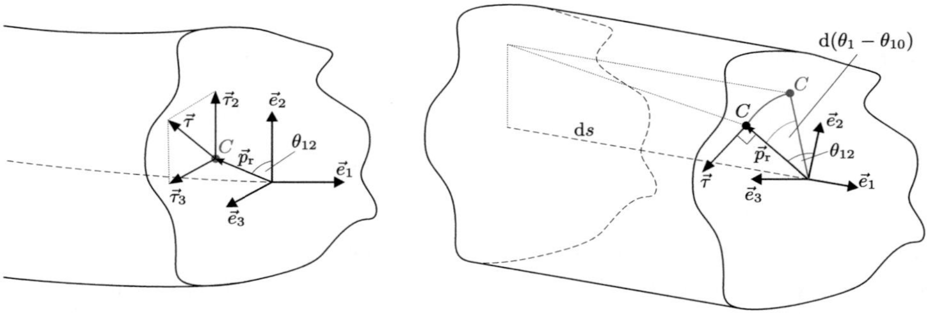

Abbildung 3.10: Darstellung der Schubspannungen im Querschnitt nach [177].

Im Folgenden werden die Komponenten τ_2 und τ_3 der Schubspannung im Querschnitt anhand von Abbildung 3.10 betrachtet. Die Normalspannung σ_1 ist nicht dargestellt. Wie in Abbildung 3.10 dargestellt, befindet sich der Winkel θ_{12} zwischen dem Radiusvektor $\vec{p}_{\mathrm{r}}$ zum betrachteten Punkt C und der $\vec{e}_2$-Achse. LUDWIG PRANDTL führte die Spannungsfunktion $\psi = \psi(p_{\mathrm{r}2}, p_{\mathrm{r}3})$ in Gleichung 3.58 ein [152].

$$\frac{\partial^2 \psi}{\partial p_{\mathrm{r}2}^2} + \frac{\partial^2 \psi}{\partial p_{\mathrm{r}3}^2} = 2G \frac{\mathrm{d}(\theta_1 - \theta_{10})}{\mathrm{d}s} \tag{3.58}$$

Als Randbedingung der Funktion gilt, dass der äußere Rand des Querschnitts spannungsfrei ist ($\psi_{\text{Rand}} = 0$). Zur Erfüllung dieser Funktion wird definiert, dass:

$$\tau_2 = -\frac{\partial \psi}{\partial p_{r3}}, \quad \tau_3 = \frac{\partial \psi}{\partial p_{r2}}. \tag{3.59}$$

Nun kann das Moment M_1 aus [177] herangezogen werden:

$$M_1 = \int (p_{\text{r2}}\tau_3 - p_{\text{r3}}\tau_2)\mathrm{d}A_{\text{f}}. \tag{3.60}$$

Durch die Definitionen aus Gleichung 3.59 folgt:

$$M_1 = \int \left(p_{\text{r2}} \frac{\partial \psi}{\partial p_{\text{r2}}} + p_{\text{r3}} \frac{\partial \psi}{\partial p_{\text{r3}}} \right) \mathrm{d}A_{\text{f}}. \tag{3.61}$$

Werden die partiellen Ableitungen vorgenommen, resultiert eine Beziehung zwischen dem Torsionsmoment M_1 und der Spannungsfunktion ψ:

$$M_1 = 2 \int \psi \mathrm{d}A_{\text{f}}. \tag{3.62}$$

Weiterhin ist aus [177] bekannt, dass

$$M_1 = GI_1 \frac{\mathrm{d}(\theta_1 - \theta_{10})}{\mathrm{d}s}. \tag{3.63}$$

Daraus wird das Torsionsträgheitsmoment unter Verwendung von Gleichung 3.58 erhalten:

$$I_1 = \frac{4 \int \psi \mathrm{d}A_{\text{f}}}{\frac{\partial^2 \psi}{\partial p_{\text{r2}}^2} + \frac{\partial^2 \psi}{\partial p_{\text{r3}}^2}}. \tag{3.64}$$

Am Beispiel von Rechteckquerschnitten ist in [172] eine Lösung für ψ aus Gleichung 3.58 gegeben. Mit Hilfe von ψ wird darin zusätzlich eine Lösung für I_1 aus Gleichung 3.64 angegeben:

$$I_{1\text{recht.}} = \frac{1}{3} h w^3 \left(1 - \frac{192 w}{\pi^5 h} \sum_{i=1}^{i} \frac{1}{i^5} \tanh \frac{i \pi h}{2w} \right). \tag{3.65}$$

In dieser Arbeit wird in Gleichung 3.65 ein Wert von $i = 100$ verwendet. Die numerische Lösung der Gleichung erfolgt mit diesem Wert mit der verwendeten Hardware (Intel® Core™ i7-2600) in weniger als einer Zehntel Sekunde.

3.3 Kapitelzusammenfassung

In diesem Kapitel wurden mathematische Modellgleichungen in Form von nichtlinearen gewöhnlichen Differentialgleichungen ausgehend von zuvor getroffenen Annahmen für große Verformungen hergeleitet. Die Gleichungen wurden für ebene und räumliche Probleme aufgestellt und in Differentialgleichungssystemen zusammengefasst. Dabei wurde zunächst reine Biegung von Balken unter großen Verformungen angenommen und das Modell zusätzlich im Fall der ebenen Probleme um die Einflussfaktoren des Querkraftschubs und der Querkontraktion erweitert. Die Erweiterungen des Modells sind in [66] und [73] veröffentlicht. Durch die einheitliche Form der Gleichungen ist es somit möglich, im Gesamtsystem eines NM einzelne Abschnitte mit unterschiedlichen Theorien beschreiben zu können. Dies ist besonders für Mechanismen mit variabler Geometrie von Interesse. Die neuen Gleichungen erlauben es, die Grenzen der bisherigen Theorie zu verschieben, sodass über schlanke Körper hinaus (vgl. Querschnittsabmessungen mindestens zehn mal kleiner als die Länge des Balkens [177]) auch Geometrien mit größerem Höhen-Längen- bzw. Breiten-Längenverhältnis berechnet werden können.

Es ist anzumerken, dass die mit diesen Modellgleichungen berechneten Ergebnisse konkrete Anwendungsfälle realer Systeme abbilden, insofern das System die beim Modell vorausgesetzten Annahmen und Randbedingungen erfüllt. Jedoch gilt weiterhin ein lineares Materialverhalten, obwohl dies bei sehr großen Verformungen, z. B. von Kunststoffen, nicht zutreffend ist. Im weiteren Verlauf ist das Modell mit Hilfe von Methoden wie 3D FEM-Simulationen und Messungen zu validieren.

4 Implementierung der analytischen Modellgleichungen und der Struktur nachgiebiger Mechanismen in MATLAB® und Python®

Nachdem in Kapitel 3 ein Modell zur Berechnung einzelner Balken – beim 2D Modell mit der Möglichkeit den Querkraftschub und die Querkontraktion zu berücksichtigen – hergeleitet wurde, dient dieses Kapitel zur Beschreibung der konkreten Anwendung auf NM. Zunächst wird allgemein beschrieben, wie die vorgestellten Differentialgleichungssysteme im Rahmen dieser Arbeit gelöst werden, sodass der Verformungszustand eines Mechanismus unter äußeren Lasten eindeutig beschrieben werden kann. Dazu wird die Umsetzung in den beiden Programmiersprachen MATLAB® und Python® beschrieben. MATLAB® wird deshalb gewählt, da es durch die zahlreichen verfügbaren Funktionen besonders für die effiziente Lösung von Differentialgleichungssystemen geeignet ist. Zusätzlich wird die Berechnung in Python® beschrieben, da sich diese Programmiersprache durch ihren freien und „open-source"-Charakter sowie der vielen verfügbaren wissenschaftlichen Bibliotheken unter anderem besonders für die Erstellung von grafischen Benutzeroberflächen (GUI) eignet, wie es im späteren Verlauf der Arbeit in Abschnitt 7.1 zur Anwendung kommt.

Daraufhin folgt die geometrische Charakterisierung der betrachteten Mechanismen und die Beschreibung der zur Modellierung wichtigen Abschnitte sowie Möglichkeiten zur Implementierung von Verzweigungen im Mechanismus. Es werden zudem allgemeingültige Modellgleichungen in einer rekursiven Form gegeben, um beliebige NM abbilden zu können.

4.1 Numerische Lösung der Differentialgleichungssysteme

Innerhalb der Literatur existieren analytische Lösungsansätze, mit Hilfe derer ähnliche Probleme der nichtlinearen Biegetheorie behandelt werden. Beispielsweise wurde in [168] ein auf Biegung belasteter, ebener Balken mit Hilfe von elliptischen Integralen analytisch berechnet. Dies war insoweit möglich, da der Querschnitt des Balkens über seine Länge konstant war und somit ein autonomes Differentialgleichungssystem vorlag. Es wird ebenfalls erwähnt, dass diese Lösung am Beispiel eines konischen Balkens nicht möglich ist, da ein heteronomes Differentialgleichungssystem resultiert. Es wird ausgesagt: „This property prohibits an approach via a first integral, and there are no other useful properties to exploit the system in an analytical way, wich makes a numerical evaluation a suitable option“ [168]. NM mit Nachgiebigkeiten beispielsweise in Form von FKG-Konturen beinhalten in vielen Fällen nicht konstante Querschnitte, weshalb die Aussagen auch auf die hier behandelten Probleme zutreffen. Zudem wird in [161] ausgesagt, dass numerische Lösungsmethoden für derart nichttriviale Problemstellungen oftmals besser geeignet seien.

Im Hinblick auf die Differentialgleichungen aus Kapitel 3 ist zu beachten, dass die externen Kräfte und Momente, die Drillung $\kappa_1 = \kappa_1(s)$ bzw. die Krümmungen $\kappa_2 = \kappa_2(s)$ und $\kappa_3 = \kappa_3(s)$ im unbelasteten Zustand, der E-Modul $E = E(s)$ und die Trägheitsmomente $I_{1,..,3} = I_{1,..,3}(s)$ anwendungsspezifische Parameter oder Funktionen darstellen und zudem entlang der Balkenachse s variieren können wie z. B. bei FKG oder gekrümmten Strukturen. Die in dieser Arbeit behandelten Randwertprobleme bestehen aus nichtlinearen, nicht-autonomen, gewöhnlichen Differentialgleichungen erster Ordnung und können oft nicht in expliziter analytischer Form gelöst werden, insbesondere wenn $\kappa_{10,..,30}$, E oder $I_{1,..,3}$ nicht konstant sind. Aus diesem Grund können numerische Ansätze eine geeignete Möglichkeit sein, eine Lösung zu approximieren. Die numerische Lösung kann erfolgen, wenn die Anzahl der Gleichungen mit der Anzahl der Randbedingungen übereinstimmt. Kommen weitere Unbekannte hinzu, etwa durch die Vorgabe einer gewünschten Verschiebung oder von Verzweigungen, sind ebenso weitere Rand- bzw. Übergangsbedingungen entsprechend der Anzahl der hinzugefügten Unbekannten zu formulieren.

Es existieren zwar Funktionen zur Lösung von Randwertproblemen innerhalb unterschiedlicher großer Programmiersprachen, jedoch deutlich häufiger zuverlässige und effiziente Funktionen zur Lösung von Anfangswertproblemen. Ein konventioneller Lösungsansatz für Randwertprobleme ist eine Kombination dieser Funktionen mit dem sogenannten Schießverfahren (s. z. B. [6]).

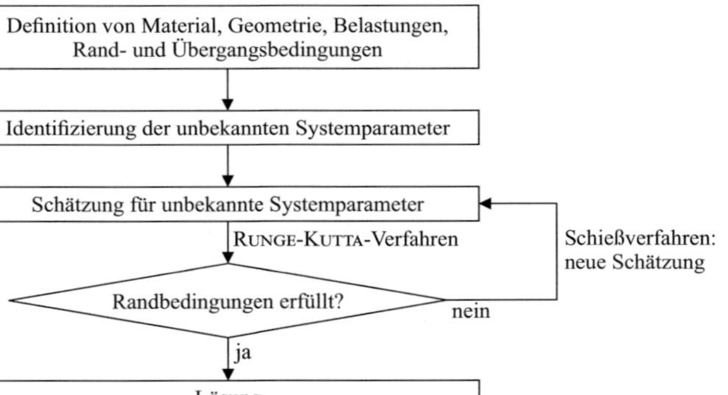

Abbildung 4.1: Ablauf der Berechnung zur Lösung von Randwertproblemen.

Der Lösungsprozess ist in Abbildung 4.1 dargestellt. Nachdem das Material, die Geometrie, die Belastungen, die Rand- und ggf. Übergangsbedingungen definiert wurden, werden unbekannte Systemparameter ermittelt. Die unbekannten Systemparameter können die Lagerreaktionskräfte und -momente, die Momente an Verzweigungspunkten oder bei Verschiebungsvorgabe unbekannte Auslenkkräfte sein (nähere Informationen folgen an konkreten Beispielen in Abschnitt 5.1).

Im Rahmen des Lösungsprozesses wird zunächst eine Anfangsschätzung für die unbekannten Systemparameter benötigt. Diese können einen maßgeblichen Einfluss auf die Rechenzeit besitzen. Je näher die Schätzungen am tatsächlichen Ergebnis liegen, desto schneller erfolgt die Lösung. Im Rahmen der Untersuchungen in dieser Arbeit stellte sich heraus, dass für Einzelanalysen eine Anfangsschätzung von null für jeden unbekannten Parameter ausreicht, um eine Lösung innerhalb weniger Sekunden zu erhalten.

Parameterstudien oder mehrere Lastschritte können jedoch optimiert werden, indem bei der jeweils nächsten Schätzung die Ergebnisse der vorherigen Einzelanalysen berücksichtigt werden. Diese Vorgehensweise wird in Abschnitt 7.1 angewendet und beschrieben. Nachdem eine Anfangsschätzung vorgenommen wurde, wird das Randwertproblem als Anfangswertproblem behandelt. Aufgrund der Modellierung der Mechanismen als Kontinua kann das Differentialgleichungssystem dabei mit Hilfe eines vierstufigen RUNGE-KUTTA-Verfahrens über den Verlauf der Balkenachse s integriert werden. Anschließend werden die Ergebnisse dieser Berechnung mit den Randbedingungen verglichen. Falls die Randbedingungen nicht erfüllt sind, muss die Anfangsschätzung geändert werden. Diese Änderung wird durch den im Schießverfahren implementierten Algorithmus durchgeführt. Danach wird eine weitere Berechnungsschleife zur Lösung der Differentialgleichungen vorgenommen. Dieser Vorgang wird so lange fortgesetzt, bis die Rand- und Übergangsbedingungen innerhalb einer bestimmten Toleranz erfüllt sind. Wenn dies zutrifft, wird die Berechnung beendet und die Ergebnisse für alle Differentialgleichungen liegen vor. Daraufhin können schließlich der verformte Zustand des Mechanismus dargestellt und weitere Parameter ausgewertet werden.

Als Beispiel wird der Balken in Abbildung 3.1 betrachtet, der an einer Seite fest eingespannt ist (Punkt A) und am freien Ende (Punkt B) mit den Kräften F_x und F_y belastet wird. Aufgrund des festen Endes sind die Parameter $\theta_3(0)$, $x(0)$ und $y(0)$ bekannt, es gibt im Punkt A allerdings keine Information über $M_z(0)$. Lediglich $M_z(L) = 0$ ist durch das Randwertproblem gegeben (vgl. Gleichung 3.13). Für die Lösung als Anfangswertproblem mit Hilfe des RUNGE-KUTTA-Verfahrens wird jedoch die Information für alle Parameter bei $s = 0$ benötigt, d. h. für $M_z(0)$ ergibt sich ein unbekannter Systemparameter. In Kombination mit dem Schießverfahren wird eine

Anfangsschätzung für diesen unbekannten Parameter vorgenommen. Diese Schätzung wird vom Algorithmus des Schießverfahrens solange verändert, bis die Randbedingung $M_z(L) = 0$ erfüllt und eine Lösung gefunden ist. Anschließend liegen Ergebnisse für $M_z(s)$, $\theta_3(s)$, $x(s)$ und $y(s)$ vor.

Implementierung in MATLAB® und Python®

Die Kombination aus dem RUNGE-KUTTA-Verfahren mit den Schießverfahren kann in MATLAB® mit Hilfe von zwei Funktionen durchgeführt werden. Ein vierstufiges RUNGE-KUTTA-Verfahren kann beispielsweise mit Hilfe der Funktion *ode45* implementiert werden, während das Schießverfahren basierend auf einer Nullstellensuche durch die Funktion *fsolve* realisiert werden kann. Für die Untersuchungen in dieser Arbeit haben sich die folgenden Einstellungen und Toleranzen für beide Funktionen als effektiv für die betrachteten Mechanismen herausgestellt (*eps* stellt die Maschinengenauigkeit dar):

```
% Einstellungen Runge-Kutta-Verfahren (ode45):
opt_ode45 = odeset('Reltol',1e-4,'AbsTol',eps*1e-10);

% Einstellungen Schiessverfahren (fsolve):
opt_fsolve = optimoptions('fsolve','TolFun',eps,'TolX',eps,...
    'MaxIter',1e4,'MaxFunEvals',1e4);
```

Die Umsetzung der Lösung mit Hilfe von Python® ist ähnlich zu MATLAB®. Das RUNGE-KUTTA-Verfahren wird durch die Funktion *RK45* und das Schießverfahren durch die Funktion *fsolve* analog zu den MATLAB®-Funktionen *ode45* und *fsolve* implementiert. Beide Funktionen sind innerhalb der *SciPy*-Bibliothek für die Programmiersprache Python® verfügbar. Auch die zu definierenden Toleranzen werden analog zu Matlab definiert.

Die Syntax für die Funktionsaufrufe in MATLAB® und Python® ist in Abschnitt A.1 beschrieben.

4.2 Geometrische Beschaffenheit der betrachteten Mechanismen

Die geometrische Beschaffenheit der in dieser Arbeit betrachteten NM wird im wesentlichen durch verschiedene Grundbausteine, diverse Rand- und Übergangsbedingungen für kontinuierliche und verzweigte Strukturen sowie durch unterschiedliche FKG-Konturen bestimmt.

4.2.1 Strukturelle Gestaltung nachgiebiger Mechanismen

Da die Mechanismen gemäß dem analytischen Modell sowohl für 2D- als auch 3D-Anwendungen als Kontinua gestaltet sein müssen, kann die Balkenachse der Mechanismen nur gerade oder gekrümmte bzw. verdrillte Abschnitte entlang s enthalten und darf keine Unstetigkeiten aufweisen. Entlang des Verlaufs der Balkenachse s können dennoch nicht konstante Querschnitte, Krümmungen, Drillungen oder Materialparameter in das Modell einfließen.

Die Balkenachse eines beliebigen, aber kontinuierlichen NM kann mit Hilfe aller denkbaren Grundbausteine, die im Weiteren als Elemente bezeichnet werden, zusammengesetzt werden. Alle Kombinationsmöglichkeiten sind im Folgenden genannt:

- Balkenelement mit gerader Balkenachse und konstantem Querschnitt,
- Balkenelement mit gerader Balkenachse und nicht konstantem Querschnitt,
- Balkenelement mit konstanter Krümmung/Drillung ($\neq 0$) und konstantem Querschnitt,
- Balkenelement mit konstanter Krümmung/Drillung ($\neq 0$) und nicht konstantem Querschnitt,
- Balkenelement mit nicht konstanter Krümmung/Drillung ($\neq 0$) und konstantem Querschnitt,
- Balkenelement mit nicht konstanter Krümmung/Drillung ($\neq 0$) und nicht konstantem Querschnitt.

Nicht konstante Querschnitte können sowohl in $\vec{e}_2$- als auch in $\vec{e}_3$-Richtung variieren. Die für zweidimensionale NM in dieser Arbeit am häufigsten verwendeten Elemente sind in Abbildung 4.2 dargestellt.

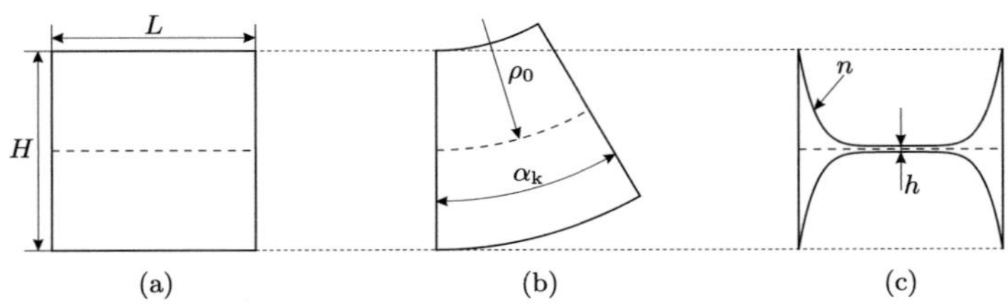

Abbildung 4.2: Drei Grundbausteine zur Erstellung kontinuierlicher NM, jeweils mit Breite w (nicht dargestellt): (a) Balkenelement mit konstantem Querschnitt, (b) gekrümmtes Balkenelement, (c) Balkenelement mit nicht konstantem Querschnitt (hier FKG mit Potenzfunktionskontur mit $n = 6$).

Diese drei Elemente bestehen aus einem geraden Element mit konstantem Querschnitt (Abbildung 4.2 (a)), einem gekrümmten Element mit konstantem Querschnitt

(Abbildung 4.2 (b)) und einem Element mit nicht konstantem Querschnitt (Abbildung 4.2 (c)). Die Ausführung der Elemente mit nicht konstantem Querschnitt erfolgt in dieser Arbeit vorwiegend in Form von FKG. Grundsätzlich können jedoch mit Hilfe des gegebenen analytischen Modells beliebige nicht konstante Querschnitte betrachtet werden, sofern sie symmetrisch zur Balkenachse sind, vgl. Annahme 3.4 a). Weiterhin können gekrümmte Elemente mit nicht konstantem Querschnitt, etwa in Form von gekrümmten FKG, Anwendung finden (z. B. [71]). Außerdem ist es möglich, nicht konstante Krümmungen/Drillungen mit Hilfe von z. B. $\kappa_{30} = \kappa_{30}(s)$ zu realisieren. Ein solcher Beispielmechanismus ist in [73] gezeigt.

Für alle der drei in Abbildung 4.2 dargestellten Elemente gelten die beiden geometrischen Grundparameter Höhe H und Breite w. Die konturspezifischen Parameter sind von der FKG-Kontur abhängig. Am Beispiel von Gelenken mit Potenzfunktionskontur sind diese die minimale Stegdicke h und der Exponent n. Im analytischen Modell wird der Querschnitt dieser Elemente durch das Trägheitsmoment $I_2 = I_2(s)$ und $I_3 = I_3(s)$ implementiert.

Die Länge der einzelnen Elemente wird durch den Parameter L beschrieben und kann im Fall der gekrümmten Elemente durch Vorgabe des Krümmungswinkels α_k und des Krümmungsradius ρ_0 nach Gleichung 4.1 berechnet werden.

$$L = \alpha_\mathrm{k}\rho_0 \tag{4.1}$$

Bei ebenen Kurven entspricht κ_{30} der Krümmung der Kurve und ihr wird ein Vorzeichen zugewiesen. Dieses richtet sich nach der Orientierung eines Streckenabschnitts ds bei ansteigendem s um die $\vec{e}_3$-Achse, sodass $\kappa_{30} = \pm\frac{1}{\rho_0}$ ist (vgl. Abbildung 4.3). Bei dreidimensionalen Kurven stellt κ_{10} die Verdrehung (Drillung) des Balkenkoordinatensystems im unbelasteten Zustand dar, während κ_{20} und κ_{30} Projektionen der Krümmung der neutralen Faser auf die $\vec{e}_2$- und $\vec{e}_3$-Achse im unbelasteten Zustand repräsentieren.

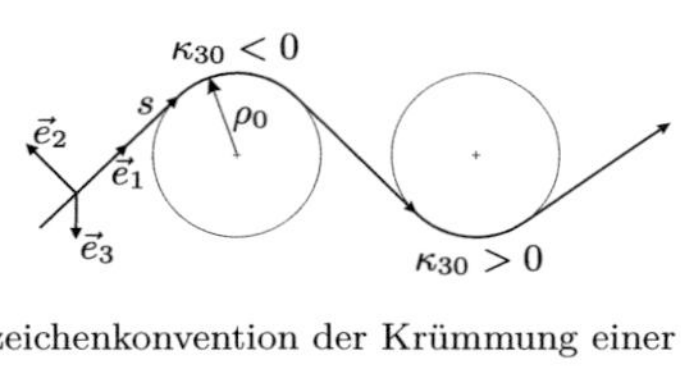

Abbildung 4.3: Vorzeichenkonvention der Krümmung einer ebenen Kurve (κ_{30}).

Zusammenfassend lässt sich durch Aneinanderreihung der genannten Grundbausteine (Elemente) ein beliebiger kontinuierlicher NM gestalten. Durch Variation der geometrischen Parameter und der Implementierung nicht konstanter Krümmungen oder Querschnitte bietet das analytische Modell zahlreiche Optionen zur individuellen Anpassung. Jedes dieser Elemente kann eine konzentrierte oder verteilte Nachgiebigkeit darstellen, abhängig von den gegebenen Abmessungen des Mechanismus. Somit kann ein breites Spektrum an Anwendungen realisiert werden.

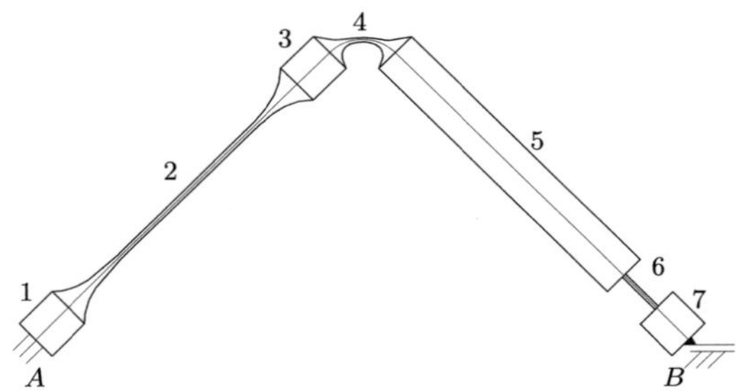

Abbildung 4.4: NM mit unterschiedlichen Elementen.

Um dies zu veranschaulichen, ist in Abbildung 4.4 das Beispiel eines kontinuierlichen NM gezeigt. Der Mechanismus ist aus sieben Elementen unterschiedlicher Geometrie zusammengestellt, im Punkt A eingespannt und im B in horizontale Richtung verschiebbar gelagert. Es sind konzentrierte (Elemente 4 und 6) und verteilte Nachgiebigkeitsbereiche (Element 2) realisiert.

4.2.2 Betrachtete Festkörpergelenkkonturen

Konzentrierte Nachgiebigkeiten werden häufig in Form von FKG mit bestimmten Gelenkkonturen realisiert. Dazu existiert in der Literatur eine Vielzahl unterschiedlicher Konturen, die entsprechend eines speziellen Anwendungsfalls ausgewählt werden können. Eine Übersicht über eine Vielzahl verschiedener Konturen ist in [178] gegeben.

In dieser Arbeit und in den folgenden Beispielen werden vier verschiedene Gelenkkonturen betrachtet. Dazu zählen die häufig verwendete Halbkreiskontur (Abbildung 4.5 (a)), die Viertelkreiskontur (Abbildung 4.5 (b)), die Ellipsenkontur (Abbildung 4.5 (c)), die Kontur auf Basis einer Potenzfunktion (Abbildung 4.5 (d)) sowie eine einfache blattfederartige Kontur (Abbildung 4.5 (e)).

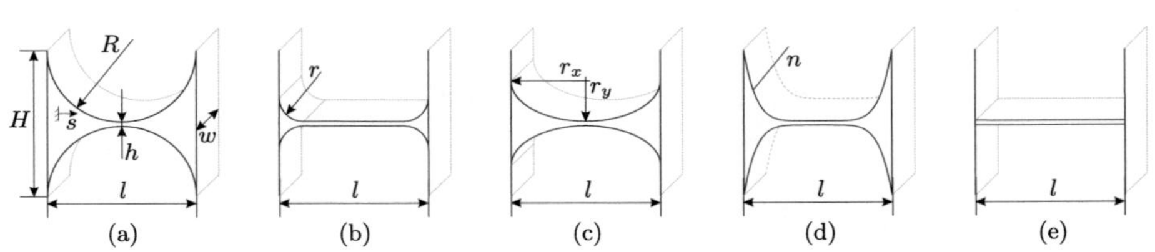

Abbildung 4.5: Betrachtete FKG-Konturen mit konturspezifischen Parametern: (a) Halbkreiskontur, (b) Viertelkreiskontur, (c) Ellipsenkontur, (d) Potenzfunktionskontur, (e) blattfederartige Kontur.

Die geometrische Gestalt der Gelenkkonturen wird durch die konturspezifischen Parameter bestimmt. Die zugehörigen Funktionen zur Beschreibung der Gelenkhöhe im Bereich der Aussparung sind in Tabelle 4.1 gegeben.

Tabelle 4.1: Verwendete Höhenfunktionen für die betrachteten Gelenkkonturen im Bereich der Aussparung. Die Gleichungen gelten für eine Balkenachse s, die am linken Rand der Kontur, analog zu Abbildung 4.5 (a), beginnt.

Gelenkontur	Höhenfunktion
(a) Halbkreiskontur	$h_C(s) = h + 2R - 2\sqrt{R^2 - \left(s - \frac{l}{2}\right)^2}$
(b) Viertelkreiskontur	$h_C(s) = \begin{cases} h + 2r - 2\sqrt{r^2 - (s-r)^2}, & \text{für } 0 \leq s < r \\ h, & \text{für } r \leq s \leq l - r \\ h + 2r - 2\sqrt{r^2 - (s-l+r)^2}, & \text{für } l - r < s \leq l \end{cases}$
(c) Ellipsenkontur	$h_C(s) = h + 2r_y\left(1 - \sqrt{1 - \frac{\left(s - \frac{l}{2}\right)^2}{r_x^2}}\right)$
(d) Potenzfunktionskontur	$h_C(s) = h + \frac{2^n(H-h)}{l^n}\left\lvert s - \frac{l}{2}\right\rvert^n$
(d) Blattfederartige Kontur	$h_C(s) = h$

Für die Viertelkreiskontur gilt die Einschränkung:

$$r < \frac{L}{2}. \tag{4.2}$$

Es ist zu erwähnen, dass die Gelenklänge l der Halbkreiskontur und der Ellipsenkontur in dieser Arbeit jeweils abhängige Größen darstellen. Bei der Halbkreiskontur gilt für die Gelenklänge:

$$l = \begin{cases} 2R, & \text{für } R \leq \frac{H-h}{2}, \\ 2\sqrt{R^2 - \left(\frac{H-h}{2} - R\right)^2}, & \text{für } R > \frac{H-h}{2}. \end{cases} \tag{4.3}$$

Für die Gelenklänge der Ellipsenkontur gilt:

$$l = \begin{cases} 2r_x, & \text{für } r_y \leq \frac{H-h}{2}, \\ 2r_x\sqrt{1 - \frac{\left(\frac{H-h}{2} - r_y\right)^2}{r_y^2}}, & \text{für } r_y > \frac{H-h}{2}. \end{cases} \tag{4.4}$$

Aufgrund der elementweisen Zusammenstellung von NM sind die einzelnen Elementlängen durch konkrete Vorgabe des jeweiligen Parameters L definiert. Wenn im Fall von Halbkreis- oder Ellipsenkonturen jedoch durch Vorgabe des Radius R bzw. r_x die Elementlänge L überschritten wird ($l > L$, s. Abbildung 4.6 (a)), wären die Längen der angrenzenden Elemente (L_1 und L_3 im Beispiel) anzupassen.

Um dies zu vermeiden, wird für den Gelenkbereich (hier mit der Länge L_2) festgelegt, dass:

$$l \leq L_2. \tag{4.5}$$

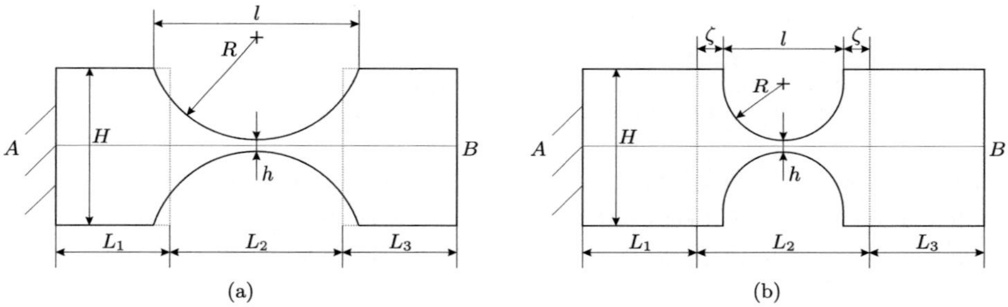

Abbildung 4.6: Besonderheit der Gelenklänge bei Gelenken mit Halbkreis- und Ellipsenkontur am Beispiel von Halbkreiskonturen: (a) Halbkreiskontur mit $R > \frac{L_2}{2}$, (b) Halbkreiskontur mit $R < \frac{L_2}{2}$.

Durch diese Festlegung bleiben die Elementlängen der angrenzenden Segmente (hier L_1 und L_3) unberührt. Der Fall in Abbildung 4.6 (a) wird damit ausgeschlossen. Jedoch müssen im Gelenkbereich mit der Länge L_2 bei $R < \frac{L_2}{2}$ bzw. $r_x < \frac{L_2}{2}$ zusätzlich zur Gelenkkontur rechteckige Abschnitte der Länge ζ modelliert werden (Abbildung 4.6 (b)). Die Länge dieser Abschnitte kann wie folgt berechnet werden:

$$\zeta = \frac{L_2 - l}{2}. \tag{4.6}$$

Durch diese Festlegungen kann problemlos für jedes Element eine konkrete Länge definiert werden und durch Vorgabe gültiger Radien schließlich der Gelenkbereich definiert werden.

4.2.3 Randbedingungen

Zur Definition gewünschter Bewegungseigenschaften von NM sind neben den geometrischen Parametern der einzelnen Elemente unterschiedliche Randbedingungen notwendig. Dadurch sollen häufige Anwendungen wie Schubgelenke, feste Einspannungen oder freie Enden modelliert werden können.

Eine Auswahl häufig verwendeter Randbedingungen ist in Abbildung 4.7 gezeigt. Diese Auswahl wird im späteren Verlauf der Arbeit in der grafischen Benutzeroberfläche für ebene Mechanismen implementiert (Abschnitt 7.1). Darüber hinaus sind weitere Randbedingungen, vor allem für räumliche Anwendungen, denkbar und können individuell definiert werden.

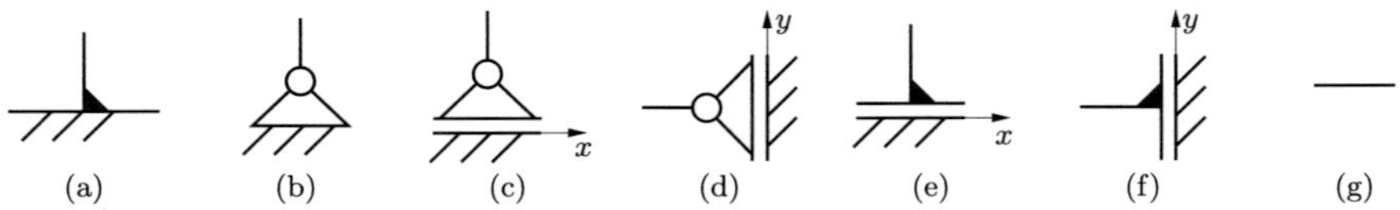

Abbildung 4.7: Skizzenhafte Darstellung der betrachteten Randbedingungen: (a) feste Einspannung, (b) Drehgelenk, (c) Drehgelenk mit Schieber in x-Richtung, (d) Drehgelenk mit Schieber in y-Richtung, (e) Schieber in x-Richtung, (f) Schieber in y-Richtung, (g) freies Ende.

Im Hinblick auf die gewählten Randbedingungen ist jedoch grundsätzlich darauf zu achten, dass für einen NM kein statisch unbestimmtes System resultiert, da andernfalls keine eindeutige Lösung unter dem Einfluss äußerer Lasten ermittelt werden kann.

4.2.4 Sonderfall verzweigte Strukturen

Die betrachteten NM können eine beliebige Kombination und Anzahl der zuvor beschriebenen verschiedenen Elemente enthalten. Zwischen benachbarten Elementen werden in dieser Arbeit zwei mögliche Übergänge betrachtet. Diese beiden Möglichkeiten stellen einerseits den kontinuierlichen Übergang zwischen zwei Elementen dar und andererseits den Übergang mehrerer Elemente an Verzweigungspunkten.

Bei verzweigten Übergängen ist sowohl die Anzahl der Verzweigungspunkte als auch die Anzahl der Abzweigungen theoretisch unbegrenzt. Mit zunehmender Anzahl steigt jedoch auch die Anzahl unbekannter Systemparameter bei der numerischen Lösung und damit die Rechenzeit an. Außerdem spielen die Startwerte bei der numerischen Lösung bei zunehmender Anzahl an Unbekannten eine größere Rolle (vgl. Abschnitt 4.1).

Am Beispiel ebener Mechanismen sind beide Übergänge in Abbildung 4.8 anhand der Balkenachsen skizziert. In Abbildung 4.8 (a) ist ein kontinuierlicher Übergang der Balkenachse s zwischen zwei Elementen gezeigt und in Abbildung 4.8 (b) der Übergang von drei in einem Verzweigungspunkt K verzweigten Elemente.

Der Mechanismus in Abbildung 4.8 (a) besteht aus einer beliebigen Anzahl von miteinander verbundenen Elementen. Das Element an der e-ten Position ist durch die

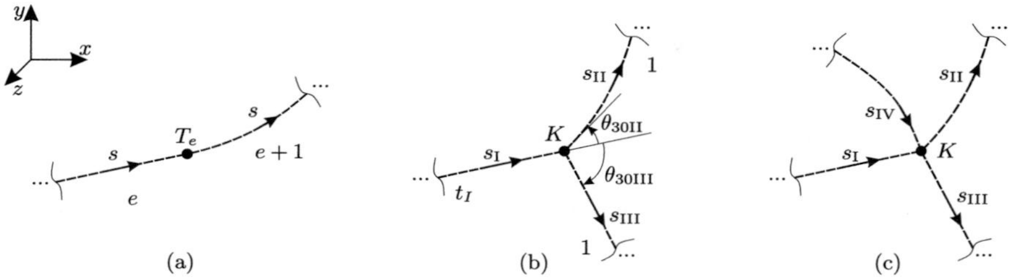

Abbildung 4.8: Mögliche Übergänge benachbarter Abschnitte: (a) kontinuierlicher Übergang der Balkenachse s, (b) Übergang an einem Verzweigungspunkt K zwischen drei Balkenachsen (hier: s_{I}, s_{II} und s_{III}), (c) Freischnitt einer vierfachen Verzweigung.

Parameter L_e, H_e, w_e, h_e, n_e, κ_{30e}, F_{xe}, F_{ye} und M_{ee} definiert. Die Übergangsbedingungen zwischen den beiden benachbarten Elementen e und $e+1$ an der Koordinate $s_e = \sum_{e=1}^{e} L_e$ (Punkt T_e) lauten:

$$M_{ze+1} = M_{ze} + M_{ee},\ \theta_{3e+1} = \theta_{3e},\ x_{e+1} = x_e,\ y_{e+1} = y_e. \tag{4.7}$$

Weiterhin wird für die Betrachtung von verzweigten Mechanismen der Ansatz aus [67] angewendet. Wenn ein verzweigter Mechanismus notwendig wird, ergeben sich einzelne kontinuierliche Balken, die an einer Verzweigungsstelle K miteinander verbunden sind. Jeder dieser Balken wird mit einer eigenen Balkenachse beschrieben. Für das dargestellte Beispiel einer dreifachen Verzweigung sind das die Balkenachsen s_{I}, s_{II} und s_{III}. Das Differentialgleichungssystem wird für jeden Balken einzeln betrachtet. Das bedeutet, dass jeder der einzelnen Balken aus einer beliebigen Anzahl von Elementen bestehen kann. An der Stelle des Verzweigungspunktes K werden jedoch unterschiedliche Übergangsbedingungen angewendet. Unter der Annahme einer Gesamtzahl von t Elementen für den ersten Balken werden das t-te Element des ersten Balkens, das erste Element des zweiten Balkens und das erste Element des dritten Balkens am Punkt K verbunden, der bei $s_{\mathrm{Iend}} = \sum_{e=1}^{t} L_e$, $s_{\mathrm{II}} = 0$ und $s_{\mathrm{III}} = 0$ liegt. Für den zweiten Balken gelten die folgenden Übergangsbedingungen:

$$\theta_{3\mathrm{II}}(0) = \theta_{3\mathrm{I}}(s_{\mathrm{Iend}}) + \theta_{30\mathrm{II}},\ x_{\mathrm{II}}(0) = x_{\mathrm{I}}(s_{\mathrm{Iend}}),\ y_{\mathrm{II}}(0) = y_{\mathrm{I}}(s_{\mathrm{Iend}}). \tag{4.8}$$

Analog gilt dies für den dritten Balken:

$$\theta_{3\mathrm{III}}(0) = \theta_{3\mathrm{I}}(s_{\mathrm{Iend}}) + \theta_{30\mathrm{III}},\ x_{\mathrm{III}}(0) = x_{\mathrm{I}}(s_{\mathrm{Iend}}),\ y_{\mathrm{III}}(0) = y_{\mathrm{I}}(s_{\mathrm{Iend}}). \tag{4.9}$$

Generell wird festgelegt, dass der erste Balken im Punkt A beginnt.

Die Einführung eines Verzweigungspunktes führt zu weiteren unbekannten Systemparametern, die durch die jeweiligen Randbedingungen sowie eine durch die Verzweigungsstelle resultierende Übergangsbedingung für das Momentengleichgewicht

(Gleichung 4.10) kompensiert werden. Die Übergangsbedingung für das vierfach verzweigte Beispiel in Abbildung 4.8 (c) lautet:

$$M_{z\mathrm{I}}(s_{\mathrm{Iend}}) - M_{z\mathrm{II}}(0) - M_{z\mathrm{III}}(0) + M_{z\mathrm{IV}}(s_{\mathrm{IVend}}) = 0. \tag{4.10}$$

Darin sind die Vorzeichen der Momente entsprechend der Richtung der jeweiligen Balkenachse des freigeschnittenen Verzweigungspunktes berücksichtigt. Der Index „end“ bezieht sich auf die Endkoordinate der Balkenachsen. Werden externe Momente direkt am Verzweigungspunkt aufgebracht, so sind diese zu Gleichung 4.10 zu addieren. Weitere Ausführungen zur genauen Bezeichnung der unbekannten Systemparameter sowie der Rand- und Übergangsbedingungen werden in Unterabschnitt 5.1.1 und den darauf folgenden Abschnitten an konkreten Beispielen demonstriert.

4.3 Formulierung von Modellgleichungen für beliebige nachgiebige Mechanismen

Die Modellgleichungen aus Kapitel 3 wurden für einzelne Balken mit Belastungen am Balkenende gegeben. Da NM jedoch wie beschrieben aus mehreren Elementen mit ebenso beliebig vielen externen Kräften und Momenten zusammengesetzt werden können, ist das Differentialgleichungssystem für den gesamten Balken in Abhängigkeit von s aufzuschreiben und darin alle Kräfte und Momente jedes Elements zu berücksichtigen. In diesem Abschnitt sollen die Modellgleichungen allgemeingültig für beliebige Mechanismen mit beliebig vielen Verzweigungen formuliert werden. Die Übergänge zwischen den Elementen werden dabei schließlich wie in Unterabschnitt 4.2.4 je nach Art des Übergangs definiert.

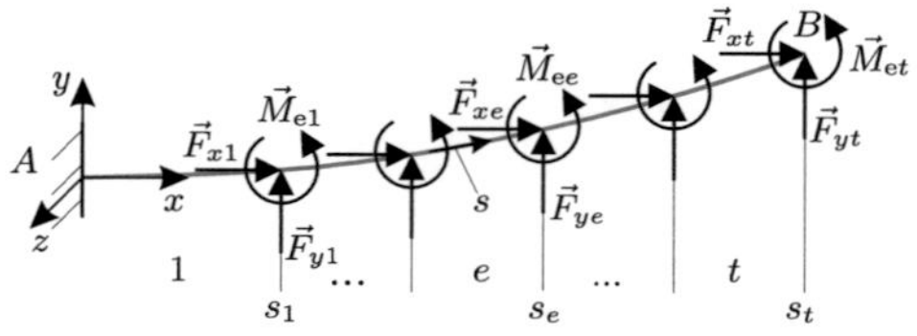

Abbildung 4.9: Balkenachse (grau dargestellt) im verformten Zustand, bestehend aus t Elementen, belastet mit t Kräften in x- und y-Richtung und Momenten um die z-Achse.

Im Beispiel von Abbildung 4.9 ist zunächst schematisch die Balkenachse eines unverzweigten Mechanismus gezeigt, welcher aus t verschiedenen Elementen besteht. An den Endpunkten jedes Elements greifen Kräfte in x- und y-Richtung sowie Momente um die z-Achse an.

Der Balken lässt sich nun elementweise betrachten. Es wird vereinbart, dass für eine Balkenachse stets nach dem Schnittprinzip negativ zum Verlauf der Balkenachse geschnitten wird. Für den **ersten Abschnitt** lautet die Differentialgleichung für das Biegemoment daraufhin für das gezeigte Beispiel in Abbildung 4.9:

$$\frac{\mathrm{d}M_z}{\mathrm{d}s} = \sum_{e=1}^{t} F_{xe} \sin\theta_3 - \sum_{e=1}^{t} F_{ye} \cos\theta_3. \tag{4.11}$$

Im Bereich des ***t*-ten Abschnitts** tauchen nach dem Schnittprinzip entsprechend nur die Kräfte am Balkenende auf:

$$\frac{\mathrm{d}M_z}{\mathrm{d}s} = F_{xt} \sin\theta_3 - F_{yt} \cos\theta_3. \tag{4.12}$$

Da die Differentialgleichungen schließlich entlang der Balkenkoordinate s integriert werden, ist in den entsprechenden Abschnitten, innerhalb derer unterschiedliche Kräfte wirken, das Biegemoment zu unterscheiden. Ausgehend vom Zusammenhang in den Gleichungen 4.11 und 4.12 lässt sich eine für jeden Abschnitt geltende Gleichung in Abhängigkeit der Balkenkoordinate s mit Hilfe der sogenannten Heaviside-Funktion H' ausdrücken:

$$\frac{\mathrm{d}M_z}{\mathrm{d}s} = \sum_{e=1}^{t} F_{xe} H'(s_e - s) \sin\theta_3 - \sum_{e=1}^{t} F_{ye} H'(s_e - s) \cos\theta_3. \tag{4.13}$$

Darin gibt der Wert t die Anzahl der Abschnitte an. Der Wert e stellt den aktuell betrachteten Abschnitt dar, während die Werte s_e die Kraftangriffsstellen, also das Ende eines jeden Abschnittes, darstellen (vgl. Abbildung 4.9). Die Heaviside-Funktion nimmt folgende Werte an:

$$H'(s_e - s) = \begin{cases} 0, & \text{wenn } (s_e - s) < 0 \\ 1, & \text{wenn } (s_e - s) \geq 0 \end{cases}. \tag{4.14}$$

Außerdem gilt für die externen Momente die bereits genannte Übergangsbedingung eines kontinuierlichen Übergangs (Gleichung 4.7):

$$M_{ze+1}(s_e) = M_{ze}(s_e) + M_{ee}, \text{ für } e = 1,..,t-1. \tag{4.15}$$

Am Balkenende gilt die Randbedingung:

$$M_z(L) = M_{et}. \tag{4.16}$$

Gleichung 4.13 ist allgemein für unverzweigte NM mit einer beliebigen Anzahl an Elementen gültig, jedoch in dieser Form nur für freie Enden. Um beliebige Randbedingungen am Balkenende zu berücksichtigen, sind etwaige Lagerreaktionskräfte, die durch die entsprechende Randbedingung in Abbildung 4.7 resultieren, zur Gleichung hinzuzufügen. Zum Beispiel resultiert beim Drehgelenk mit Schieber in x-Richtung (Abbildung 4.7 (c)) eine Lagerreaktionskraft in y-Richtung. Für einen unverzweigten Mechanismus, dessen Balkenachse im Punkt A beginnt und im Punkt B endet, werden die Lagerreaktionen im Punkt B mit F_{xB} und F_{yB} bezeichnet. Die Gleichung wird, wie folgt, um die Lagerreaktionen erweitert. Da sie am Balkenende wirken, sind sie in jedem Abschnitt des Mechanismus zu berücksichtigen:

$$\frac{\mathrm{d}M_z}{\mathrm{d}s} = \left(\sum_{e=1}^{t} F_{xe} H'(s_e - s) + F_{xB}\right) \sin\theta_3 - \left(\sum_{e=1}^{t} F_{ye} H'(s_e - s) + F_{yB}\right) \cos\theta_3. \quad (4.17)$$

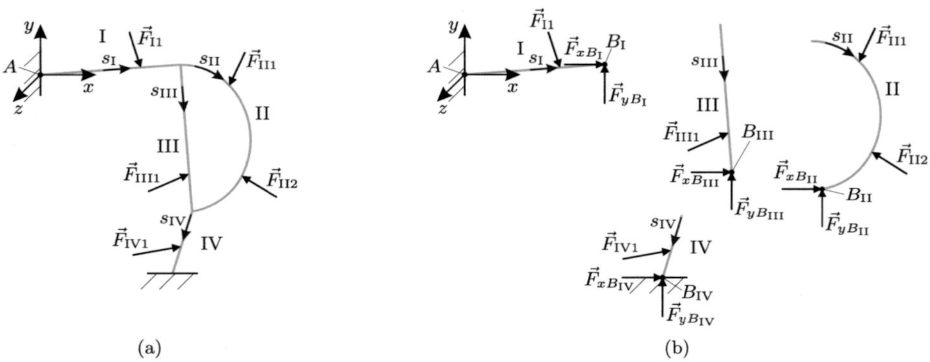

Abbildung 4.10: Balkenachse (grau dargestellt) eines verzweigten Mechanismus, unterteilt in vier einzelne Balken: (a) verzweigter Mechanismus mit äußeren Kräften, (b) Explosionsdarstellung der einzelnen Balken mit Kräften am jeweiligen Balkenende.

Im nächsten Schritt sind beliebig verzweigte Mechanismen zu berücksichtigen. Dazu werden zunächst die folgenden Vereinbarungen getroffen:

- zur Ermittlung der Schnittkräfte in einem Abschnitt wird grundsätzlich negativ zur Laufrichtung einer Balkenachse s geschnitten,
- bei verzweigten Mechanismen wird der Mechanismus in einzelne kontinuierliche Balkenachsen mit der Nummer $\lambda = \mathrm{I}, \mathrm{II}, \mathrm{III}, ...$ unterteilt,
- zusätzlich zum ursprünglichen Balken (I) werden alle weiteren Balken mit römischen Ziffern aufsteigend nummeriert (vgl. Abbildung 4.10 (a)),
- die einzelnen Balkenachsen s_λ werden mit der jeweiligen Balkennummer λ indiziert (s. Abbildung 4.10),
- jedes Balkenende B_λ eines Balkens wird mit der entsprechenden Balkennummer λ indiziert (z. B. Punkt B_{I}, vgl. Abbildung 4.10 (b)),

- die Kräfte an einem freigeschnittenen Balkenende B_λ sind in den Schnittreaktionen zu berücksichtigen und werden mit F_{xB_λ} und F_{yB_λ} bezeichnet (vgl. Abbildung 4.10 (b)).

Als Beispiel soll Abbildung 4.10 dienen. Darin ist in (a) die Balkenachse eines Mechanismus mit zwei Verzweigungspunkten und einigen äußeren Kräften gezeigt. Gemäß der genannten Vereinbarungen resultieren insgesamt vier individuelle Balkenachsen. Daraufhin wird die Differentialgleichung für das Biegemoment allgemein für einen Balken λ formuliert:

$$\frac{\mathrm{d}M_{z\lambda}}{\mathrm{d}s_\lambda} = Q_{x\lambda} \sin\theta_{3\lambda} - Q_{y\lambda} \cos\theta_{3\lambda}, \tag{4.18}$$

wobei

$$Q_{x\lambda} = \sum_{e=1}^{t_\lambda} F_{x\lambda e} H'(s_{\lambda e} - s_\lambda) + F_{xB_\lambda} \tag{4.19}$$

und

$$Q_{y\lambda} = \sum_{e=1}^{t_\lambda} F_{y\lambda e} H'(s_{\lambda e} - s_\lambda) + F_{yB_\lambda}. \tag{4.20}$$

gilt. Zusammengefasst folgt für das Differentialgleichungssystem in der allgemeinen Form:

$$\frac{\mathrm{d}M_{z\lambda}}{\mathrm{d}s_\lambda} = Q_{x\lambda} \sin\theta_{3\lambda} - Q_{y\lambda} \cos\theta_{3\lambda}, \tag{4.21}$$

$$\frac{\mathrm{d}\theta_{3\lambda}}{\mathrm{d}s_\lambda} = \kappa_{3\lambda}, \text{ mit } \kappa_{3\lambda} = \frac{M_{z\lambda}}{E_\lambda I_{3\lambda}} + \kappa_{30\lambda}, \tag{4.22}$$

$$\frac{\mathrm{d}x_\lambda}{\mathrm{d}s_\lambda} = \cos\theta_{3\lambda}, \tag{4.23}$$

$$\frac{\mathrm{d}y_\lambda}{\mathrm{d}s_\lambda} = \sin\theta_{3\lambda}. \tag{4.24}$$

Die Kräfte am jeweiligen Balkenende F_{xB_λ} und F_{yB_λ} sind jedoch unbekannt. Daher sind zusätzliche Übergangsbedingungen an jedem Verzweigungspunkt notwendig. Als Übergangsbedingung dient an jedem Verzweigungspunkt die Summe der Kräfte der einzelnen Balken in diesem Punkt. Es kann sich bei einem Balken an diesem Punkt entweder um das Balkenende (Punkt B_λ) oder den Balkenanfang handeln. Die Vorzeichen sind abhängig von der Richtung der Balkenachsen (Balkenende oder Balkenanfang). Die Kraft am Balkenende des Balkens λ lautet F_{B_λ}. Die Kraft am Balkenanfang des Balkens λ bei $s_\lambda = 0$ lautet nach Gleichung 4.19 bzw. Gleichung 4.20

für beide Komponenten:

$$Q_{x\lambda}(0) = \sum_{e=1}^{t_\lambda} F_{x\lambda e} + F_{xB_\lambda}, \quad Q_{y\lambda}(0) = \sum_{e=1}^{t_\lambda} F_{y\lambda e} + F_{yB_\lambda}. \tag{4.25}$$

Die Indizierung der einzelnen Kräfte an einem Verzweigungspunkt ist vom konkreten Anwendungsfall abhängig und lässt sich nicht allgemein aufschreiben. Daher wird als Beispiel der Mechanismus in Abbildung 4.10 betrachtet. Im Punkt B_I gelten die Übergangsbedingungen:

$$F_{xB_\text{I}} - Q_{x\text{II}} - Q_{x\text{III}} = 0, \quad F_{yB_\text{I}} - Q_{y\text{II}} - Q_{y\text{III}} = 0. \tag{4.26}$$

Analog gilt für das Momentengleichgewicht im Punkt B_I die Übergangsbedingung:

$$M_{z\text{I}}(L_\text{I}) - M_{z\text{II}}(0) - M_{z\text{III}}(0) = 0. \tag{4.27}$$

Im Punkt B_II bzw. B_III gelten die Übergangsbedingungen:

$$F_{xB_\text{II}} + F_{xB\text{III}} - Q_{x\text{IV}} = 0, \quad F_{yB_\text{II}} + F_{yB\text{III}} - Q_{y\text{IV}} = 0. \tag{4.28}$$

Und für das Momentengleichgewicht im Punkt B_II bzw. B_III:

$$M_{z\text{II}}(L_\text{II}) + M_{z\text{III}}(L_\text{III}) - M_{z\text{IV}}(0) = 0. \tag{4.29}$$

4.4 Kapitelzusammenfassung

In diesem Kapitel wurde die numerische Lösung der Differentialgleichung (DGL)-Systeme und deren Implementierung in den Programmiersprachen MATLAB® und Python® beschrieben. Anschließend wurde ein Überblick über die geometrische Beschaffenheit der in dieser Arbeit betrachteten NM inklusive ausgewählter FKG-Konturen und deren Parameter sowie Randbedingungen und Verzweigungen gegeben. Darauf aufbauend wurden Modellgleichungen für beliebige ebene NM gegeben. Mit Hilfe dieser Modellgleichungen ist es unter Berücksichtigung der Annahmen aus Kapitel 3 möglich, Mechanismen mit beliebiger Geometrie, Verzweigung und Randbedingungen zu betrachteten und den Verformungszustand unter Einwirkung beliebiger äußerer Kräfte oder Momente numerisch zu berechnen.

5 Verifikation und Anwendung der analytischen Modelle

In diesem Kapitel folgen modellbasierte Untersuchungen an konkreten Beispielen zur Verifikation der analytischen Modelle in der Ebene und im Raum mit Hilfe von geometrisch nichtlinearen 3D FEM-Simulationen und anhand ausgewählter Beispiele mittels Messungen. Zudem wird der Einfluss der Berücksichtigung des Querkraftschubs und der Querkontraktion für ebene Probleme untersucht und Empfehlungen der zu verwendenden Theorie in Abhängigkeit der Geometrieverhältnisse gegeben.

5.1 Verifikation der analytischen Modelle in 2D

Um die praktische Anwendbarkeit der analytischen Modelle aus Kapitel 3 auf NM zu überprüfen und die analytischen Modelle zu validieren, werden in den folgenden Abschnitten einige Beispielmechanismen berechnet.

5.1.1 Verifikation am Beispiel einer Parallelkurbel

In diesem Abschnitt wird beispielhaft der SKM einer Parallelkurbel (Abbildung 5.1 (a)) betrachtet. NM nach dem Vorbild einer Parallelkurbel stellen häufig verwendete Kinematiken in der Präzisionstechnik dar (z. B. [12, 36, 102]). Da das Starrkörpervorbild einer Parallelkurbel entspricht, wird der NM in Abbildung 5.1 (b) im Folgenden als nachgiebige Parallelkurbel bezeichnet, auch wenn die Bezeichnung „Parallelkurbel" ausschließlich für SKM gilt.

Für den SKM und analog für den NM werden die geometrischen Abmessungen $a = 100\,\mathrm{mm}$ und $b = 80\,\mathrm{mm}$ gewählt, vgl. Abbildung 5.1. Im viergliedrigen SKM vollführt die Koppel eine Kreisschiebung (rein translatorische Bewegung) gegenüber dem Gestell. Es wird eine Verzweigung im Bereich der Koppel eingeführt, sodass sich der Koppelpunkt C im kinematischen Zentrum des Mechanismus befindet. Dieser Punkt soll hier beispielhaft als Kraftangriffspunkt dienen, wobei auch beliebige andere Punkte gewählt werden können. Die Verschiebungen des Koppelpunktes C werden im SKM mit u^*_{xC} und u^*_{yC} bezeichnet. Eine Auslenkung von $u^*_{xC} = 10\,\mathrm{mm}$ führt im SKM zu vier identischen Gelenkwinkeln von 7,18° und einer Verschiebung in y-Richtung von $u^*_{yC} = 627{,}4\,\mu\mathrm{m}$.

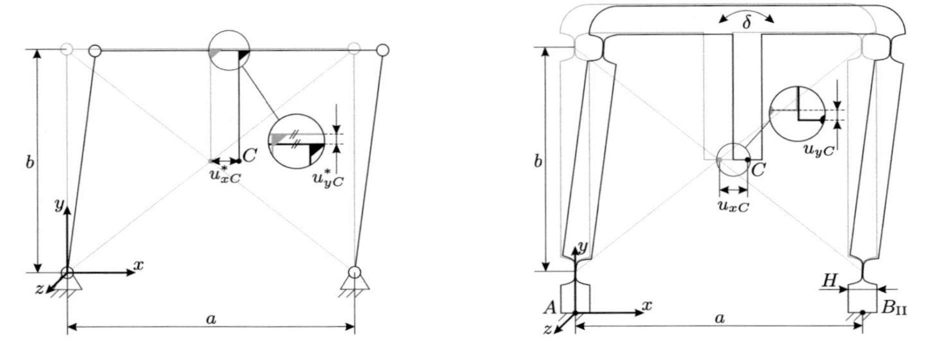

(a) (b)

Abbildung 5.1: Geometrischer Entwurf der nachgiebigen Parallelkurbel auf Basis des SKM mit $a = 100\,\text{mm}$ und $b = 80\,\text{mm}$, dargestellt im unausgelenkten (grau) und um $u^*_{xC} = u_{xC} = 10\,\text{mm}$ ausgelenkten (schwarz) Zustand: (a) SKM, (b) NM.

Der NM wird analog zum Starrkörpervorbild gestaltet, sodass sich die Abmessungen a und b jeweils auf die Gelenkmittelpunkte beziehen (Abbildung 5.1 (b)). Im Beispiel sind FKG mit Potenzfunktion sechster Ordnung [55] gezeigt. Für alle untersuchten Beispiele wird eine konstante Breite von $w = 6\,\text{mm}$, eine Maximalhöhe der einzelnen Abschnitte von $H = 10\,\text{mm}$ sowie eine minimale Stegdicke im Bereich der FKG von $h = 0{,}3\,\text{mm}$ festgelegt, vgl. Abbildung 4.2. Im NM werden die Verschiebungen mit u_{xC} und u_{yC} bezeichnet.

Die Koppel des Mechanismus eignet sich aufgrund der Kinematik als Ebenengeradführung. Durch die Verformung des Gesamtsystems ergibt sich jedoch im NM eine Verdrehung der Koppel um den Winkel δ, typischerweise im Bereich von wenigen Winkelsekunden [55, 175].

In den folgenden Abschnitten wird die nachgiebige Parallelkurbel zunächst mit Hilfe des analytischen Modells beschrieben. Anschließend folgt die Beschreibung eines FEM-Modells und schließlich die messtechnische Untersuchung anhand eines Funktionsmusters. Die Ergebnisse für die unterschiedlichen Ansätze werden verglichen und die Genauigkeit des analytischen Modells bewertet. Alle Untersuchungen werden für eine gegebene Eingangsauslenkung von $u_{xC} = 10\,\text{mm}$ im kinematischen Zentrum durchgeführt. Die auszuwertenden Ergebnisse sind die Verschiebung u_{yC} in y-Richtung, die resultierende Kraft F_{xC} aufgrund der Auslenkung und die maximale elastische Dehnung $\varepsilon_{\max}$ im Mechanismus. Der Koppeldrehwinkel δ wird ebenfalls ausgewertet.

Analytisches Modell

Im Folgenden wird die nachgiebige Parallelkurbel aus Abbildung 5.1 (b) mit Hilfe des analytischen Modells für reine Biegung aus Unterabschnitt 3.1.1 beschrieben.

Darin wurde das analytische Modell am Beispiel eines einzigen Balkens formuliert. Komplexere Strukturen, wie NM, die variierende Querschnitte, Krümmungen oder Materialkennwerte beinhalten, erfüllen dennoch die Annahmen des Modells. Aus diesem Grund können sie mit den allgemeinen Modellgleichungen aus Abschnitt 4.3 modelliert werden. Im Sonderfall von verzweigten Mechanismen wird, wie in Unterabschnitt 4.2.4 beschrieben, der Mechanismus in einzelne kontinuierliche Balken unterteilt. Durch die Definition von Übergangsbedingungen an den Verzweigungspunkten kann das Gesamtsystem schließlich als Kontinuum betrachtet werden.

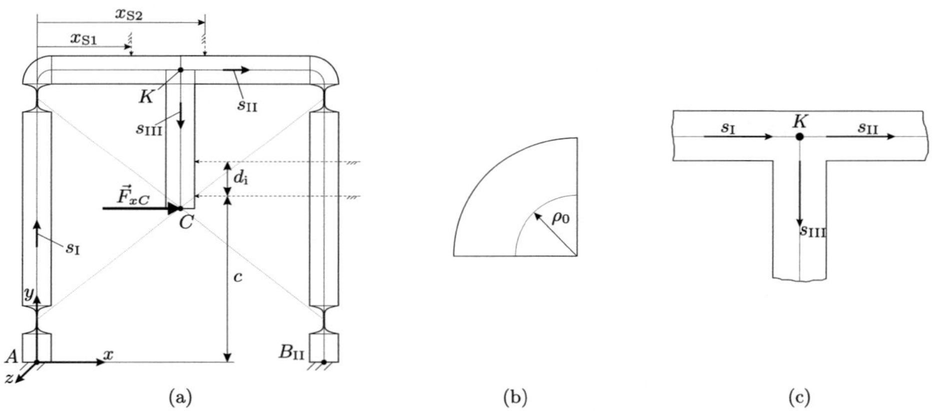

Abbildung 5.2: Geometrie der nachgiebigen Parallelkurbel am Beispiel von Gelenken mit Potenzfunktionskontur: (a) Einteilung in unterschiedliche Balken und Abschnitte, wichtige Parameter und relevante Punkte, (b) Modellierung gekrümmter Abschnitte, (c) Modellierung der Verzweigung.

Die zur analytischen Betrachtung nötigen Abschnitte der nachgiebigen Parallelkurbel sind in Abbildung 5.2 (a) verdeutlicht. Abschnitte können beliebig festgelegt werden, üblicherweise beim Übergang von Balken mit konstantem Querschnitt zu FKG oder gekrümmten Bereichen, an Stellen der Krafteinleitung oder zur Definition von konkreten Punkten. Es resultieren drei individuelle Balken mit den Balkenachsen s_{I}, s_{II} und s_{III}, die im Punkt K miteinander verbunden sind (Abbildung 5.2 (c)). Die jeweilige Gesamtlänge der einzelnen Balken wird mit L_{I}, L_{II} und L_{III} bezeichnet. Die Parallelkurbel ist an den beiden Punkten A und B_{II} jeweils fest eingespannt. Das Abwinkeln im Bereich der Koppel wird durch die Krümmung $\kappa_{30} = -\frac{1}{\rho_0}$ mit $\rho_0 = 5\,\mathrm{mm}$ realisiert (vgl. Abbildung 5.2 (b)). Die FKG-Konturen werden entsprechend der Gleichungen für die Gelenkhöhe, zusammengestellt in Tabelle 4.1, über $I_3(s)$ in das Modell implementiert.

Aufgrund der Verzweigung und den dadurch resultierenden drei individuell betrachteten Balken ist das DGL-System in den Gleichungen 3.9 - 3.12 für jeden einzelnen

Balken anzuwenden. Somit resultieren insgesamt 12 Gleichungen. Aufgrund der 12 Gleichungen ist für die numerische Berechnung mit Hilfe des RUNGE-KUTTA-Verfahrens die Definition von 12 Anfangsbedingungen, also jeweils vier pro Balken, erforderlich. Für den ersten Balken (Index I) gelten an der Einspannung bei $s_{\mathrm{I}} = 0$ im Punkt A die vier Anfangsbedingungen (M_{zA} ist zunächst unbekannt):

$$M_{z\mathrm{I}}(0) = M_{zA},\ \theta_{3\mathrm{I}}(0) = \frac{\pi}{2},\ x_{\mathrm{I}}(0) = 0,\ y_{\mathrm{I}}(0) = 0. \tag{5.1}$$

Für den zweiten Balken (Index II) gelten bei $s_{\mathrm{II}} = 0$ im Punkt K die vier Anfangsbedingungen:

$$M_{z\mathrm{II}}(0) = M_{z\mathrm{II}K},\ \theta_{3\mathrm{II}}(0) = \theta_{3\mathrm{I}}(L_{\mathrm{I}}),\ x_{\mathrm{II}}(0) = x_{\mathrm{I}}(L_{\mathrm{I}}),\ y_{\mathrm{II}}(0) = y_{\mathrm{I}}(L_{\mathrm{I}}). \tag{5.2}$$

Für den dritten Balken (Index III) gelten bei $s_{\mathrm{III}} = 0$ im Punkt K die vier Anfangsbedingungen:

$$M_{z\mathrm{III}}(0) = M_{z\mathrm{III}K},\ \theta_{3\mathrm{III}}(0) = \theta_{3\mathrm{I}}(L_{\mathrm{I}}) - \frac{\pi}{2},\ x_{\mathrm{III}}(0) = x_{\mathrm{I}}(L_{\mathrm{I}}),\ y_{\mathrm{III}}(0) = y_{\mathrm{I}}(L_{\mathrm{I}}). \tag{5.3}$$

Da in diesen Gleichungen drei unbekannte Parameter enthalten sind, ist das Schießverfahren für die Lösung des Randwertproblems anzuwenden. Dazu sind weitere Rand- bzw. Übergangsbedingungen notwendig. Darüber hinaus werden die Kräfte $Q_{x\lambda}$ und $Q_{y\lambda}$ gemäß Gleichung 4.19 und Gleichung 4.20 für jeden Balken entlang der Balkenachse formuliert. Durch die doppelte Einspannung sind die Kräfte im Punkt B_{II} allerdings nicht bekannt und werden als Unbekannte, $F_{xB_{\mathrm{II}}}$ und $F_{yB_{\mathrm{II}}}$, eingeführt und in diese Gleichung eingesetzt. Aufgrund der Vorgabe der Verschiebung u_{xC} ist außerdem die resultierende Kraft F_{xC} unbekannt. Somit sind für das Schießverfahren sechs zusätzliche Bedingungen nötig. Für den zweiten Balken gelten bei $s_{\mathrm{II}} = L_{\mathrm{II}}$ im Punkt B_{II} die drei Randbedingungen:

$$\theta_{3\mathrm{II}}(L_{\mathrm{II}}) = -\frac{\pi}{2},\ x_{\mathrm{II}}(L_{\mathrm{II}}) = a,\ y_{\mathrm{II}}(L_{\mathrm{II}}) = 0. \tag{5.4}$$

Für den dritten Balken gelten bei $s_{\mathrm{III}} = L_{\mathrm{III}}$ im Punkt C die zwei Randbedingungen:

$$M_{z\mathrm{III}}(L_{\mathrm{III}}) = 0,\ x_{\mathrm{III}}(L_{\mathrm{III}}) = \frac{a}{2} + u_{xC}. \tag{5.5}$$

Eine weitere Übergangsbedingung im Punkt K wird durch das Momentengleichgewicht ausgedrückt:

$$M_{z\mathrm{I}}(L_{\mathrm{I}}) - M_{z\mathrm{II}}(0) - M_{z\mathrm{III}}(0) = 0. \tag{5.6}$$

Zusammenfassend sind mit den zwölf Differentialgleichungen (DGL-System für jeden Balken), den drei unbekannten Kräften $F_{xB_{\mathrm{II}}}$, $F_{yB_{\mathrm{II}}}$ und F_{xC} sowie den drei unbekannten Momenten M_{zA}, $M_{z\mathrm{II}K}$ und $M_{z\mathrm{III}K}$ insgesamt 18 Rand- bzw. Übergangsbedingungen nötig. Diese Anzahl wird durch die Gleichungen 5.1 - 5.6 erreicht, sodass das Gesamtsystem numerisch mit Hilfe der Kombination von RUNGE-KUTTA- und Schießverfahren lösbar ist.

Nachdem die Lösung der Differentialgleichungen erfolgt ist, können weitere Kennwerte ermittelt werden. Die Verschiebung beliebiger Punkte kann als Differenz der x- und y-Koordinaten im verformten und unverformten Zustand des Mechanismus bestimmt werden. So kann beispielsweise die y-Verschiebung des Punktes C direkt bestimmt werden. Um allerdings eine Analogie zum Messaufbau in Abbildung 5.5 herzustellen, wird hier ein anderer Ansatz zur Auswertung der Verschiebung u_{yC} gewählt.

Zu deren Berechnung wird der Mittelwert der y-Verschiebung am jeweiligen Ort beider Strahlen des y-Interferometers gebildet. Die x-Position dieser beiden Strahlen, x_{S1} und x_{S2}, sind konstant, vgl. Abbildung 5.2 (a). Zur Auswertung der y-Verschiebung an genau diesen x-Positionen wird die y-Verschiebung entlang der Balkenachse der gesamten Koppel als Funktion $u_y = u_y(x)$ formuliert. Daraufhin kann diese Funktion mit Hilfe der MATLAB®-Funktion *interp1* interpoliert werden, sodass $u_y(x_{\mathrm{S1}})$ und $u_y(x_{\mathrm{S2}})$ ausgewertet werden können. Zur Vergleichbarkeit mit der Messung repräsentiert der Mittelwert dieser beiden y-Verschiebungen den Parameter u_{yC}.

Auf die gleiche Weise wird zur Bestimmung des Koppeldrehwinkels die Verschiebung u_x der Strahlen des x-Interferometers bestimmt. Diese beiden Strahlen sind in y-Richtung fest im Abstand c bzw. $c+d_{\mathrm{i}}$ positioniert (vgl. Abbildung 5.2)). Der Abstand $c = 59{,}52\,\mathrm{mm}$ ergibt sich aus dem messtechnischen Aufbau. Der Abstand $d_I = 12{,}5\,\mathrm{mm}$ spiegelt den Abstand der Strahlen des verwendeten x-Interferometers wider (vlg. Abbildung 5.5). Im analytischen Modell wird die x-Verschiebung aller Punkte der Balkenachse s_{III} numerisch ermittelt und an den Positionen der Strahlen interpoliert, sodass $u_x = u_x(y)$ als Funktion vorliegt und $u_x(c)$ als auch $u_x(c + d_{\mathrm{i}})$ ausgewertet werden können. Der Koppeldrehwinkel berechnet sich dann nach Gleichung 5.7:

$$\delta = \arctan\left(\frac{u_x(c) - u_x(c + d_{\mathrm{i}})}{d_{\mathrm{i}}}\right) \tag{5.7}$$

Die elastische Dehnung unter Berücksichtigung reiner Biegung bei $z = 0$ kann wie folgt für jeden Balken λ entlang der jeweiligen Balkenachse berechnet werden:

$$\varepsilon_\lambda = \frac{M_{z\lambda}}{E_\lambda I_{3\lambda}}\eta_\lambda, \text{ mit } \lambda = \mathrm{I}, \mathrm{II}, \mathrm{III}, \tag{5.8}$$

wobei η_λ den Abstand von der Balkenachse λ zur Randfaser repräsentiert.

FEM-Modell

Zur Validierung der mit Hilfe des analytischen Modells erhaltenen Ergebnisse werden geometrisch nichtlineare 3D FEM-Simulationen durchgeführt. Dazu werden Elemente des Typs *Solid186* verwendet. Die Wahl fällt auf die Verwendung von 3D-Modellen, da diese die Realität durch die Berücksichtigung nichtplanarer Effekte, z. B. Querkontraktion, besser widerspiegeln können. Die Randbedingungen und Vernetzung des verwendeten FEM-Modells sind am Beispiel der Parallelkurbel mit Gelenken mit Potenzfunktionskonturen sechster Ordnung in Abbildung 5.3 gezeigt.

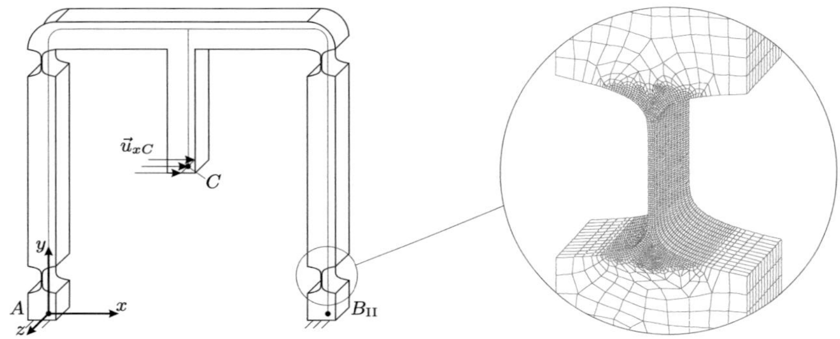

Abbildung 5.3: FEM-Modell der nachgiebigen Parallelkurbel am Beispiel von Gelenken mit Potenzfunktionskontur: (a) 3D-Modell mit Randbedingungen und relevanten Punkten, (b) Darstellung der Vernetzung der FKG und übrigen Bereiche, mit Hilfe von Einflussbereichen wird das Netz verfeinert (hier $n_G = 0{,}1\,\text{mm}$).

Das Modell ist an der jeweiligen Fläche bei den Punkten A und B_{II} fest eingespannt. Die Belastung erfolgt durch die Verschiebung u_{xC} auf der Kante, auf der sich der Punkt C befindet. Die Kante wird deshalb gewählt, da bei der Belastung auf einen einzelnen Punkt Spannungsspitzen resultieren können. Die y-Verschiebung u_{yC} und der Koppeldrehwinkel δ werden analog zum analytischen Modell ermittelt. Die maximale Dehnung wird als von Mises-Vergleichsdehnung ausgewertet. Um eine gute Vergleichbarkeit mit dem analytischen Modell sicherzustellen, wird die von Mises-Vergleichsdehnung entlang eines Pfades bei $z = 0$, ausgewertet. Dadurch werden Effekte wie die Querkontraktion vernachlässigt.

Da sich die Verformung des Mechanismus auf die Bereiche der FKG konzentriert und die umgebenen Abschnitte im Vergleich dazu deutlich weniger verformt werden, wird im Gelenkbereich eine Netzverfeinerung vorgenommen. Das Gesamtmodell wird mit einer globalen Elementgröße von 1 mm vernetzt. Zur Festlegung der nötigen Elementgröße n_G im Gelenkbereich erfolgt zunächst eine Netzstudie. Der Gelenkbereich wurde zuvor durch einen Einflussbereich mit einem Bereichsradius von 5 mm festgelegt, da sich bei größeren Radien keine signifikante Änderung der Ergebnisparameter einstellte (vgl. Tabelle A.1).

Bei der Netzstudie wird die Elementgröße für alle FKG identisch im Bereich von $n_\mathrm{G} = 0{,}3\,\mathrm{mm}$ bis $0{,}05\,\mathrm{mm}$ in Schritten von $0{,}005\,\mathrm{mm}$ verringert. Diese Voruntersuchung wird für eine Auslenkung von $u_{xC} = 10\,\mathrm{mm}$ durchgeführt. Dabei wird der Einfluss der Elementgröße im Gelenkbereich auf die resultierende Kraft F_{xC}, die Geradenabweichung u_{yC}, die maximale Dehnung ε_max sowie auf den Koppeldrehwinkel δ untersucht.

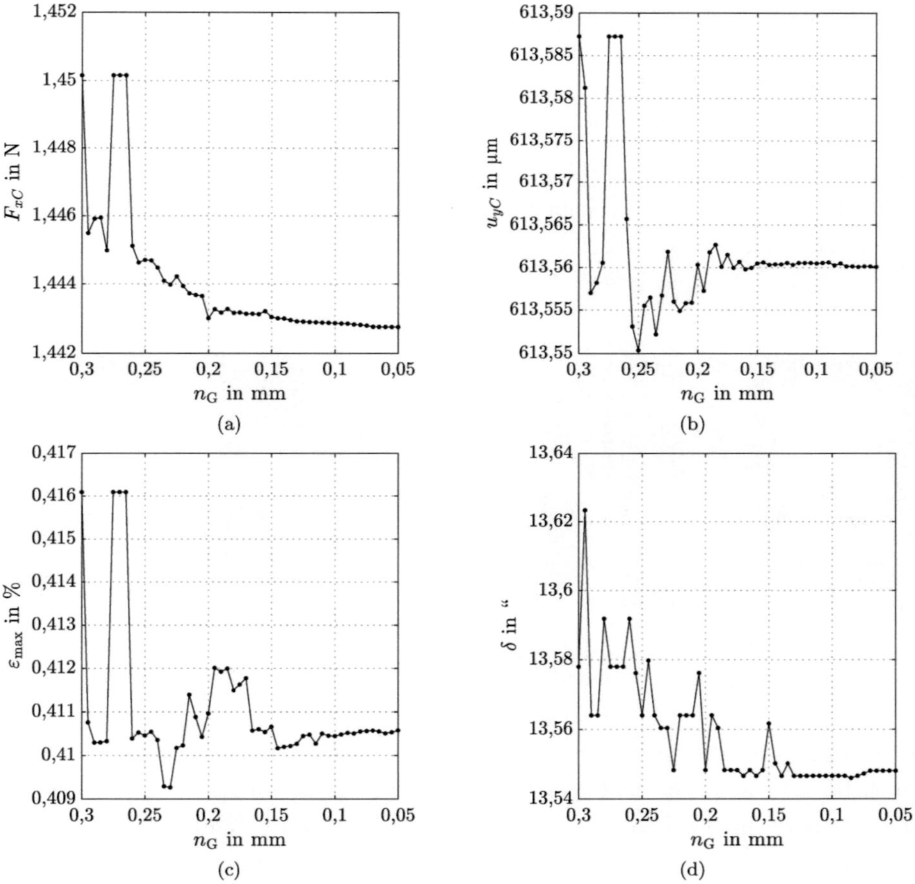

Abbildung 5.4: Einfluss der Elementgröße n_G im Gelenkbereich auf die Verformungseigenschaften am Beispiel der nachgiebigen Parallelkurbel mit Potenzfunktionskonturen sechster Ordnung bei $u_{xC} = 10\,\mathrm{mm}$: (a) Reaktionskraft F_{xC}, (b) Verschiebung u_{yC}, (c) Maximaldehnung ε_max, (d) Koppeldrehwinkel δ.

Die Ergebnisse der Netzstudie sind grafisch in Abbildung 5.4 dargestellt. Die Zahlenwerte können in Tabelle A.2 eingesehen werden. Es wird festgestellt, dass sich die Kraft F_{xC} ab einer Elementgröße von 0,1 mm bei einer weiteren Verringerung der Elementgröße um weniger als 0,003 % verändert. Ab dieser Elementgröße liegt die Änderung der Geradenabweichung u_{yC} bei zunehmender Netzverfeinerung unterhalb von 0,006 %, die Änderung der maximalen Dehnung $\varepsilon_{\max}$ unterhalb von 0,01 % und die Änderung des Koppeldrehwinkels δ unter 0,006 %. Diese Größenordnungen sind für die angestrebte Validierung des analytischen Modells ausreichend. Auf Basis der Voruntersuchung wird daher, wie in Abbildung 5.3 gezeigt, die Elementgröße im Bereich aller Gelenke für alle Mechanismen schließlich auf $n_{\mathrm{G}} = 0{,}1$ mm festgelegt.

Messtechnischer Aufbau

Zur Verifizierung der mit dem analytischen Modell und dem FEM-Modell numerisch erhaltenen Ergebnisse und zur Validierung des vorgeschlagenen analytischen Modells für die Berechnung von beliebigen NM wird das Verformungsverhalten eines Funktionsmusters gemessen, vgl. Abbildung 5.5. Der Messaufbau wird analog zu Aufbauten früherer Untersuchungen gestaltet (z. B. [108]).

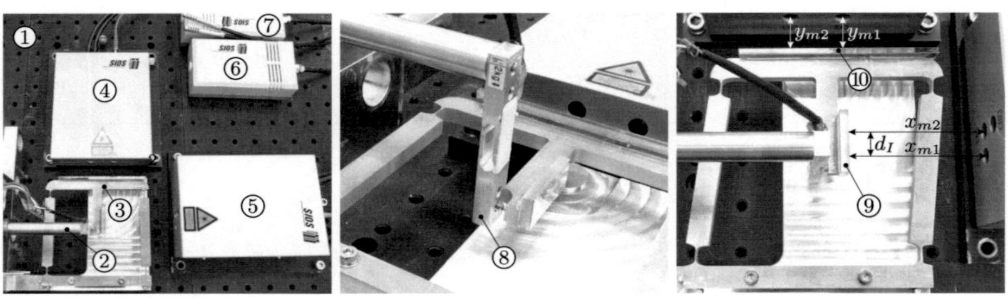

Abbildung 5.5: Messaufbau und verwendete Komponenten: (1) schwingungsisolierter Tisch, (2) Linearantrieb, (3) NM, (4, 5) Interferometer, (6, 7) Umgebungssensoren, (8) Kraftsensor, (9, 10) Planspiegel.

Als Beispiel wird die nachgiebige Parallelkurbel mit Gelenkkonturen basierend auf Potenzfunktionen mit der Potenz $n = 6$ hergestellt und experimentell untersucht. Als Material wird für das Funktionsmuster die hochfeste Aluminiumlegierung EN AW 7075 mit einem E-Modul von 72 GPa, der Querkontraktionszahl $\nu = 0{,}33$ und einer zulässigen Dehnung von $\varepsilon_{\mathrm{adm}} = 0{,}5\,\%$ verwendet [75]. Diese Legierung wird häufig für NM angewendet, z. B. [2, 39, 135].

Der Mechanismus wird mittels Drahterosion gefertigt. In der Literatur wird für dieses Herstellungsverfahren ein Toleranzbereich von $\pm 2{,}5$ µm angegeben [129]. Die minimale Stegdicke h im Bereich der FKG besitzt einen maßgeblichen Einfluss auf die Steifigkeit des Mechanismus [110, 154]. Daher wird die tatsächliche Stegdicke des gefertigten Funktionsmusters optisch mit Hilfe eines digitalen Messsystems (LM-1100, s. Abbildung 5.6) und mit einem Digitalmikroskop (VHX-7000, s. Abbildung 5.7) der Firma Keyence Deutschland GmbH vermessen. Mit beiden Geräten stellt sich dabei heraus, dass die Stegdicken aller Gelenke $h = (297 \pm 0{,}7)\,\mu m$ betragen, mit Ausnahme des oberen linken Gelenks (Abbildung 5.5), dessen Stegdicke $h = (292 \pm 0{,}7)\,\mu m$ beträgt. Diese Werte sollen beim Vergleich mit dem analytischen und dem FEM-Modell verwendet werden. Im oberen linken Gelenk kann außerdem ein Fertigungsfehler beobachtet werden (vgl. Abbildung 5.7 (a)). Dieser besitzt jedoch vermutlich wenig Einfluss auf das Verformungsverhalten, da er sich an einer Kante befindet und nicht die gesamte Stegbreite betrifft.

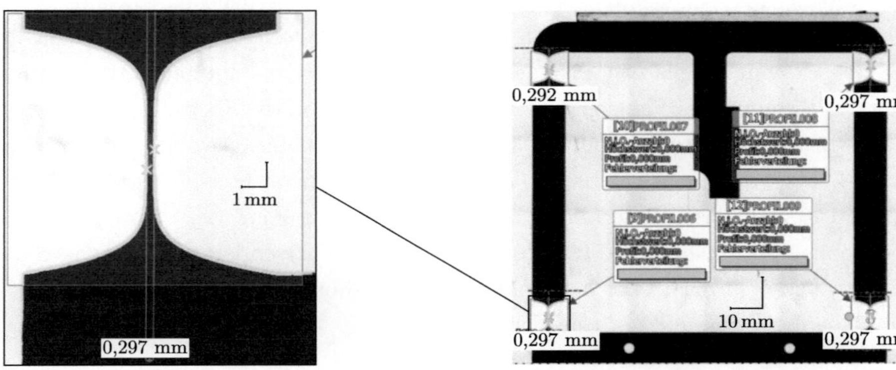

Abbildung 5.6: Optische Messung der minimalen Stegdicken der nachgiebigen Parallelkurbel durch automatische Kantenerkennung.

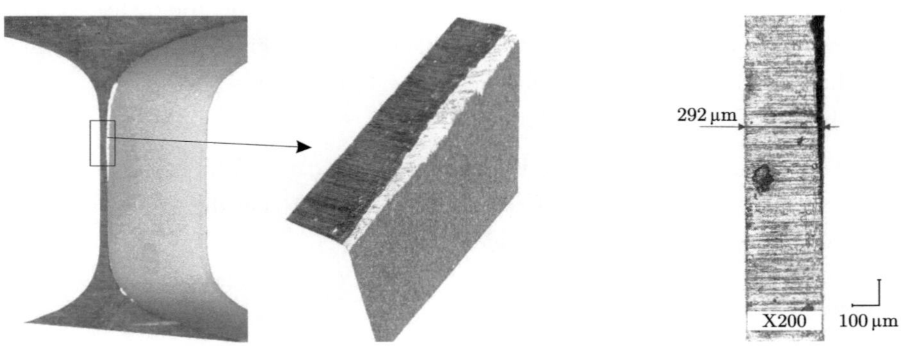

(a) (b)

Abbildung 5.7: Optische Vermessung der minimalen Stegdicken der FKG des Funktionsmusters am Beispiel des oberen linken Gelenks: (a) Aufnahme des oberen linken Gelenks und 200-fache Vergrößerung eines Bereichs mit Fertigungsfehler, (b) Draufsicht mit 200-facher Vergrößerung zur Messung der minimalen Stegdicke.

Der gesamte Aufbau ist auf einem schwingungsisolierten Tisch (Nummer (1) in Abbildung 5.5) unter Laborbedingungen bei Raumtemperatur mit Schwankungen von ± 1 K positioniert. Der Mechanismus (3) wird zusammen mit einem hochpräzisen Linearantrieb (Nummer (2) in Abbildung 5.5) mit einer Auflösung von 0,1 µm an einem Gestellrahmen befestigt. In den direkten Kraftfluss zwischen Aktuator und Krafteinleitungspunkt C am Mechanismus ist ein Kraftsensor (8) in Form eines Messknochens und einer Auswerteplatine eingebracht. Die Paarung zwischen dem Kraftsensor und dem Mechanismus selbst ist durch einen Kugel-Ebenen-Kontakt realisiert, um die Reibung zu reduzieren und Zwang zu vermeiden. Der Aktuator dient dazu, die notwendige Auslenkung im Punkt C von $u_{xC} = 10\,\mathrm{mm}$ in definierten Schritten von 0,5 mm aufzubringen.

Die Messung der Verschiebungskomponenten in x- und y-Richtung sowie der Koppeldrehwinkel δ erfolgt mit Hilfe von Planspiegel-Laserinterferometern (SIOS: SP-DS und SP-TR) mit jeweils zwei Strahlen (4, 5). Beide besitzen eine theoretische Auflösung von 0,1 nm. Zwei Planspiegel sind als Reflektoren an die Koppel geklebt (9, 10). Beide Auslenkungen werden durch Längenmessung bestimmt. Die Längenänderungen der Strahlen werden mit x_{m1} und x_{m2} für das Interferometer in x-Richtung sowie mit y_{m1} und y_{m2} für das Interferometer in y-Richtung bezeichnet (vgl. Abbildung 5.5). Der Koppeldrehwinkel δ wird im Anschluss aus den relativen Längenänderungen des x-Interferometers nach Gleichung 5.9 mit dem kalibrierten Wert des eingebauten Strahlabstands von $d_\mathrm{i} = 12{,}5\,\mathrm{mm}$ berechnet.

$$\delta = \arctan\left(\frac{x_{m2} - x_{m1}}{d_\mathrm{i}}\right) \tag{5.9}$$

Im Fall der Messung dient der Mittelwert aus den beiden Längenänderungen y_{m1} und y_{m2} als Ergebnis der Verschiebung u_{yC} des Punktes C in y-Richtung. Dies ist durch die gewählte Anordnung der Planspiegel begründet. Eine direkte Messung im Punkt C ist durch den Messaufbau nicht möglich. Diese Vorgehensweise ist, wie beschrieben, im analytischen und FEM-Modell berücksichtigt.

Während der Messung werden die Raumtemperatur, der Luftdruck und die relative Luftfeuchtigkeit von Umgebungssensoren (6, 7) erfasst, um die Wellenlängen der Interferometer kontinuierlich zu korrigieren.

Ergebnisse und Diskussion

In diesem Abschnitt werden die Ergebnisse für die betrachteten nachgiebigen Parallelkurbeln vorgestellt. Um die Gültigkeit des vorgeschlagenen analytischen Modells bewerten zu können, werden analytisch und mit Hilfe der FEM-Simulationen verschiedene FKG-Konturen betrachtet. Die gewählten Mechanismen sind in Abbildung 5.8

gezeigt. Außerdem werden die Mechanismen hinsichtlich ihrer Steifigkeit bzw. des Koppeldrehwinkels miteinander verglichen.

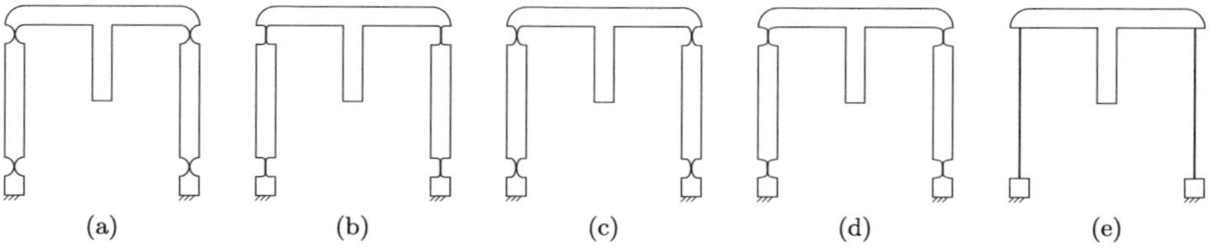

Abbildung 5.8: Untersuchte nachgiebige Parallelkurbeln mit unterschiedlichen FKG-Konturen und Nachgiebigkeitsverteilung: (a) Halbkreiskonturen, (b) Viertelkreiskonturen, (c) Ellipsenkonturen, (d) Potenzfunktionskonturen, (e) Blattfedern.

Die nachgiebige Parallelkurbel wird mit FKG mit Halbkreiskonturen (Abbildung 5.8 (a)), mit Viertelkreiskonturen (Abbildung 5.8 (b)), mit Ellipsenkonturen (Abbildung 5.8 (c)) und mit Potenzfunktionskonturen sechster Ordnung (Abbildung 5.8 (d)) in Form von konzentrierter Nachgiebigkeit betrachtet. Weiterhin wird die Parallelkurbel am Beispiel von blattfederartigen Konturen (Abbildung 5.8 (e)) mit verteilter Nachgiebigkeit modelliert.

Die Ergebnisse werden mit Hilfe des vorgeschlagenen analytischen Modells und des FEM-Modells für alle Mechanismen mit einer minimalen Stegdicke im Bereich der Gelenke von $h = 0{,}3\,\mathrm{mm}$ ausgewertet. Alle Untersuchungen werden für die zu Beginn des Kapitels angegebenen Geometrie- und Materialparameter durchgeführt.

Zusätzlich werden im Fall des Mechanismus mit Potenzfunktionskonturen die analytischen und FEM-Berechnungen mit den genannten Stegdicken von $h = 0{,}297\,\mathrm{mm}$ sowie für das obere linke Gelenk von $h = 0{,}292\,\mathrm{mm}$ durchgeführt und mit den Messergebnissen des Funktionsmusters verglichen.

Die folgenden Untersuchungen werden für die Eingangsverschiebung $u_{xC} = 0\,\mathrm{mm}$ bis $10\,\mathrm{mm}$, unterteilt in 21 Lastschritte, durchgeführt. Mit einer Schrittweite von $0{,}5\,\mathrm{mm}$ wird sie im analytischen Modell, im FEM-Modell und in der Ansteuerung der Linearaktuatoren des Versuchsaufbaus umgesetzt. Die Ergebnisparameter sind die resultierende Kraft F_{xC}, die Absolutwerte für die y-Verschiebung $|u_{yC}|$ und der Koppeldrehwinkel δ. Außerdem wird im Fall der FEM-Simulationen und des analytischen Modells die maximale elastische Dehnung $\varepsilon_{\max}$ untersucht (bei FEM wird das Maximum der VON MISES-Vergleichsdehnung verwendet).

Die numerisch ermittelten Ergebnisse der unterschiedlichen Parallelkurbeln für das analytische Modell und das FEM-Modell mit $h = 0{,}3\,\mathrm{mm}$ sind in Abbildung 5.9 grafisch über dem gesamten Intervall der Auslenkung u_{xC} in Form von vier verschiedenen Diagrammen dargestellt.

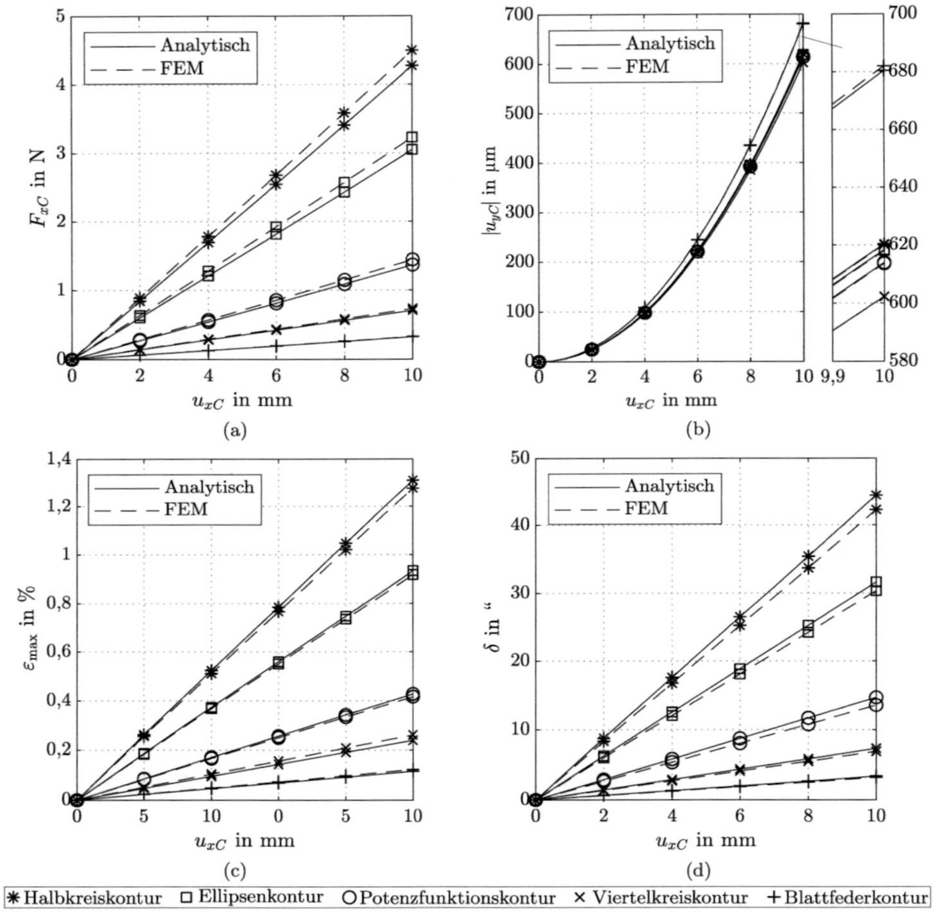

Abbildung 5.9: Ergebnisse des analytischen und des FEM-Modells für $u_{xC} = 0\,\text{mm}$ bis $10\,\text{mm}$: (a) Reaktionskraft F_{xC}, (b) Verschiebung u_{yC}, (c) Maximaldehnung $\varepsilon_{\max}$, (d) Koppeldrehwinkel δ.

In Abbildung 5.9 (a) ist die resultierende Kraft F_{xC} für alle unterschiedlichen Mechanismen aus Abbildung 5.8 gezeigt. Die Absolutwerte der Verschiebung $|u_{yC}|$ sind in Abbildung 5.9 (b) in Einheiten von µm und rechts vergrößert dargestellt. Bei den analytischen Untersuchungen und den FEM-Simulationen wird die maximale elastische Dehnung $\varepsilon_{\max}$ wie beschrieben ausgewertet und in Abbildung 5.9 (c) dargestellt. Schließlich ist der mit Hilfe von Gleichung 5.7 und Gleichung 5.9 berechnete Drehwinkel der Koppel δ in Abbildung 5.9 (d) abgebildet. Bei allen Diagrammen ist zu beachten, dass aus Gründen der Übersichtlichkeit nur sechs Datenpunkte eingetragen sind, obwohl 21 Datenpunkte berechnet wurden.

Im Fall des experimentellen Aufbaus werden insgesamt fünf Messreihen durchgeführt, um mögliche Fehler zu minimieren. Die in diesem Abschnitt angegebenen Ergebnisse stellen die Mittelwerte aus diesen fünf Serien nach Offsetkorrektur dar. In Gleichung 5.11 sind die nach Gleichung 5.10 berechneten Standardabweichungen für eine Verschiebung von $u_{xC} = 10\,\text{mm}$ am Beispiel für F_{xC} angegeben. Der Wert für σ_δ ist in Winkelsekunden angegeben. Mit $N = 5$ wird die Anzahl der Messungen bezeichnet. Der Wert $\bar{F}_{xC}$ stellt den spezifischen Mittelwert dar. Der Toleranzfaktor für eine Normalverteilung wird als $k = 2$ mit einem Vertrauensintervall von 95,5 % gewählt.

$$\sigma_{F_{xC}} = k\sqrt{\frac{1}{N}\sum_{i=1}^{N}(F_{xCi} - \bar{F}_{xC})^2} \tag{5.10}$$

$$\sigma_{F_{xC}} = 4{,}44\,\text{mN}, \sigma_{u_{yC}} = 4{,}79\,\mu\text{m}, \sigma_\delta = 0{,}06'' \tag{5.11}$$

Da die Messungen nur für den Mechanismus mit Potenzfunktionskonturen durchgeführt wurden, sind in Abbildung 5.10 separate Diagramme dargestellt, um die Abweichungen zwischen den drei verschiedenen Methoden im Detail zu veranschaulichen. Dabei wurden die reduzierten Stegdicken analog zur Messung übernommen.

Im ersten Diagramm (Abbildung 5.10 (a)) ist die Kraft F_{xC} dargestellt und im Endbereich von u_{xC} vergrößert. Die weiteren Diagramme stellen die y-Verschiebung (Abbildung 5.10 (b)) und den Koppeldrehwinkel (Abbildung 5.10 (c)) dar. Ergänzend ist in Abbildung 5.10 (d) eine stark vergrößerte Ansicht der Koppel des Mechanismus dargestellt. Darin lässt sich eine s-förmige Verformung feststellen (wie auch in [108] berichtet), weshalb sich die Koppel nicht für die Bestimmung des Winkels δ eignet.

Sowohl in Abbildung 5.9 als auch in Abbildung 5.10 wird ein linearer Zusammenhang zwischen der Verschiebung u_{xC} und der Kraft F_{xC}, der maximalen Dehnung εmax bzw. δ deutlich. Im Gegensatz dazu ist der Verlauf zwischen u_{xC} und u_{yC} nichtlinear.

In Tabelle 5.1 sind die resultierenden Werte für die maximale Eingangsverschiebung von 10 mm für die verschiedenen Mechanismen angegeben. Zusätzlich werden in Tabelle 5.3 die entsprechenden relativen Abweichungen der numerischen Lösung des analytischen Modells zu beiden anderen Methoden angegeben.

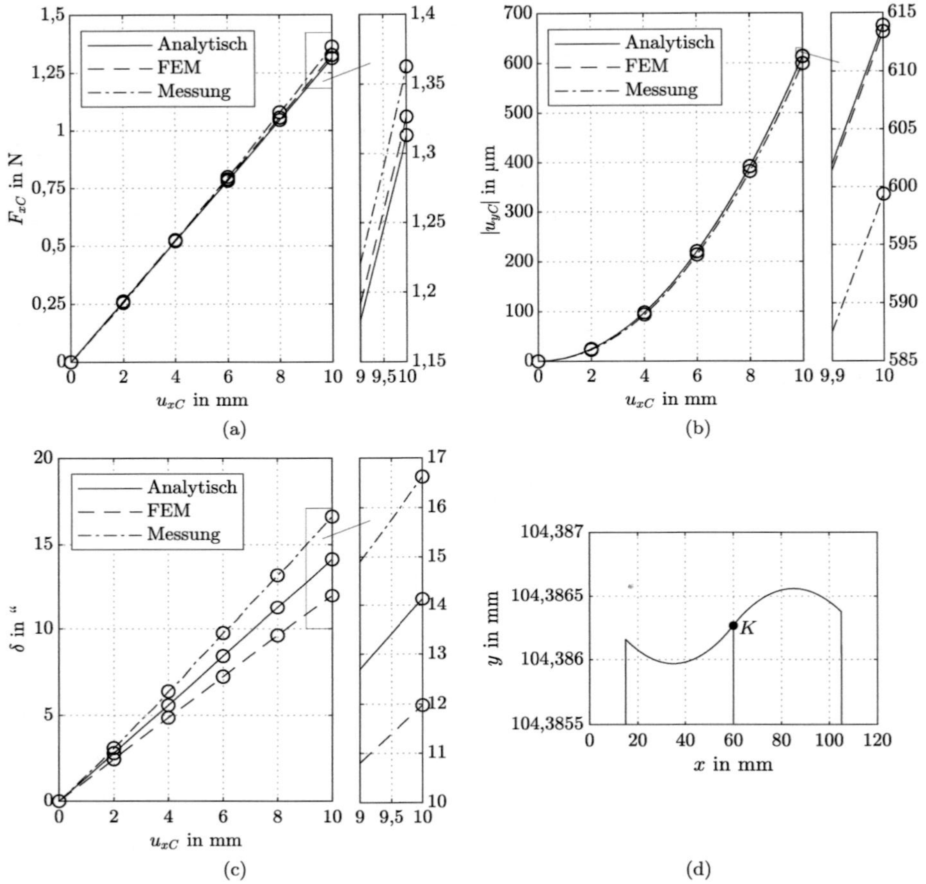

Abbildung 5.10: Ergebnisse des analytischen, des FEM-Modells und der Messung der nachgiebigen Parallelkurbel mit Potenzfunktionskonturen für $u_{xC} = 0\,\text{mm}$ bis $10\,\text{mm}$: (a) Reaktionskraft F_{xC}, (b) Verschiebung u_{yC}, (c) Koppeldrehwinkel δ, (d) stark vergrößerte Darstellung der Koppel im Bereich des Verzweigungspunktes K.

Tabelle 5.1: Ergebnisse des analytischen und desFEM-Modells sowie die relativen Abweichungen zur FEM für die fünf verschiedenen NM mit $h = 0{,}3\,\text{mm}$ bei einer Verschiebung von $u_{xC} = 10\,\text{mm}$.

Mech.	F_{xC} in N			$\varepsilon_{\max}$ in %			$\lvert u_{yC}\rvert$ in µm			δ in ″		
	FEM	Ana.	Δ_{FEM}	FEM	Ana.	Δ_{FEM}	FEM	Ana.	Δ_{FEM}	FEM	Ana.	Δ_{FEM}
(a)	4,498	4,276	−4,94 %	1,28	1,31	2,34 %	620,1	620,4	0,05 %	42,23	44,37	5,07 %
(b)	0,736	0,709	−3,67 %	0,25	0,24	−4,00 %	602,2	602,3	0,02 %	6,92	7,35	6,21 %
(c)	3,229	3,049	−5,57 %	0,92	0,93	1,09 %	618,1	618,3	0,03 %	30,33	31,63	4,29 %
(d)	1,443	1,367	−5,27 %	0,42	0,43	2,38 %	613,6	613,9	0,05 %	13,55	14,68	4,65 %
(e)	0,344	0,340	−1,16 %	0,12	0,12	-	682,0	680,4	−0,23 %	3,58	3,72	3,91 %

Zusammenfassend lässt sich aussagen, dass die numerisch ermittelten Ergebnisse des analytischen Modells und die FEM-Ergebnisse im Allgemeinen in Bezug auf die verschiedenen Parameter gut übereinstimmen. Dies wird einerseits durch die qualitativen Kurvenverläufe und andererseits anhand der relativen Abweichungen deutlich. Hinsichtlich der resultierenden Kraft F_{xC} ergibt sich eine maximale Abweichung von 5,57 % im Fall des Mechanismus mit elliptischen Gelenkkonturen. Es kann weiterhin festgestellt werden, dass die mit Hilfe der FEM berechneten Kräfte im Allgemeinen höher sind als die mit dem analytischen Modell ermittelten Kräfte. Dies kann dadurch erklärt werden, dass im Fall des analytischen Modells reine Biegung betrachtet wurde. Bei den FEM-Simulationen hingegen werden auch Effekte wie Querkraftschub oder Querkontraktion berücksichtigt, die je nach Höhe und Breite der FKG von Bedeutung sind (z. B. [153]).

Die Ergebnisse der maximalen elastischen Dehnung (ausgewertet bei $z = 0$) zeigen zwischen beiden Modellen mit einer maximalen Abweichungen von 4 % eine gute Übereinstimmung.

Die beste Übereinstimmung zwischen beiden Methoden ist bei der y-Verschiebung $|u_{yC}|$ über den gesamten Bereich aller untersuchten Mechanismen festzustellen. Die Ergebnisse des analytischen Modells unterscheiden sich maximal um −0,23 % von den FEM-Simulationsergebnissen im Fall des Mechanismus (e) mit den blattfederartigen Gelenken und der verteilten Nachgiebigkeit.

Schließlich wird eine gute Übereinstimmung für den Koppeldrehwinkel δ beobachtet. Trotz maximalen Abweichungen von bis zu 6,21 % im Fall des Mechanismus mit Viertelkreiskonturen sind die absoluten Werte im Bereich von zweistelligen Winkelsekunden konsistent und unterscheiden sich wenig voneinander.

Interessanterweise tritt der größte Koppeldrehwinkel bei dem Mechanismus mit der konzentriertesten Nachgiebigkeit auf (Halbkreiskonturen) und ist umso geringer, je verteilter die Nachgiebigkeit der Gelenke ist. Dies kann zunächst widersprüchlich erscheinen. Je konzentrierter die Nachgiebigkeit der FKG ist, desto geringer fällt die Drehachsenverlagerung (Abbildung 2.4) aus und die Präzision des einzelnen Gelenks steigt, vgl. [70]). Diese Tatsache ist im Mechanismus als Gesamtsystem jedoch nicht zu beobachten. Da die Mechanismen mit solchen Gelenken zu höheren Reaktionskräften führen, sind höhere Rückstellmomente in jedem Gelenk vorhanden. Daher ist auch das resultierende Moment um das kinematische Zentrum (Punkt C) des Mechanismus größer, was den größeren Drehwinkel der Koppel erklärt.

Weiterhin werden die Ergebnisse der Messungen betrachtet. Hierzu werden die numerischen Berechnungen mit Hilfe des analytischen und des FEM-Modells erneut für die angepassten minimalen Stegdicken der Gelenke durchgeführt, um eine Analogie zur Messung herzustellen. Dazu werden die resultierende Kraft F_{xC}, die Verschiebung $|u_{yC}|$ sowie der Winkel δ untereinander verglichen. Die Ergebnisse sind in Tabelle 5.2 dargestellt. Die relativen Abweichungen des analytischen Modells von den FEM-Simulationen und den Messungen sind in Tabelle 5.3 aufgeführt.

Tabelle 5.2: Ergebnisse des analytischen und des FEM-Modells sowie Messergebnisse für die nachgiebige Parallelkurbeln mit h wie gemessen ($h = 0{,}297\,\text{mm}$ bzw. für das obere linke Gelenk von $h = 0{,}292\,\text{mm}$) bei einer Verschiebung von $u_{xC} = 10\,\text{mm}$.

Mech.	F_{xC} in N			$\lvert u_{yC}\rvert$ in µm			δ in $''$		
	FEM	Ana.	Mes.	FEM	Ana.	Mes.	FEM	Ana.	Mes.
(d)	1,327	1,313	1,363	613,4	613,9	599,4	11,98	14,14	16,62

Tabelle 5.3: Relative Abweichungen der Ergebnisse des analytischen Modells von den FEM-Simulationsergebnissen (v. FEM) und von den Messergebnissen (v. Mes.) bei $u_{xC} = 10\,\text{mm}$.

Mech.	ΔF_{xC}		$\Delta\lvert u_{yC}\rvert$		$\Delta\delta$	
	v. FEM	v. Mes.	v. FEM	v. Mes.	v. FEM	v. Mes.
(d)	−1,06 %	−3,67 %	0,08 %	2,42 %	18,03 %	−14,92 %

Im Allgemeinen ist die Übereinstimmung der numerisch ermittelten Ergebnisse des analytischen Modells mit denen des FEM-Modells bei der Kraft und der Verschiebung sehr gut. Das Ergebnis des Koppeldrehwinkels weicht um 18,03 % vom FEM-Ergebnis ab, während die Abweichung der beiden anderen Parameter deutlich kleiner ausfällt. Dabei sind die sehr kleinen Absolutwerte im Winkelsekundenbereich zu berücksichtigen. In Bezug auf die y-Verschiebung $|u_{yC}|$ sind die Ergebnisse für das analytische Modell und die FEM-Simulation nahezu identisch. Auch mit den Messergebnissen stimmen die Ergebnisse des analytischen Modells gut überein. Die Kraft F_{xC} weicht um lediglich 3,67 % vom gemessenen Wert ab und die Verschiebung u_{yC} um 2,42 %. Die Standardabweichungen (Gleichung 5.11) für $|u_{yC}|$ liegen im niedrigen Mikrometerbereich und sind damit ausreichend genau.

Bezogen auf den Koppeldrehwinkel δ wird eine größere relative Abweichung zwischen der Messung und den beiden anderen Ergebnissen sichtbar. Das numerische Ergebnis des analytischen Modells weicht um 14,92 % vom messtechnisch ermittelten Wert ab. Hier sind ebenfalls die niedrigen Absolutwerte im Winkelsekundenbereich zu berücksichtigen. Dies bedeutet, dass auch Abweichungen der Spiegeloberfläche bzw. die Anbringung der Planspiegel selbst ein möglicher Grund für diese Unterschiede sein können. Die Standardabweichungen für den Koppeldrehwinkel implizieren eine hohe Reproduzierbarkeit für dessen Messung als wichtiges Ergebnis. Insgesamt wird festgehalten, dass es mit dem analytischen Modell sehr gut möglich ist, Ergebnisse in dieser Größenordnung quantitativ vorherzusagen.

Im Vergleich zum SKM aus Abbildung 5.1 (a) wird in Bezug auf $|u_{yC}|$ die beste Übereinstimmung für die nachgiebige Parallelkurbel mit Halbkreiskonturen (Mechanismus (a)) erreicht. Bei diesem Mechanismus tritt jedoch, wie bereits erwähnt, auch der größte Koppeldrehwinkel δ auf. Umgekehrt tritt der geringste Koppeldrehwinkel beim Mechanismus (e) mit der verteilten Nachgiebigkeit auf. Bei diesem Mechanismus ist jedoch auch die Geradenabweichung $|u_{yC}|$ am größten.

Identische FKG-Winkel werden bei der nachgiebigen Parallelkurbel aufgrund der Verformung der gesamten Struktur nicht erreicht. Die einzelnen FKG-Winkel liegen bei 7,17°, weichen jedoch ab der dritten Nachkommastelle minimal voneinander ab.

Es wurde gezeigt, dass eine gute Übereinstimmung zwischen den Modellen für alle betrachteten Mechanismen auch im Mikrometer- und Winkelsekundenbereich beobachtet werden konnte. Die numerisch ermittelten Ergebnisse des analytischen Modells konnten schließlich verifiziert und das Modell validiert werden. Die Ergebnisse wurden zusammenfassend in [67] publiziert. Es sollte außerdem beachtet werden, dass die numerische Lösung des analytischen Modells für jeden Mechanismus innerhalb weniger Sekunden erhalten wurde, während die FEM-Simulationen auf dem identischem Rechner mit über einer Stunde wesentlich länger dauerten. Dieser Vorteil ist im späteren Verlauf der Arbeit im Rahmen der Synthese von NM (Kapitel 6) und der Erstellung von Softwarewerkzeugen (Kapitel 7) von Bedeutung.

5.1.2 Verifikation am Beispiel einer Schubkurbel

In Unterabschnitt 5.1.1 wurde gezeigt, dass mit Hilfe des analytischen Modells gute Übereinstimmungen mit FEM- und Messergebnissen am Beispiel von NM auf Basis von Parallelkurbeln mit unterschiedlichen Gelenken erzielt werden konnten. Um die Allgemeingültigkeit der vorgeschlagenen Methode zu demonstrieren, werden weitere Beispiele für NM untersucht. In diesem Abschnitt wird das Bewegungsverhalten der in Abbildung 5.11 (a) dargestellten Schubkurbel aus [106] als Punktgeradführungsmechanismus berechnet.

Der NM (Abbildung 5.11 (b)) wird analog zum SKM (Abbildung 5.11 (a)) durch Einhaltung der Gelenkabstände a, b und c sowie dem Winkel α aufgebaut. Der Mechanismus wird im Punkt A fest eingespannt und ist im Punkt B_{II} durch ein Schubgelenk gelagert. Die Verschiebung erfolgt ebenso im Punkt B_{II}. Im SKM wird aufgrund der Kinematik eine ideale Geradführung des Punktes C in y-Richtung erzielt, welche vom NM angenähert wird. Im Folgenden wird der NM als nachgiebige Schubkurbel bezeichnet, da das Starrkörpersystem einer Schubkurbel als Vorbild diente. Die zu untersuchende nachgiebige Schubkurbel wird am Beispiel von Potenzfunktionskonturen

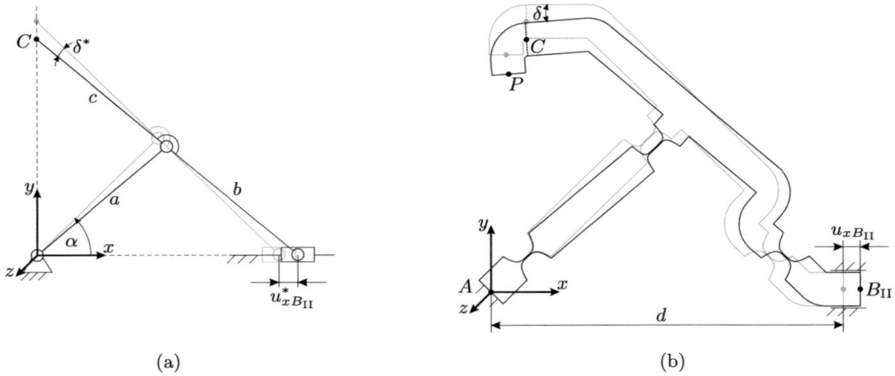

Abbildung 5.11: Geometrischer Entwurf der nachgiebigen Schubkurbel auf Basis des SKM mit den Gliedlängen $a = b = c = 50\,\mathrm{mm}$ und $\alpha = 45°$, dargestellt im unausgelenkten (grau) und um $u^*_{xB_{II}} = u_{xB_{II}} = 5\,\mathrm{mm}$ ausgelenkten (schwarz) Zustand: (a) SKM, (b) NM.

modelliert. Die Exponenten der Potenzfunktion werden anhand der Drehwinkel der einzelnen Gelenke im SKM ausgewählt [106, 111]. Es wird wie bei der Parallelkurbel eine konstante Breite von $w = 6\,\mathrm{mm}$, eine Maximalhöhe der einzelnen Abschnitte von $H = 10\,\mathrm{mm}$ sowie eine minimale Stegdicke im Bereich der FKG von $h = 0{,}3\,\mathrm{mm}$ für den gesamten Mechanismus festgelegt. Als Material dient die bereits bei der Parallelkurbel betrachtete Aluminiumlegierung EN AW 7075. Im NM werden die Verschiebungen des Punktes C und des Punktes P ausgewertet. Der Punkt P als virtueller Punkt eines Pentaprismas wird eingeführt, da bei der Messung nicht direkt im Punkt C gemessen werden kann [106].

Beschreibung der Modelle

Das analytische Modell der nachgiebigen Schubkurbel wird analog wie bei der beschriebenen Parallelkurbel aufgebaut. Der Mechanismus lässt sich aufgrund der Verzweigung im Punkt K ebenfalls durch drei individuelle Balkenachsen s_{I}, s_{II} und s_{III} mit den Gesamtlängen L_{I}, L_{II} und L_{III} durch Verwendung von geraden und gekrümmten Abschnitten sowie FKG zusammensetzen.

Die Rand- und Übergangsbedingungen der nachgiebigen Schubkurbel unterscheiden sich geringfügig vom Beispiel der Parallelkurbel. Für das Runge-Kutta-Verfahren sind zunächst 12 Anfangsbedingungen notwendig, da 12 Gleichungen vorliegen. Für den ersten Balken (Index I) folgt am Balkenanfang:

$$M_{z\mathrm{I}}(0) = M_{zA},\ \theta_{3\mathrm{I}}(0) = \alpha,\ x_{\mathrm{I}}(0) = 0,\ y_{\mathrm{I}}(0) = 0. \tag{5.12}$$

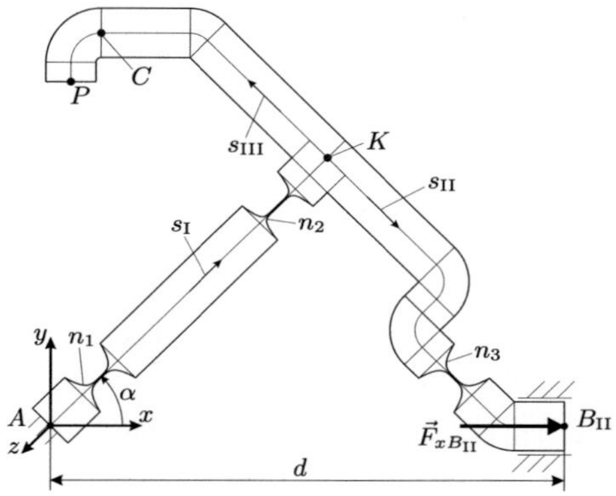

Abbildung 5.12: Geometrie der nachgiebigen Schubkurbel am Beispiel von Gelenken mit Potenzfunktionskontur mit $n_1 = 4$, $n_2 = 8$ und $n_3 = 4$.

Für den zweiten Balken (Index II) gelten bei $s_{\mathrm{II}} = 0$ im Punkt K die insgesamt vier Anfangsbedingungen:

$$M_{z\mathrm{II}}(0) = M_{z\mathrm{II}K},\ \theta_{3\mathrm{II}}(0) = \theta_{3\mathrm{I}}(L_{\mathrm{I}}) - \frac{\pi}{2},\ x_{\mathrm{II}}(0) = x_{\mathrm{I}}(L_{\mathrm{I}}),\ y_{\mathrm{II}}(0) = y_{\mathrm{I}}(L_{\mathrm{I}}). \tag{5.13}$$

Für den dritten Balken (Index III) gelten bei $s_{\mathrm{III}} = 0$ im Punkt K die insgesamt vier Anfangsbedingungen:

$$M_{z\mathrm{III}}(0) = M_{z\mathrm{III}K},\ \theta_{3\mathrm{III}}(0) = \theta_{3\mathrm{I}}(L_{\mathrm{I}}) + \frac{\pi}{2},\ x_{\mathrm{III}}(0) = x_{\mathrm{I}}(L_{\mathrm{I}}),\ y_{\mathrm{III}}(0) = y_{\mathrm{I}}(L_{\mathrm{I}}). \tag{5.14}$$

Neben den drei unbekannten Momenten M_{zA}, $M_{z\mathrm{II}K}$ und $M_{z\mathrm{III}K}$ ist durch die Kombination aus Einspannung und Schubgelenk die Kraft $F_{yB_{\mathrm{II}}}$ im Punkt B_{II} unbekannt. Außerdem ist im selben Punkt die Kraft $F_{xB_{\mathrm{II}}}$ aufgrund der Verschiebungsvorgabe $u_{xB_{\mathrm{II}}}$ unbekannt. Für das Schießverfahren zur Lösung des Randwertproblems sind somit fünf weitere Rand- bzw. Übergangsbedingungen erforderlich. Für den zweiten Balken bei $s_{\mathrm{II}} = L_{\mathrm{II}}$ im Punkt B_{II} gelten die drei Randbedingungen:

$$\theta_{3\mathrm{II}}(L_{\mathrm{II}}) = 0,\ x_{\mathrm{II}}(L_{\mathrm{II}}) = d + u_{xB_{\mathrm{II}}},\ y_{\mathrm{II}}(L_{\mathrm{II}}) = 0. \tag{5.15}$$

Für den dritten Balken gilt bei $s_{\mathrm{III}} = L_{\mathrm{III}}$ im Punkt P die Randbedingung:

$$M_{z\mathrm{III}}(L_{\mathrm{III}}) = 0. \tag{5.16}$$

Unter Berücksichtigung der Biegemomente kann eine weitere Übergangsbedingung im Punkt K durch Gleichung 5.6 ausgedrückt werden:

$$M_{z\mathrm{I}}(L_{\mathrm{I}}) = M_{z\mathrm{II}}(0) + M_{z\mathrm{III}}(0). \tag{5.17}$$

Die insgesamt notwendigen 17 Rand- bzw. Übergangsbedingungen werden durch die gegebenen Bedingungen erfüllt, sodass auch dieses System numerisch gelöst werden kann. Die Auswertung weiterer Parameter erfolgt analog zum Beispiel der Parallelkurbel. Der Winkel δ wird in diesem Fall als Winkel am Ende des ersten Abschnitts vom dritten Balken ausgewertet, vgl. Abbildung 5.11.

Auf die detaillierte Beschreibung des verwendeten FEM-Modells und des messtechnischen Aufbaus soll an dieser Stelle weitestgehend aufgrund der Analogie zum bereits beschriebenen Beispiel der nachgiebigen Parallelkurbel verzichtet werden. Das FEM-Modell wird analog aufgebaut und vernetzt. Der Mechanismus wird an der Fläche, auf der sich Punkt A befindet fest eingespannt. Die Führungsfläche des Schubgelenks ist entsprechend in x-Richtung frei beweglich und in y-Richtung gesperrt. Die Auslenkung wird auf der Kante, auf der sich Punkt B_{II} befindet, in z-Richtung eingeleitet.

Da die Gelenke die gleichen Dimensionen besitzen wie im Fall der Parallelkurbel, wird die Vernetzung analog wie beschrieben vorgenommen. Global wird eine Elementgröße von 1 mm definiert und im Gelenkbereich mit einer Elementgröße von 0,1 mm verfeinert.

Details zum Messaufbau können [106] entnommen werden. Der Messaufbau wir ebenso auf einem schwingungsisolierten Tisch positioniert. Die Verschiebung des Schiebers wird in diesem Beispiel durch einen Linearversteller manuell mit einer Mikrometerschraube aufgebracht. Anstelle des Punktes C, der nicht genau definiert und gemessen werden kann, wird die Positionsänderung $u_{yP} - u_{xP}$ des virtuellen Pentaprismenpunktes P gemessen (vgl. [53]). Diese Verschiebungen und der Koppeldrehwinkel δ werden mit einem hochauflösenden Einstrahl- und einem Zweistrahl-Laserinterferometer gemessen.

Ergebnisse und Diskussion

Die Ergebnisse für die nachgiebige Schubkurbel sind für die zwei Auslenkungen $u_{xB_{\mathrm{II}}} = 2\,\mathrm{mm}$ und $u_{xB_{\mathrm{II}}} = 5\,\mathrm{mm}$ in Tabelle 5.4 aufgeführt.

Tabelle 5.4: Ergebnisse des analytischen und des FEM-Modells sowie Messergebnisse für die nachgiebige Schubkurbel bei einer Verschiebung von $u_{xB_{\mathrm{II}}} = 2\,\mathrm{mm}$ und $u_{xB_{\mathrm{II}}} = 5\,\mathrm{mm}$ aus [106].

$u_{xB_{\mathrm{II}}}$	Methode	$F_{xB_{\mathrm{II}}}$ in N	$\varepsilon_{\max}$ in %	u_{xC} in µm	u_{yC} in µm	$u_{yP} - u_{xP}$ in µm	δ in °
2 mm	3D FEM	0,55	0,18	4,0	2052,7	1927,7	1,640
	Analytisch	0,56	0,17	3,7	2053,8	1929,1	1,640
	Messung	-	-	-	-	1911,7 ± 1,9	1,631
5 mm	3D FEM	1,52	0,47	20,1	5354,5	4999,6	4,188
	Analytisch	1,50	0,42	18,8	5356,7	5002,9	4,189
	Messung	-	-	-	-	4988,3 ± 7,0	-

Ergebnisse sind gegeben für die resultierende Kraft $F_{xB_{\mathrm{II}}}$ aufgrund der x-Verschiebung, die maximale elastische Dehnung $\varepsilon_{\mathrm{max}}$ (hier wird das Maximum der VON MISES-Vergleichsdehnung beim FEM-Modell global bestimmt), die Verschiebung u_{yC}, die Geradenabweichung u_{xC}, die lineare Positionsänderung des Punktes P: $u_{yP} - u_{xP}$ und den Drehwinkel δ der Koppel. Im Fall der experimentellen Untersuchung werden $u_{yP} - u_{xP}$ und bei $u_{xB_{\mathrm{II}}} = 2\,\mathrm{mm}$ der Koppeldrehwinkel δ bestimmt.

Anhand der Ergebnisse kann festgestellt werden, dass für beide Auslenkungen gute Übereinstimmungen zwischen den drei Methoden bestehen. Bezogen auf die 3D FEM-Simulationsergebnisse weicht das Ergebnis des analytischen Modells für die Kraft bei der Auslenkung $u_{xB_{\mathrm{II}}} = 2$ mm um 1,82 % ab. Die größte Abweichung (−10,64 % bei $u_{xB_{\mathrm{II}}} = 5\,\mathrm{mm}$) wird bei der maximalen Dehnung festgestellt. Dies hängt damit zusammen, dass beim FEM-Modell in [106] die maximale Dehnung global ermittelt wurde und nicht wie in Unterabschnitt 5.1.1 bei $z = 0$. Daher werden auch Spannungsspitzen durch Effekte wie Querkontraktion im FEM-Modell berücksichtigt, die häufig am Rand der Kontur auftreten. Wird die Dehnung bei $z = 0$ ausgewertet, ist die Übereinstimmung beider Modelle besser. Die beste Übereinstimmung zwischen den beiden Methoden ist beim Koppeldrehwinkel δ festzustellen. Das Messergebnis für δ weicht um lediglich −0,55 % von beiden anderen Ergebnissen ab. Auch das Ergebnis für $u_{yP} - u_{xP}$ kann messtechnisch mit einer maximalen Abweichung von −0,83 % zu FEM und von −0,9 % zum Ergebnis des analytischen Modells bestätigt werden. Weitere FEM- und Messergebnisse für nachgiebige Schubkurbeln mit Halbkreis- oder Viertelkreiskonturen können [106] entnommen werden.

Zusammenfassend können auch am Beispiel der nachgiebigen Schubkurbel die mit dem analytischen Modell numerisch erzeugten Ergebnisse mit Hilfe von FEM-Simulationen und Messergebnissen verifiziert und damit das analytische Modell validiert werden. Weitere Anwendungsbeispiele folgen in Unterabschnitt 5.1.4.

5.1.3 Einfluss der verwendeten Theorie auf die Balkendurchbiegung

Wie bereits beschrieben, besteht ein weiteres Ziel dieser Arbeit darin, zusätzlich zur Biegung die Auswirkungen von Querkraftschub und Querkontraktion einzubeziehen, um einen größeren Bereich möglicher Geometrien berücksichtigen zu können. Dadurch sollen die Aussagen zum Bewegungsverhalten beliebiger ebener NM verbessert werden können, indem eine Empfehlungen gegeben werden. Mit Hilfe dieser soll entschieden werden können, welche Theorie in welchen Fällen angewendet werden sollte. Das ist vor allem deshalb wichtig, da bei konkreten Geometrien erhebliche Abweichungen im Verformungsverhalten in Abhängigkeit der verwendeten Theorie resultieren können. Dies ist am Beispiel eines Balkens und eines FKG bei Betrachtung von reiner Biegung und bei Biegung mit Querkraftschub in Abbildung 5.13 dargestellt. In beiden Fällen ist der verformte Zustand bei Belastung durch die gleiche Kraft abgebildet. Selbst kleine Abweichungen im Winkel oder der Verschiebung am Ende eines Balkens oder eines FKG können in einem gesamten Mechanismus große Auswirkungen auf den Verformungszustand zur Folge haben.

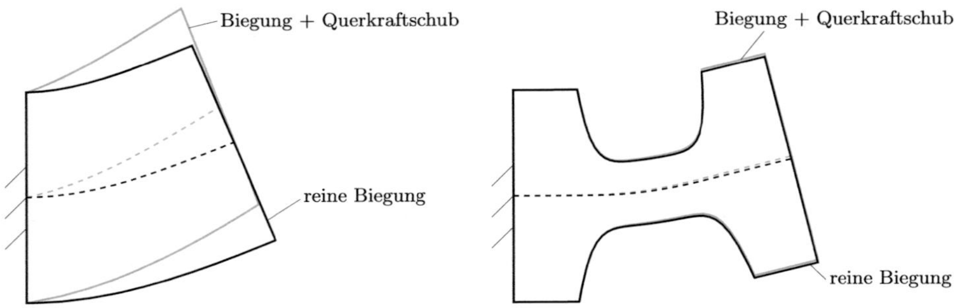

Abbildung 5.13: Unterschiede der Verformung von Balken und FKG bei Berechnung mit unterschiedlichen Theorien. Belastet jeweils mit der gleichen Kraft.

Laut Annahme 3.5 a) gelten die Modellgleichungen aus Unterabschnitt 3.1.1 für Balken, deren Querschnittsabmessungen mindestens zehnmal kleiner sind als ihre Länge oder Krümmungsradien. Aufgrund dieser Einschränkung wird bei den Modellgleichungen der Theorie großer Verformungen stabförmiger Strukturen reine Biegung berücksichtigt, da Verformungen durch andere Effekte vernachlässigbar gering ausfallen.

In Abschnitt 4.3 wurden die Modellgleichungen in einer rekursiven Form aufgeschrieben, die es ermöglicht, für einzelne Abschnitte eines NM unterschiedliche Geometrieparameter oder Kräfte und Momente zu definieren. Dadurch, dass das Differentialgleichungssystem für jeden Abschnitt angewendet wird, ist es darüber hinaus möglich, die unterschiedlichen Theorien aus Kapitel 3 für einzelne Abschnitte eines Mechanismus anzuwenden, um die Gesamtverformung zu berechnen. Dies ist insbesondere für Abschnitte wichtig, bei denen Annahme 3.5 a) nicht erfüllt wird. Jedoch gibt es nach der Kenntnis des Autors in der Literatur keine konkreten Empfehlungen der zu verwendenden Theorie in Abhängigkeit des Geometrieverhältnisses von Balken. Aus diesem Grund soll in diesem Abschnitt eine Parameterstudie zur Untersuchung des Einflusses der Theorie auf die Durchbiegung von Balken unterschiedlicher Geometrieverhältnisse durchgeführt werden. Darauf aufbauend sollen Empfehlungen abgeleitet werden, um aussagen zu können, wann welche Theorie in Abhängigkeit des Geometrieverhältnisses genutzt werden sollte. Als Bezug sollen dazu dreidimensionale FEM-Simulationen dienen, die mit einer Vernetzung mit Hilfe von 3D-Elementen (*Solid186*) durchgeführt werden. Durch diesen Ansatz sind im FEM-Modell neben der Biegung viele weitere Effekte berücksichtigt, darunter auch Querkraftschub und Querkontraktion, weshalb eine realitätsnahe Abbildung erfolgen kann. Um diesen Einfluss zu untersuchen, wird die Parameterstudie anhand einzelner Balken durchgeführt.

Die Untersuchung soll dimensionslos erfolgen, damit die abgeleiteten Empfehlungen auf beliebige Balkengeometrien übertragen werden können. Dazu werden die dimensionslosen Parameter in Gleichung 5.18 in die Differentialgleichungen aus Kapitel 3 eingesetzt (vgl. [178]). Dimensionslose Parameter werden mit einer Tilde gekennzeichnet. Es werden einseitig eingespannte Balken betrachtet, die mit einer einzelnen Kraft in y-Richtung auf der freien Fläche belastet werden, vgl. Abbildung 5.14 (b). Die Querkontraktionszahl wird für die Studie auf $\nu = 0{,}33$ festgelegt, da in den Beispielen dieser Arbeit ausschließlich Aluminiumlegierungen betrachtet werden. Dennoch können die Ergebnisse der Parameterstudie auch auf Stahllegierungen übertragen werden, da sich die Querkontraktionszahl von Stahl mit $\nu = 0{,}3$ lediglich um 0,03 von Aluminiumlegierungen unterscheidet.

$$\tilde{L} = \frac{L}{L},\ \tilde{s} = \frac{s}{L},\ \tilde{H} = \frac{H}{L},\ \tilde{w} = \frac{w}{L},\ \tilde{\kappa}_3 = \kappa_3 L,\ \tilde{M}_z = \frac{M_z L}{EI_3},\ \tilde{F}_y = \frac{F_y L^2}{EI_3},\ \widetilde{EI}_3 = \frac{EI_3}{EI_3} \tag{5.18}$$

Für die Parameterstudie werden die Parameter $\tilde{H}$ und $\tilde{w}$ jeweils von 0,02 bis 1 in Schritten von 0,01 variiert. Daraus ergibt sich ein Parameterraum mit insgesamt 9801 Varianten. Dadurch sind viele verschiedene Geometrien eingeschlossen, über schmale Balken, brettförmige Balken, Platten bis hin zum würfelförmigen Balken. Ein Prinzipbild des Parameterraums ist in Abbildung 5.14 (a) gegeben.

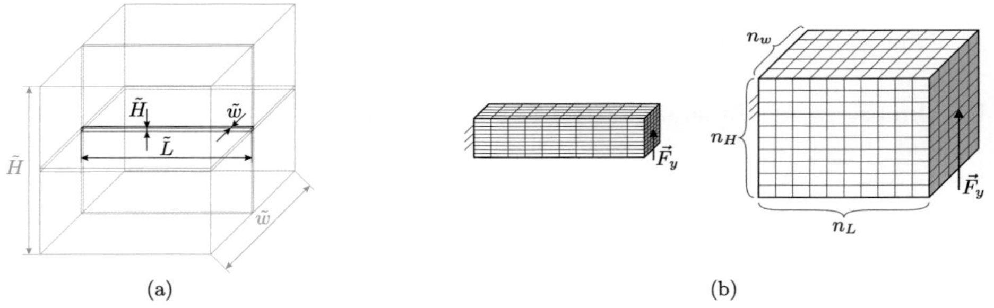

Abbildung 5.14: Parameterstudie einzelner Balken: (a) Prinzipdarstellung des Parameterraums, (b) FEM-Modell mit Randbedingungen und Vernetzungsstrategie am Beispiel unterschiedlicher Balken.

Durch den großen Parameterraum und die sich dadurch stark unterscheidenden Geometrien ist insbesondere die Vernetzung des 3D FEM-Modells schwierig. Die Vernetzung der Balken soll durch die Festlegung der Anzahl der Einteilungen entlang der Balkenseiten erfolgen, um eine gleichbleibende Anzahl an Elementen für alle Varianten zu gewährleisten. Die Anzahl der Einteilungen entlang der Länge wird mit n_L bezeichnet und analog für die Höhe und Breite jeweils mit n_H bzw. n_w

(Abbildung 5.14 (b)). Zur Festlegung dieser drei Parameter werden Netzstudien für die Extremfälle des Parameterraums durchgeführt. Die Extremfälle sind der schmale Balken mit $\tilde{H} = 0{,}2$ und $\tilde{w} = 0{,}2$, der brettförmige Balken mit $\tilde{H} = 1$ und $\tilde{w} = 0{,}2$, der plattenförmige Balken mit $\tilde{H} = 0{,}2$ und $\tilde{w} = 1$ sowie der Würfel mit $\tilde{H} = 1$ und $\tilde{w} = 1$. Für diese vier Varianten werden jeweils Netzstudien durchgeführt, indem einzeln der Einfluss der Parameter n_L, n_H und n_w auf die Verschiebung bzw. den Winkel am Balkenende untersucht wird.

Als Belastung dient die Kraft F_y, die im analytischen Modell für reine Biegung bei der jeweiligen Balkengeometrie zu einem Auslenkwinkel von 10° führt. Dabei stellen sich die folgenden Minimalwerte für die Anzahl der Einteilungen heraus, sodass sich die Verschiebung $\tilde{u}_y(\tilde{L})$ bzw. der Winkel $\theta_3(\tilde{L})$ im 3D FEM-Modell nicht mehr signifikant ändern (Änderung zum jeweils vorherigen Wert $\leq 0{,}001\,\%$):

- für $\tilde{H} = 0{,}2$ und $\tilde{w} = 0{,}2$: $n_L = 20$, $n_H = 12$, $n_w = 16$,
- für $\tilde{H} = 10$ und $\tilde{w} = 0{,}2$: $n_L = 75$, $n_H = 6$, $n_w = 6$,
- für $\tilde{H} = 0{,}2$ und $\tilde{w} = 10$: $n_L = 20$, $n_H = 12$, $n_w = 16$,
- für $\tilde{H} = 10$ und $\tilde{w} = 10$: $n_L = 100$, $n_H = 10$, $n_w = 12$.

Bei der Untersuchung wird n_L im Bereich von 20 bis 100 in Schritten von 5 variiert sowie n_H und n_w jeweils im Bereich von 6 bis 30 in Schritten von 2. Basierend auf den Ergebnissen dieser Netzstudie wird für alle Varianten des Parameterraums festgelegt, dass $n_L = 100$ und $n_H = n_w = 20$ ist. Das bedeutet, dass nicht die Elementgröße konstant gehalten wird, sondern die Anzahl der Teilungen, wie schematisch in Abbildung 5.14 (b) anhand zwei unterschiedlicher Balken dargestellt.

Durchführung der Parameterstudie

Der Ablauf der Studie ist schematisch in Abbildung 5.15 dargestellt. Als Basis für die Parameterstudie dient das analytische Modell für reine Biegung (Unterabschnitt 3.1.1).

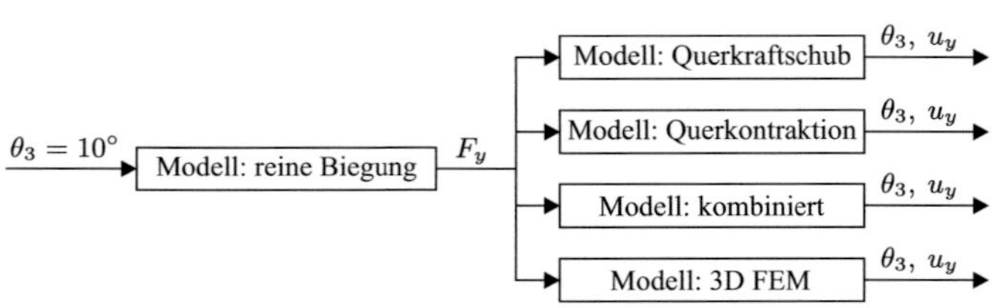

Abbildung 5.15: Berechnungsablauf der Parameterstudie mit Hilfe der unterschiedlichen Modelle.

Als Eingangsparameter dient der Winkel $\theta_3 = 10°$. Mit diesem Winkel wird mit Hilfe des Modells für reine Biegung die Reaktionskraft F_y ermittelt. Die berechnete Kraft dient daraufhin als Eingangsparameter für alle weiteren Modelle. Die weiteren Modelle umfassen das in Unterabschnitt 3.1.2 vorgestellte Modell zur Berücksichtigung des Querkraftschubs, das Modell zur Berücksichtigung von Querkontraktion aus Unterabschnitt 3.1.3 sowie eine Kombination dieser beiden Modelle durch Berücksichtigung beider Effekte und schließlich das 3D FEM-Modell. Bei diesen Modellen wird der jeweils resultierende modellspezifische Winkel θ_3 sowie die Verschiebung u_y als Ergebnis ermittelt. Abschließend wird die relative Abweichung aller Modelle vom 3D FEM-Modell für beide Ergebnisse bestimmt.

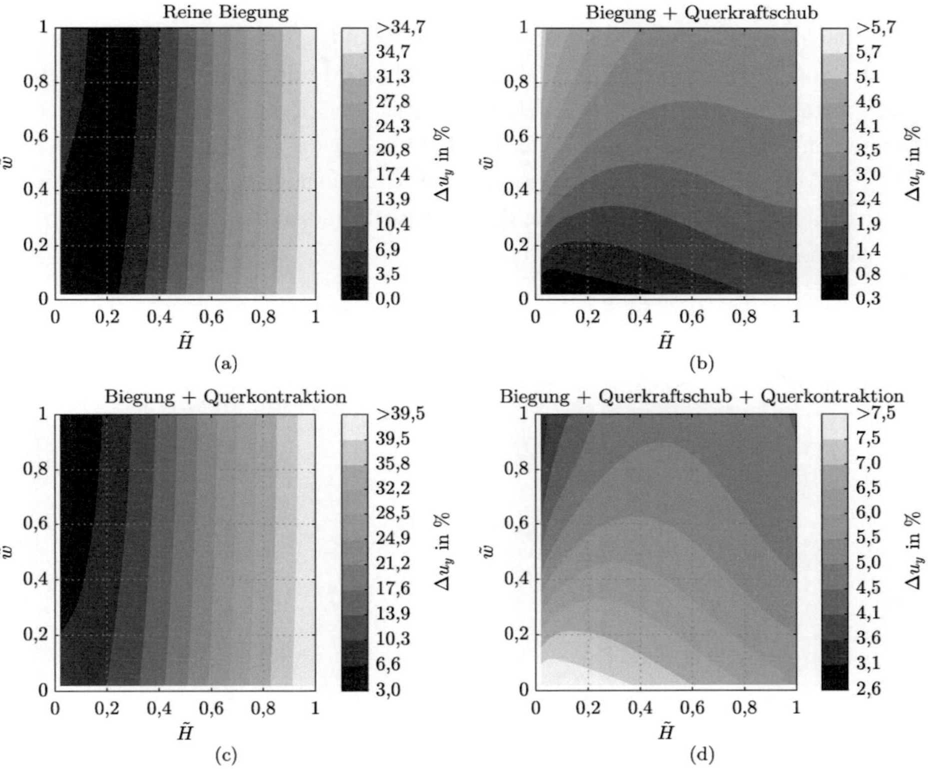

Abbildung 5.16: Relative Abweichungen der numerisch ermittelten Ergebnisse der implementierten analytischen Modelle von den FEM-Ergebnissen am Beispiel der Verschiebung u_y über den betrachteten Parameterraum.

Die relativen Abweichungen der Verschiebungen Δu_y der unterschiedlichen Modelle von den 3D FEM-Ergebnissen sind in Abbildung 5.16 dargestellt. Darin wird der Einfluss von $\tilde{w}$ und $\tilde{H}$ auf Δu_y deutlich. Es ist zu erkennen, dass beim Modell für reine Biegung deutliche Abweichungen zu FEM auftreten können. Je nach $\tilde{w}$ und $\tilde{H}$ können diese 35 % übersteigen (vgl. Abbildung 5.16 (a)). Gleiches gilt für das Modell zur

Berücksichtigung von Querkontraktion (vgl. Abbildung 5.16 (c)). Mit Hilfe der anderen beiden Modelle treten Abweichungen von maximal 8 % auf (vgl. Abbildung 5.16 (b) und (d)), wobei jedes der vier analytischen Modelle in gewissen Parameterbereichen am besten geeignet ist. Die Eignungsbereiche jeder der betrachteten Modelle werden im Folgenden gegeben.

Empfehlungen in Abhängigkeit des Geometrieverhältnisses

Die Ergebnisse der Parameterstudie sind in Abbildung 5.17 (a) für die Verschiebung u_y und in Abbildung 5.17 (b) für den Winkel θ_3 dargestellt. In den Grafiken sind über den gesamten Parameterraum von $\tilde{H}$ und $\tilde{w}$ die abgegrenzten Bereiche für die Modelle für reine Biegung, Biegung und Querkraftschub sowie Biegung und Querkontraktion eingezeichnet. Durch diese Bereiche wird angegeben, bei welcher Parameterkombination von $\tilde{H}$ und $\tilde{w}$ mit welcher Theorie die geringste Abweichung vom 3D FEM-Modell resultiert. Zusätzlich sind die resultierenden relativen Abweichungen an den Übergangspunkten zwischen den Bereichen und in den Eckbereichen in den Grafiken angegeben.

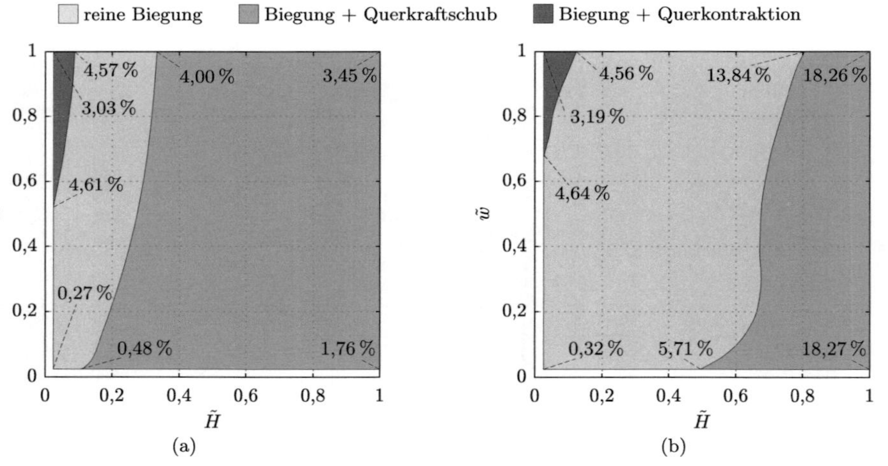

Abbildung 5.17: Bereiche unterschiedlicher analytischer Theorien mit der jeweils geringsten Abweichung zu 3D FEM in Abhängigkeit von der Balkengeometrie: (a) für die Verschiebung u_y, (b) für den Winkel θ_3.

Durch den Aufbau der Grafiken können direkt Empfehlungen für die zu verwendende Theorie bei einer Balkenberechnung abgeleitet werden. Dazu sind bei einer konkreten Balkengeometrie lediglich die Geometrieverhältnisse $\tilde{H}$ und $\tilde{w}$ in den Grafiken für die Zielgröße u_y oder θ_3 abzulesen und der Bereich der bestgeeigneten Theorie zu identifizieren.

In einem Mechanismus kann auf diese Weise jeder Abschnitt mit unterschiedlicher Geometrie individuell berechnet werden. Die Möglichkeit, diese Auswahl für jeden einzelnen Abschnitt vornehmen zu können, wird in der grafischen Benutzeroberfläche in Abschnitt 7.1 unter Nutzung der Modellgleichungen für beliebige NM implementiert.

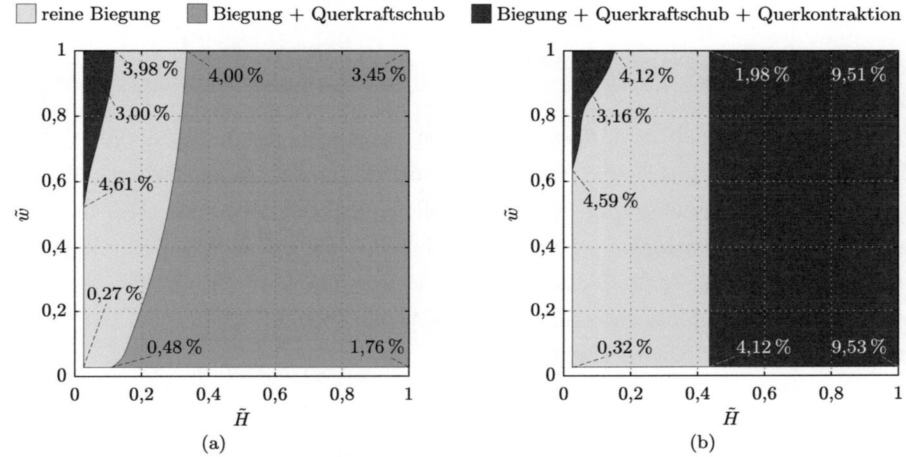

Abbildung 5.18: Bereiche unterschiedlicher analytischer Theorien mit der jeweils geringsten Abweichung zu 3D FEM in Abhängigkeit von der Balkengeometrie: (a) für die Verschiebung u_y, (b) für den Winkel θ_3.

In Abbildung 5.17 (b) kann für den Winkel θ_3 festgestellt werden, dass die Abweichungen von den 3D FEM-Simulationen für große Verhältnisse $\tilde{H}$ selbst mit der bestgeeigneten Theorie (Biegung und Querkraftschub) über 18 % liegen. Die Empfehlungen ändern sich, wenn die Kombination aus Biegung, Querkraftschub und Querkontraktion mit in Betracht gezogen wird. Die daraus resultierenden Abweichungen zu FEM sind analog in Abbildung 5.18 gezeigt. Es ist zu erkennen, dass hierbei die sehr großen Abweichungen bei großen $\tilde{H}$ im Fall des Winkels θ_3 um etwa die Hälfte reduziert sind. Die Diagramme in Abbildung 5.17 und Abbildung 5.18 dienen als Empfehlungen der zu verwendenden Theorie in Abhängigkeit der Balkengeometrie.

Einfluss der Verformung am Beispiel ausgewählter Platten

Die vorangegangene Parameterstudie wurde am Beispiel von Balken mit konstanter Höhe und Breite durchgeführt. Bei der Berechnung von NM mit konzentrierter Nachgiebigkeit in Form von FKG sind die Empfehlungen der Studie jedoch auch von Interesse. Dies ist dadurch zu begründen, dass je nach Gestaltung der FKG-Konturen plattenähnliche Strukturen erkannt werden können (vgl. Abbildung 5.19).

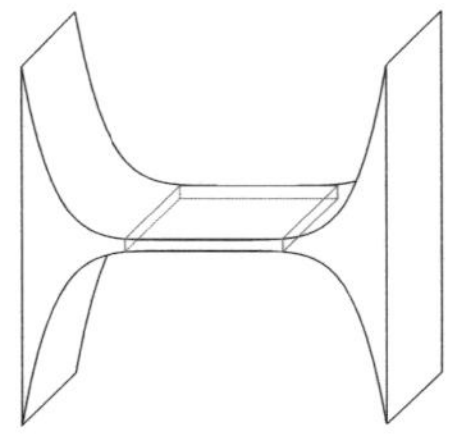

Abbildung 5.19: Ein Balkenabschnitt im Bereich eines FKG.

Da FKG meist gezielt so eingesetzt werden, dass sich die Verformung in einem Mechanismus auf die Gelenkbereiche konzentriert, besitzen sie im Verhältnis zu ihrer Konturlänge eine geringe Höhe, vor allem in ihrem Zentrum. Jedoch ist die Breite der Gelenke oftmals im Bereich von $\tilde{w} > 0{,}5$, vor allem, um die Steifigkeit in Raumrichtungen außerhalb der gewünschten Bewegungsebene zu erhöhen. Aufgrund dessen scheint die Berücksichtigung von Querkontraktion im Modell bei der Berechnung der FKG-Bereiche zunächst sinnvoll.

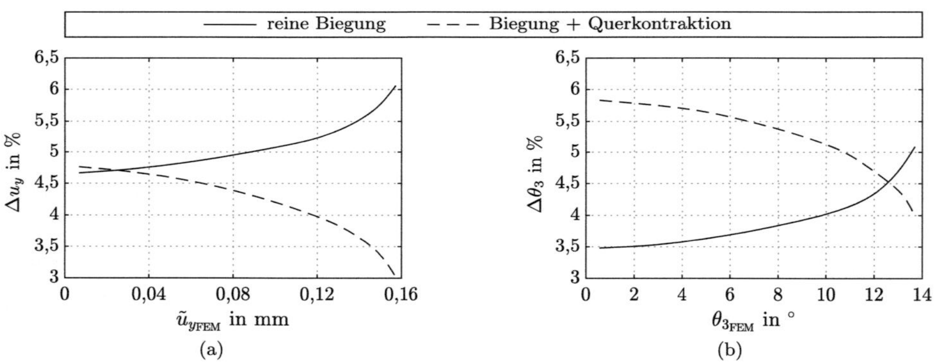

Abbildung 5.20: Einfluss der Verschiebung und Verdrehung auf die Abweichung der analytischen Modelle zur FEM: (a) relative Abweichung der Verschiebung $\tilde{u}_y$, (b) relative Abweichung des Winkels $\theta_3(\tilde{L})$.

Während der Parameterstudie wurde eine konkrete Verformung von 10° im analytischen Modell für reine Biegung als Ausgangspunkt vorgegeben. Mit dem Ziel, die Ergebnisse auf FKG in einem NM übertragen zu können, wird zusätzlich für eine ausgewählte Plattengeometrie der Einfluss der Verformung untersucht. Die ausgewählte Plattengeometrie besitzt die geometrischen Parameter $\tilde{H} = 0{,}03$ und $\tilde{w} = 0{,}6$, da diese in späteren Mechanismusbeispielen häufig im Bereich der FKG-Geometrien wiederzufinden ist. Die gewählte Platte wird mit Hilfe des analytischen Modells für reine Biegung und zusätzlich mit Hilfe des analytischen Modells mit Berücksichtigung von Querkontraktion numerisch berechnet. Zum Vergleich dient erneut das beschriebene FEM-Modell. Die Platte wird am freien Ende durch eine Kraft F_y belastet, vgl.

Abbildung 5.14. Als Ergebnisse wird einerseits die Verschiebung $\tilde{u}_y$ und andererseits der resultierende Winkel $\theta_3(\tilde{L})$ mit den genannten drei Modellen ausgewertet. Die relative Abweichung der mit Hilfe der beiden analytischen Modelle numerisch ermittelten Ergebnisse von den FEM-basierten Ergebnissen sind in Abbildung 5.20 (a) für die Verschiebung und in Abbildung 5.20 (b) für den Winkel über den FEM-basierten Ergebnissen dargestellt.

Aus den Diagrammen kann entnommen werden, dass die Abweichung der betrachteten analytischen Modelle zur FEM verformungsabhängig ist. Deutlich wird, dass zu Beginn bei kleinen Verformungen, trotz der plattenähnlichen Geometrie, eine bessere Übereinstimmung mit FEM bei dem analytischen Modell für reine Beigung vorliegt. Mit zunehmender Verformung resultiert ein Schnittpunkt beider Linien, ab dessen die Plattentheorie bessere Übereinstimmungen zu den FEM-Ergebnissen liefert. Dieser Schnittpunkt tritt bei Betrachtung der Verschiebung $\tilde{u}_y$ deutlich früher auf als bei Betrachtung des Winkels $\theta_3(\tilde{L}.)$

Zusammenfassend besitzt bei Balken auch der Grad der Verformung einen Einfluss auf die Abweichung der Ergebnisse des analytischen Modells von den FEM-Ergebnissen. Dies ist auch bei FKG zu erwarten. Die tatsächlichen relativen Abweichungen der betrachteten Theorie von 3D FEM sind geometrieabhängig. Sind FKG mit großen Verhältnissen von $\tilde{w}$ in einem Mechanismus vorhanden, ist die Verwendung der Plattentheorie sinnvoll, um bessere Übereinstimmungen des analytischen Modells des NM mit FEM zu erreichen. Wenn beispielsweise ein NM mehrere FKG enthält, welche bei der Verformung unterschiedliche Gelenkwinkel erfahren, so ist vor allem der Einfluss der verwendeten Theorie im Gelenk mit dem größten Drehwinkel maßgebend. Bei Gelenken mit kleinen Drehwinkeln liefert trotz der Geometrieverhältnisse die Anwendung des Modells für reine Biegung bessere Übereinstimmungen mit FEM.

5.1.4 Verifikation anhand weiterer ebener Mechanismen

Ziel dieses Unterabschnittes ist es, nachdem das analytische Modell anhand der Beispiele von Parallelkurbeln Unterabschnitt 5.1.1 und einer Schubkurbel Unterabschnitt 5.1.2 validiert wurde, die Wirksamkeit und Allgemeinheit der vorgeschlagenen Methode zu demonstrieren, indem weitere Beispiele für NM untersucht werden. Zunächst werden Punktgeradführungsmechanismen wie EVANS-, ROBERTS- und WATT-Mechanismen betrachtet. Daraufhin folgt die Berechnung eines nachgiebigen Greifers sowie einer nachgiebigen Schubkurbel mit verteilter Nachgiebigkeit, jeweils mit Anwendung der gewonnenen Erkenntnisse aus Unterabschnitt 5.1.3. Abschließend folgt die Berechnung eines komplexeren Mechanismus, ein Pantograph zur Ebenenführung, aufgeteilt in insgesamt zehn Balken mit sechs Verzweigungspunkten und Doppeldrehgelenken. Alle

Berechnungen werden mit Hilfe des analytischen Modells numerisch durchgeführt und mit 3D FEM-Simulationen verglichen. Die dazu verwendeten FEM-Modelle werden analog zum beschriebenen Modell in Unterabschnitt 5.1.1 aufgebaut. Einheitlich für alle nachfolgenden Beispiele werden die geometrischen Parameter $H = 10\,\text{mm}$, $w = 6\,\text{mm}$ und $h = 0{,}3\,\text{mm}$ verwendet. Als Material dient jeweils erneut die Aluminiumlegierung EN AW 7075 mit dem E-Modul $E = 72\,\text{GPa}$ und einer Querkontraktionszahl von $\nu = 0{,}33$.

Weitere Punktgeradführungsmechanismen

In diesem Abschnitt wird das Bewegungsverhalten der drei Punktgeradführungsmechanismen nach EVANS, ROBERTS und WATT untersucht. Die maximale Höhe der einzelnen Abschnitte aller Mechanismen wird, wie eingangs erwähnt, auf $H = 10\,\text{mm}$ und die Breite der Mechanismen auf $w = 6\,\text{mm}$ festgelegt. Das Starrkörpervorbild eines EVANS-Mechanismus mit den gewählten Abmessungen: $a = 100\,\text{mm}$, $b = c = d = 50\,\text{mm}$ und $\alpha = 60°$ und dessen Umsetzung als NM sind in Abbildung 5.21 dargestellt.

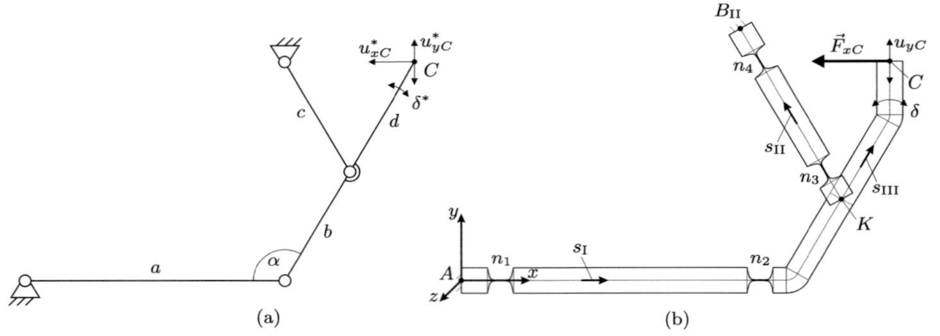

Abbildung 5.21: EVANS-Mechanismus: (a) SKM, (b) Geometrie des nachgiebigen EVANS-Mechanismus mit Potenzfunktionskonturen ($n = 8$) mit relevanten Punkten und Einteilung in unterschiedliche Balken und Abschnitte.

Aufgrund der Verzweigung wird auch der EVANS-Mechanismus im Punkt K in drei individuelle Balken mit den einzelnen Achsen s_I, s_II und s_III aufgespalten. Für den Punkt K werden nach der beschriebenen Methode die Übergangsbedingungen für die Position und Orientierung der Balkenachsen nach Gleichung 4.8 und Gleichung 4.9 sowie für die Biegemomentverteilung nach Gleichung 4.10 (ohne $M_{z\text{IV}}$) definiert. Der NM in Abbildung 5.21 (b) wird in die für das analytische Modell erforderlichen Segmente der einzelnen Stäbe unterteilt. Die Gelenke werden durch Potenzfunktionskonturen mit einer minimalen Stegdicke von $h = 0{,}3\,\text{mm}$ abgebildet. Für die Exponenten der Konturen werden sowohl beliebig gewählte Beispiele mit identischen Werten als auch eine Variante mit unterschiedlichen Exponenten ausgewählt. Die unterschiedlichen

Exponenten werden anhand der in [111] gegebenen Kurventafeln auf Basis der Maximalwinkel des Starrkörpervorbilds, zur Einhaltung der maximal zulässigen Dehnung von 0,5 %, festgelegt.

Der Mechanismus wird mit einer Verschiebung von $u_{xC} = -10\,\text{mm}$ ohne Berücksichtigung der zulässigen Dehnung in nur einem Lastschritt durch eine Kraft F_{xC} ausgelenkt. Die durch die Verschiebung resultierende Kraft F_{xC}, die maximale elastische Dehnung $\varepsilon_{\max}$, die Geradenabweichung u_{yC} und der Koppeldrehwinkel δ werden mit dem vorgeschlagenen analytischen Modell und mit einer 3D FEM-Simulation verglichen. Die Vernetzung und der Aufbau des FEM-Modells erfolgt nach dem gleichen Schema wie bei dem Beispiel der Parallelkurbel aus Unterabschnitt 5.1.1.

Tabelle 5.5: Ergebnisse des analytischen und desFEM-Modells sowie die relativen Abweichungen zur FEM für den nachgiebigen EVANS-Mechanismus mit unterschiedlichen Exponenten für die Potenzfunktionskonturen bei einer Verschiebung von $u_{xC} = -10$ mm.

Exponent				F_{xC} in N			$\varepsilon_{\max}$ in %			u_{yC} in µm			δ in °		
n_1	n_2	n_3	n_4	FEM	Ana.	Δ_{FEM}	FEM	Ana.	Δ_{FEM}	FEM	Ana.	Δ_{FEM}	FEM	Ana.	Δ_{FEM}
2	2	2	2	−8,59	−8,23	−4,19 %	3,16	3,23	2,22 %	−60,65	−60,39	−0,43 %	6,36	6,36	-
8	8	8	8	−1,57	−1,57	-	0,62	0,64	3,23 %	−85,04	−84,74	−0,35 %	6,35	6,35	-
16	16	16	16	−1,20	−1,17	−2,50 %	0,51	0,49	−3,92 %	−95,75	−95,11	−0,67 %	6,35	6,35	-
3	8	16	5	−1,53	−1,51	−1,31 %	0,52	0,50	−3,85 %	−93,59	−93,07	−0,56 %	6,35	6,35	-

Die Ergebnisse des analytischen Modells und die FEM-Simulationsergebnisse sowie die Abweichung von den FEM-Ergebnissen sind in Tabelle 5.5 zusammengefasst. Zudem sind der unverformte und verformte Zustand maßstabsgerecht in Abbildung 5.22 dargestellt.

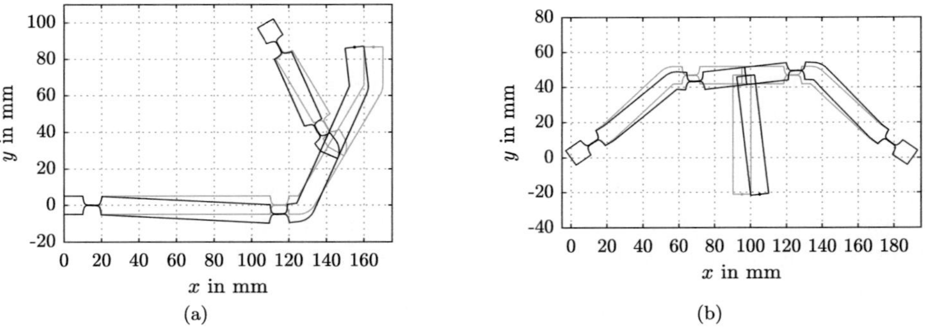

Abbildung 5.22: Numerische Lösung des analytischen Modells für den unausgelenkten (grau) und ausgelenkten (schwarz) Zustand des nachgiebigen: (a) EVANS-Mechanismus bei einer Auslenkung von $u_{xC} = -10$ mm, (b) ROBERTS-Mechanismus bei einer Auslenkung von $u_{xC} = 10$ mm.

Anhand der erhaltenen Ergebnisse wird deutlich, dass die relativen Abweichungen für die betrachteten Varianten der gewählten Gelenkkonturen mit unter 5 % in guter

Übereinstimmung sind, wodurch das analytische Modell erneut verifiziert werden kann. Die Absolutwerte im Mikrometerbereich bezüglich der Geradenabweichung u_{yC} werden durch den nichtlinear analytischen Ansatz numerisch zuverlässig bestimmt.

Werden die Ergebnisse jedoch mit dem SKM verglichen, beträgt die maximale Geradenabweichung des SKM $u^*_{yC} = -55{,}11\,\mu\text{m}$ und der Winkel $\delta^* = 6{,}34°$. Im Hinblick auf die Geradenabweichung fallen die Ergebnisse des NM für alle untersuchten Varianten größer aus. Hierbei besteht Optimierungspotenzial, welches in Abschnitt 6.2 untersucht wird.

Es sollte hervorgehoben werden, dass die numerische Lösung des analytischen Modells innerhalb weniger Sekunden erzielt wird, während die FEM-Simulationen je nach Diskretisierungseinstellungen insgesamt mehrere Stunden dauert. Die Ergebnisse zur Berechnung des Verformungszustandes des EVANS-Mechanismus sind in [69] und [67] veröffentlicht.

Der Punktgeradführungsmechanismus nach ROBERTS stellt einen symmetrischen Mechanismus dar. Für das Starrkörpervorbild werden in diesem Beispiel die Maße $a = c = 66{,}6\,\text{mm}$, $b = 56{,}6\,\text{mm}$, $d = 67{,}9\,\text{mm}$ und $\alpha = 35°$ gewählt. Der SKM und die Umsetzung des NM sind in Abbildung 5.23 gezeigt.

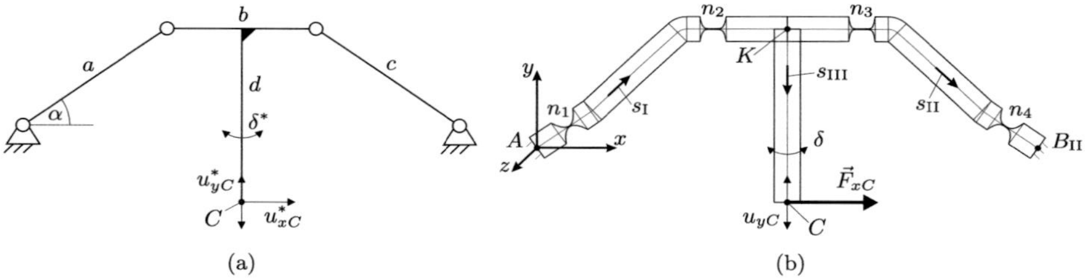

Abbildung 5.23: ROBERTS-Mechanismus: (a) SKM, (b) Geometrie des nachgiebigen ROBERTS-Mechanismus mit Potenzfunktionskonturen ($n = 8$) mit relevanten Punkten und Einteilung in unterschiedliche Balken und Abschnitte.

Analog zum EVANS-Mechanismus erfolgt auch hier beim analytischen Modell eine Unterteilung in drei individuelle Balken nach der beschriebenen Vorgehensweise. Zum Vergleich mit dem analytischen Modell werden ebenfalls 3D FEM-Simulationen mit den zuvor beschriebenen Diskretisierungseinstellungen herangezogen. Es wird eine Verschiebung von $u_{xC} = 10\,\text{mm}$ eingeleitet, die im SKM zu einer Geradenabweichung von $u^*_{yC} = -24{,}84\,\mu\text{m}$ und einem Winkel $\delta^* = 6{,}57°$ führt. Die beispielhaft betrachteten Exponenten der Potenzfunktionskonturen des NM und die Berechnungsergebnisse beider Modelle sind in Tabelle 5.6 aufgelistet.

Auch anhand dieses Mechanismus kann das analytische Modell verifiziert werden. Lediglich im Fall der Potenzfunktionskonturen mit den identischen Exponenten $n = 8$

weicht die numerisch berechnete Geradenabweichung u_{yC} um 50 % vom FEM-Ergebnis ab. Hierbei sind jedoch die sehr kleinen Absolutwerte zu berücksichtigen, welche dennoch eine gute Übereinstimmung besitzen. Erwähnenswert ist die gegenüber dem Starrkörpervorbild ($u^*_{yC} = -24{,}84\,\mu\text{m}$) deutlich reduzierte Geradenabweichung bei den Gelenken mit $n = 8$ im NM. Der NM ist durch dieses Ergebnis dem Starrkörpervorbild überlegen, was auch hier ein großes Optimierungspotenzial deutlich werden lässt. Nähere Betrachtungen dazu folgen in Abschnitt 6.2. Weitere Berechnungen zum Bewegungsverhalten des ROBERTS-Mechanismus sind in [69] veröffentlicht.

Tabelle 5.6: Ergebnisse des analytischen und desFEM-Modells sowie die relativen Abweichungen zur FEM für den nachgiebigen ROBERTS-Mechanismus mit unterschiedlichen Exponenten für die Potenzfunktionskonturen bei einer Verschiebung von $u_{xC} = 10$ mm.

Exponent				F_{xC} in N			$\varepsilon_{\max}$ in %			u_{yC} in µm			δ in °		
n_1	n_2	n_3	n_4	FEM	Ana.	Δ_{FEM}	FEM	Ana.	Δ_{FEM}	FEM	Ana.	Δ_{FEM}	FEM	Ana.	Δ_{FEM}
2	2	2	2	6,63	6,37	−3,92 %	2,54	2,61	2,76 %	−14,95	−15,15	1,34 %	6,58	6,58	-
8	8	8	8	1,21	1,21	-	0,49	0,50	2,04 %	0,14	0,21	50 %	6,57	6,57	-
16	16	16	16	0,92	0,90	−2,17 %	0,40	0,38	−5,00 %	8,22	7,85	−4,50 %	6,57	6,57	-
3	12	10	3	1,28	1,25	−2,34 %	0,46	0,47	2,17 %	1,30	1,15	−11,54 %	6,57	6,57	-

Im Gegensatz zum EVANS- und ROBERTS-Mechanismus besitzt der WATT-Mechanismus eine kontinuierliche Balkenachse ohne Verzweigungen, sodass sein Verformungsverhalten durch das in Unterabschnitt 4.2.4 beschriebene Modell mit Berücksichtigung der Übergangsbedingungen in Gleichung 4.7 berechnet werden kann, vgl. Abbildung 5.24.

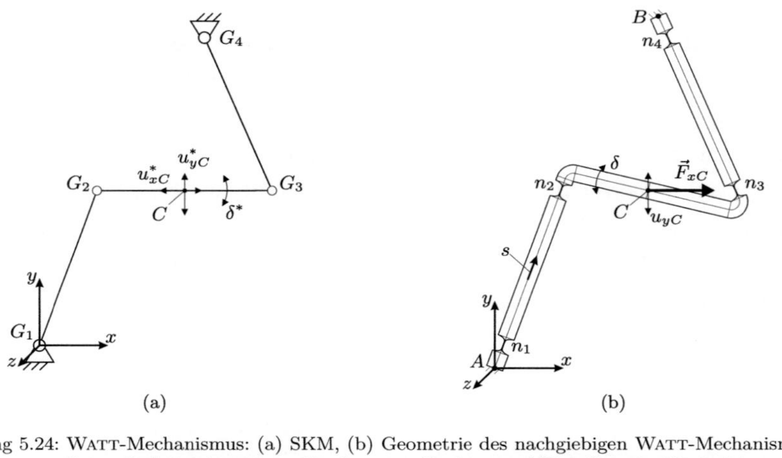

Abbildung 5.24: WATT-Mechanismus: (a) SKM, (b) Geometrie des nachgiebigen WATT-Mechanismus mit Potenzfunktionskonturen mit relevanten Punkten und Einteilung in Abschnitte.

Mit Hilfe des WATT-Mechanismus kann die Führung eines Koppelpunktes C auf einer annähernd geraden Linie approximiert werden, während eine Drehung der Koppel stattfindet. Die Abmessungen des Starrkörpervorbilds in Abbildung 5.24 (a) werden zur Vereinfachung durch die Koordinaten der Gelenke G_1, G_2, G_3, G_4 und des Punktes C gegeben (Tabelle 5.7). Zusätzlich sind die bei einer Auslenkung von $u^*_{xC} = 10\,\mathrm{mm}$ resultierenden relativen Drehwinkel des SKM in der Tabelle angegeben. Anhand dieser Gelenkwinkel werden zunächst geeignete Exponenten für die Potenzfunktionskonturen des NM mit Hilfe der Kurventafeln in [111] ausgewählt mit dem Ziel, die maximal zulässige Dehnung des Materials von $\varepsilon_{\mathrm{adm}} = 0{,}5\,\%$ zu berücksichtigen.

Tabelle 5.7: Koordinaten der Gelenke sowie des betrachteten Koppelpunktes im unausgelenkten Zustand und relative Drehwinkel des WATT-SKM bei Auslenkung um $u^*_{xC} = 10\,\mathrm{mm}$.

Parameter	G_1	G_2	G_3	G_4	C
x in mm	0	34,2	138,2	98,2	86,2
y in mm	0	94	94	185,6	94
φ in °	6,3	11,5	1,2	6,3	-

Tabelle 5.8: Ergebnisse des analytischen und desFEM-Modells sowie die relativen Abweichungen zur FEM für den nachgiebigen WATT-Mechanismus mit unterschiedlichen Exponenten für die Potenzfunktionskonturen bei einer Verschiebung von $u_{xC} = 10$ mm.

Exponent				F_{xC} in N			$\varepsilon_{\max}$ in %			u_{yC} in µm			δ in °		
n_1	n_2	n_3	n_4	FEM	Ana.	Δ_{FEM}	FEM	Ana.	Δ_{FEM}	FEM	Ana.	Δ_{FEM}	FEM	Ana.	Δ_{FEM}
5	11	2	5	1,38	1,31	−5,07 %	0,48	0,49	2,08 %	291,10	291,05	−0,02 %	5,11	5,11	-

Die Ergebnisse der numerischen und FEM-basierten Berechnung des Verformungszustandes sowie die relativen Abweichungen der Ergebnisse des analytischen Modells von den FEM-Ergebnissen bei einer Auslenkung von $u_{yC} = 10\,\mathrm{mm}$ sind für das gewählte Beispiel in Tabelle 5.8 aufgelistet. Besonders die Ergebnisse der Verschiebung u_{yC} sind für beide Methoden nahezu identisch. Die maximalen Abweichungen treten bei der Kraft F_{xC} auf, fallen aber mit ca. 5 % gering aus. Die Abweichungen bei der Kraft und bei der maximalen Dehnung können deutlich reduziert werden, wenn die Gelenkabmessungen in Betracht gezogen werden und darauf basierend die Empfehlungen aus Unterabschnitt 5.1.3 angewendet werden. Dies wird an den folgenden Beispielen des nachgiebigen Greifers und der Schubkurbel verdeutlicht. Die Untersuchungen zum WATT-Mechanismus sind in [64] publiziert.

Nachgiebiger Greifer

Der in Abbildung 5.25 dargestellte Greifermechanismus (vgl. [73]) weist einen symmetrischen Aufbau auf. Aufgrund seiner Symmetrie kann der Mechanismus in zwei Hälften geteilt und als Mechanismus mit nur einem festen Ende im Punkt A, einem Verzweigungspunkt K und einem Schieber in x-Richtung im Punkt B_{II} modelliert werden. Im Beispiel werden alle drei FKG als Potenzfunktionskonturen mit $n = 6$ modelliert.

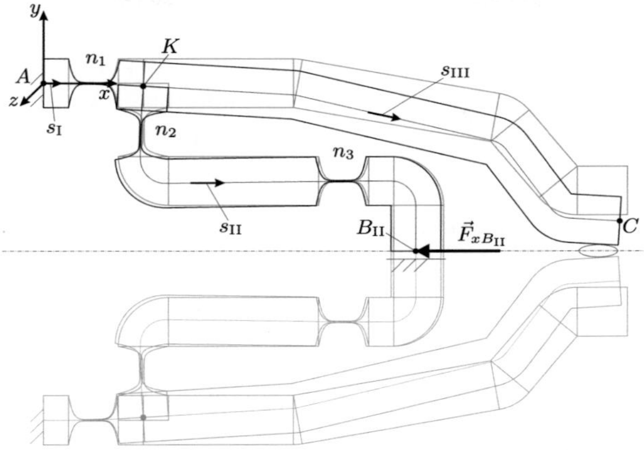

Abbildung 5.25: Geometrie des nachgiebigen Greifermechanismus mit Potenzfunktionskonturen ($n = 6$) mit relevanten Punkten und Einteilung in unterschiedliche Balken und Abschnitte im unbelasteten (grau) und belasteten Zustand (schwarz).

Bei Festlegung der Belastung durch eine Kraft von $F_{xB_{II}} = -4\,\mathrm{N}$ sind die resultierenden Verschiebungen der Punkte B_{II}, K und C in Tabelle 5.9 für das analytische Modell sowie das FEM-Modell gegeben. Als Besonderheit werden bei diesem Mechanismus zusätzlich die Empfehlungen aus Abbildung 5.17 angewendet.

Im Rahmen der Untersuchungen dieser Arbeit stellte sich heraus, dass bei NM mit unterschiedlichen relativen Drehwinkeln der einzelnen FKG, die Empfehlung die Querkontraktion zu berücksichtigen, vor allem im Abschnitt des Gelenks mit der größten Verformung angewendet werden sollte. Dies ist darauf zurückzuführen, dass das Modell für reine Biegung bei kleinen Verformungen bessere Übereinstimmungen zur FEM aufweist als das Modell zur Berücksichtigung von Querkontraktion (vgl. Abbildung 5.20).

Im speziellen Fall des nachgiebigen Greifers erfährt das Gelenk im Abschnitt mit L_{II2} (n_2 im Bild) die größte Verformung. Werden für dieses Gelenk die Empfehlungen aus Abbildung 5.17 (a) in Betracht gezogen, ergibt sich für das Verhältnis $\tilde{w} = 0{,}6$, dass das analytische Modell mit Berücksichtigung von Querkontraktion die besten Übereinstimmungen zum 3D FEM-Modell liefern sollte.

Um dies zu untersuchen, wird eine numerische Lösung des analytischen Modells durchgeführt, bei welcher im gesamten Mechanismus global, wie bei den bisherigen Mechanismenbeispielen, reine Biegung modelliert wird. Zusätzlich erfolgt eine Berechnung, bei welcher ausschließlich im Abschnitt L_{II2} zusätzlich zur Biegung auch die Querkontraktion im Modell berücksichtigt wird.

Die Ergebnisse der Verschiebungen relevanter Punkte im Mechanismus sind für beide Modelle sowie für die 3D FEM-Simulationen in Tabelle 5.9 gegeben. Außerdem sind jeweils die relativen Abweichungen vom FEM-Modell gegeben. Anhand der Ergebnisse wird deutlich, dass das analytische Modell mit reiner Biegung im Vergleich zum 3D FEM-Modell eine geringere Steifigkeit aufweist und größere Verformungen auftreten. Dies führt für alle Punkte zu Abweichungen von etwa 6 %. Bei der Abweichung von mehr als 14 % bei u_{xK} sind jedoch die niedrigen Absolutwerte zu berücksichtigen.

Tabelle 5.9: Ergebnisse des analytischen und desFEM-Modells sowie relative Abweichungen zur FEM für den nachgiebigen Greifermechanismus bei der Kraft $F_{xB_{\text{II}}} = -4$ N.

Methode	$u_{xB_{\text{II}}}$ in mm	u_{xK} in mm	u_{yK} in mm	u_{xC} in mm	u_{yC} in mm
FEM	−0,484	−0,014	−0,550	−1,402	−5,943
Analytisch (reine Biegung global)	−0,512	−0,016	−0,582	−1,493	−6,285
↳ Abweichung von FEM	5,79 %	14,29 %	5,82 %	6,49 %	5,75 %
Analytisch (Querkontraktion bei $L_{\text{II}2}$)	−0,479	−0,014	−0,546	−1,392	−5,903
↳ Abweichung von FEM	−1,03 %	-	−0,73 %	−0,71 %	−0,67 %

Es wird weiterhin deutlich, dass die Abweichungen zum FEM-Modell durch die Anwendung des Modells mit Berücksichtigung von Querkontraktion im Bereich des Gelenks n_2 im Abschnitt $L_{\text{II}2}$ deutlich reduziert werden können. In diesem Fall tritt die maximale Abweichung bei $u_{xB_{\text{II}}}$ auf und beträgt lediglich −1,03 %.

Durch dieses Beispiel wird deutlich, dass die Berücksichtigung von unterschiedlichen Theorien in einzelnen Abschnitten ein großes Potenzial besitzt, um die Genauigkeit des analytischen Modells im Vergleich zu 3D FEM-Simulationen zu steigern.

Nachgiebige Schubkurbel mit verteilter Nachgiebigkeit

Im nächsten Beispiel wird der Punktgeradführungsmechanismus basierend auf dem Starrkörpervorbild einer Schubkurbel aus Unterabschnitt 5.1.2 erneut betrachtet. Jedoch wird der NM derart modifiziert, dass im ersten Balken anstelle der beiden FKG nun ein durchgehend nachgiebiger Abschnitt mit konstanter Höhe vorliegt. Somit wird der Mechanismus, welcher zuvor ausschließlich Abschnitte mit konzentrierter Nachgiebigkeit beinhaltete, mit einer verteilten Nachgiebigkeit modelliert. Der NM ist in Abbildung 5.26 dargestellt.

Die Belastung des Mechanismus erfolgt durch die Kraft $F_{xB_{\text{II}}}$ im Punkt B_{II} schrittweise von −1 N bis 1,5 N in Schritten von 0,01 N, während der Ursprung im Punkt A eingespannt ist. Als Randbedingung am Ende des zweiten Balkens wird ausschließlich die Verschiebung in x-Richtung ermöglicht. Eine Verdrehung des Punktes B_{II} wird verhindert.

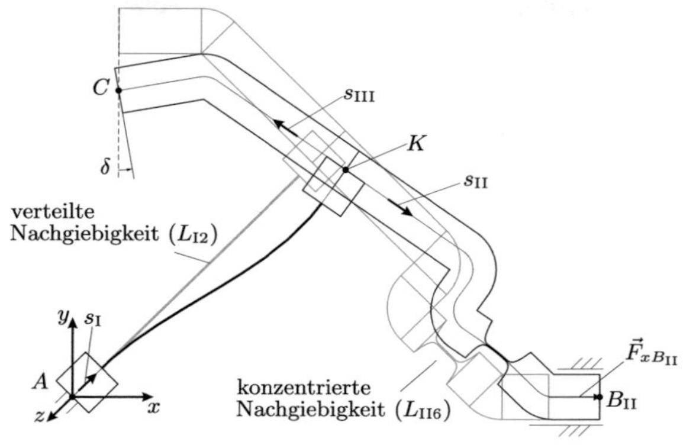

Abbildung 5.26: Geometrie der nachgiebigen Schubkurbel mit verteilter Nachgiebigkeit und einer Potenzfunktionskontur mit $n = 8$, relevanten Punkten und Einteilung in unterschiedliche Balken und Abschnitte.

Die Verschiebung des Punktes B_{II} in x-Richtung, die Verschiebung des Punktes C in x- und y-Richtung sowie die resultierende maximale elastische Dehnung ε_{max} werden mit Hilfe des analytischen Modells und 3D FEM-Simulationen in Abhängigkeit der vorgegebenen Kraft ausgewertet. Im Fall der FEM-Simulationen wird bei dieser Rechnung die maximale VON MISES-Vergleichsdehnung global ermittelt, um die Effekte von Querkontraktion und Einschnürungen zu berücksichtigen, damit ein besserer Vergleich zu beiden analytischen Modellen hergestellt werden kann. Das Element mit verteilter Nachgiebigkeit wird als ein Abschnitt mit konstantem Querschnitt, einer Länge von $L_{I2} = 60\,\text{mm}$ und wie bei den übrigen Gelenken mit einer Höhe von $H_{I2} = 0{,}3\,\text{mm}$ modelliert. Das FKG (sechstes Element des zweiten Balkens im Abschnitt L_{II6}) wird mit Hilfe einer Potenzfunktionskontur achter Ordnung gestaltet.

Auch für diesen Mechanismus werden, wie beim vorangegangen Beispiel des nachgiebigen Greifers, die Empfehlungen aus Unterabschnitt 5.1.3 angewendet. Zunächst wird die numerische Berechnung des Verformungsverhaltens mit dem analytischen Modell unter der Annahme reiner Biegung durchgeführt. Wird anschließend das Verhältnis von Breite zu Länge der beiden nachgiebigen Elemente, die die größte Verformung erfahren, betrachtet, so ergibt sich ein Verhältnis von $\tilde{w}_{I2} = 0{,}1$ für das Element mit verteilter Nachgiebigkeit und $\tilde{w}_{II6} = 0{,}6$ für das einzelne FKG im zweiten Balken. Im Hinblick auf die Empfehlungen aus Abbildung 5.17 (a) sollte die Querkontraktion zusätzlich zur Biegung im einzelnen FKG des zweiten Balkens (Abschnitt L_{II6}) berücksichtigt werden, während alle weiteren Elemente durch das Modell mit reiner Biegung berechnet werden.

Daher wird zusätzlich zu den mit reiner Biegung erhaltenen Ergebnissen eine zweite Berechnung durchgeführt, bei der Querkontraktion im entsprechenden FKG angewendet wird. Da sich die Geometrie des Mechanismus durch das Element mit verteilter Nachgiebigkeit von den bisherigen Mechanismen unterscheidet, wird zunächst eine Netzstudie des FEM-Modells durchgeführt mit dem Ergebnis, dass die nachgiebigen Bereiche mit einer Elementgröße von 0,05 mm zu vernetzen sind. Global wird weiterhin eine Elementgröße von 1 mm verwendet.

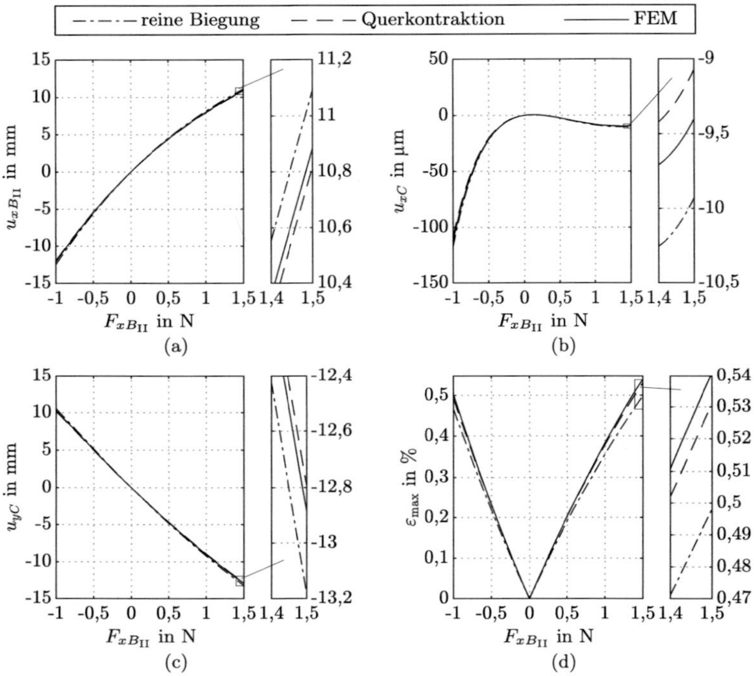

Abbildung 5.27: Ergebnisse des analytischen und desFEM-Modells für den nachgiebigen Schubkurbelmechanismus mit verteilter Nachgiebigkeit bei der Belastung $F_{xB_{II}} = -1{,}0\,\text{N}$ bis 1,5 N: (a) Auslenkung $u_{xB_{II}}$, (b) Auslenkung u_{xC}, (c) Auslenkung u_{xC}, (d) maximale elastische Dehnung ε_{max}.

Die Ergebnisse der Berechnungen über die Kraft $F_{xB_{II}}$ sind in Abbildung 5.27 für alle drei Modelle dargestellt. Aus den Diagrammen wird deutlich, dass für alle betrachteten Punkte die numerischen Berechnungsergebnisse der beiden unterschiedlichen analytischen Modelle und den 3D FEM-Simulationen gut übereinstimmen. Bei vergrößerter Darstellung der Ergebnisse zeigt sich jedoch, dass die Berücksichtigung von Querkontraktion innerhalb des einzelnen FKG eine deutlich bessere Übereinstimmung mit den 3D FEM-Ergebnissen ergibt. Die absoluten Werte und die relativen Abweichungen der beiden analytischen Modelle von den 3D FEM-Ergebnissen sind in Tabelle 5.10 für die maximale Kraft $F_{xB_{II}} = 1{,}5\,\text{N}$ angegeben. Zusätzlich zu den oben genannten Verschiebungen und maximalen elastischen Dehnungen wird der Winkel δ

ausgewertet. Für jedes der aufgeführten Ergebnisse kann die Abweichung von den 3D FEM-Simulationen drastisch reduziert werden, indem die Querkontraktion ausschließlich im FKG des zweiten Balkens (Abschnitt L_{II6}) berücksichtigt wird (Empfehlungen aus Abbildung 5.17 (a)).

Tabelle 5.10: Ergebnisse des analytischen und desFEM-Modells sowie die relativen Abweichungen zur FEM für den nachgiebigen Schubkurbelmechanismus mit verteilter Nachgiebigkeit bei der Kraft $F_{xB_{\mathrm{II}}} = 1{,}5\,\mathrm{N}$.

Methode	$u_{xB_{\mathrm{II}}}$ in mm	u_{xC} in µm	u_{yC} in mm	$\varepsilon_{\max}$ in %	δ in °
FEM	10,886	−9,4	−12,887	0,54	9,67
Analytisch (reine Biegung global)	11,093	−9,9	−13,182	0,50	9,88
↳ Abweichung von FEM	1,90 %	5,32 %	2,29 %	−7,41 %	2,17 %
Analytisch (Querkontraktion bei L_{II6})	10,820	−9,1	−12,795	0,53	9,61
↳ Abweichung von FEM	−0,61 %	−3,19 %	−0,71 %	−1,85 %	−0,62 %

Die Berechnungen zur nachgiebigen Schubkurbel mit verteilter Nachgiebigkeit sind in [73] veröffentlicht.

Nachgiebiger Panthographenmechanismus

Abschließend wird zu den modellbasierten Untersuchungen in der Ebene der Panthographenmechanismus, dargestellt in Abbildung 5.28, betrachtet. Der Mechanismus stellt einen Ebenengeradführungsmechanismus dar. Die Kinematik des SKM wird durch die Koordinaten der einzelnen Gelenke in Tabelle 5.11 festgelegt.

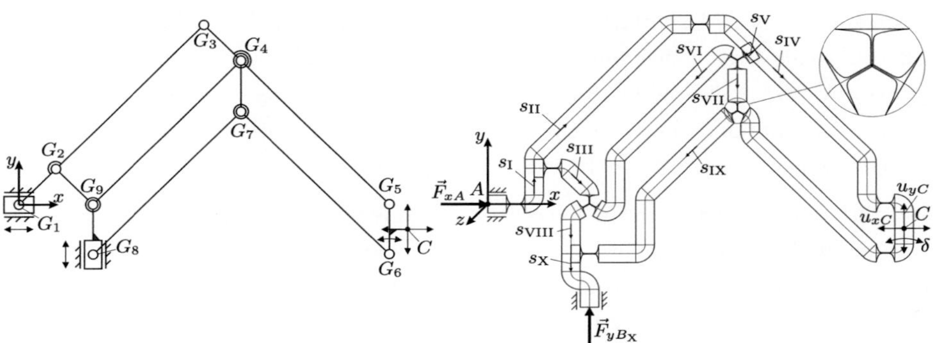

(a) (b)

Abbildung 5.28: Pantographenmechanismus: (a) SKM, (b) Geometrie des nachgiebigen Pantographenmechanismus mit Potenzfunktionskonturen ($n = 8$) sowie relevanten Punkten und Einteilung in unterschiedliche Balken und Abschnitte.

Durch die spezielle Kinematik des Mechanismus können beide Schubgelenke (vgl. Abbildung 5.28 (a)) separat angetrieben werden. Im SKM resultiert aus einer Auslenkung

Tabelle 5.11: Koordinaten der Gelenke sowie des betrachteten Koppelpunktes des Panthographen-SKM im unausgelenkten Zustand.

Parameter	G_1	G_2	G_3	G_4	G_5	G_6	G_7	G_8	G_9	C
x in mm	0	20	100	120	200	200	120	40	40	210
y in mm	0	20	100	80	0	−28	52	−28	0	−14

des horizontalen Schubgelenks die vierfache Auslenkung des Koppelpunkts C in entgegengesetzte x-Richtung, während die Verschiebung des Punktes C in y-Richtung null ist. Bei einer Auslenkung des vertikalen Schubgelenks resultiert am Koppelpunkt C die fünffache Auslenkung in y-Richtung ohne Auslenkung des Punktes C in x-Richtung. Die Koppel des SKM erfährt außerdem keine Verdrehung. Der Mechanismus kann zur Vergrößerung von individuell geschalteten Antriebsbewegungen eingesetzt werden. Durch die Vergrößerung des Hubs zur Koppelebene, können die Eigenschaften hoch reproduzierbarer Aktuatoren, z. B. Piezoaktuatoren, wie in [100], die normalerweise nur einen kleinen Verstellbereich bieten, durch Verwendung dieser Kinematik auf einen größeren Hub erweitert werden.

Im Gegensatz zu den bisher betrachteten verzweigten Mechanismen ist die Komplexität des Panthographenmechanismus aufgrund mehr als einer Verzweigungsstelle deutlich erhöht. Insgesamt liegen bei diesem Mechanismus sechs Verzweigungspunkte vor, sodass sich der NM in zehn einzelne Balken unterteilen lässt (vgl. Abbildung 5.28 (b)), die durch Übergangsbedingungen miteinander verbunden sind. Eine weitere Besonderheit sind die im Starrkörpervorbild vorhandenen drei Doppeldrehgelenke. Doppeldrehgelenke können im NM auf unterschiedliche Art und Weise modelliert werden [109]. In dieser Arbeit wird dazu jeweils die Hälfte einer Potenzfunktionskontur verwendet und im Verzweigungspunkt durch die Übergangsbedingungen analog zu Unterabschnitt 4.2.4 miteinander verbunden. Eine vergrößerte Darstellung der verwendeten Doppeldrehgelenke mit $n = 8$ ist in Abbildung 5.28 (b) gegeben.

Der verformte Zustand des NM soll erneut mit Hilfe des analytischen Modells für reine Biegung und 3D FEM-Simulationen numerisch berechnet werden. Im Beispiel werden die Verformungen $u_{xA} = 2{,}5\,\mathrm{mm}$ und $u_{yB_\mathrm{X}} = 2{,}5\,\mathrm{mm}$ eingeleitet. Zum Vergleich der beiden Modelle werden die resultierenden Kräfte F_{xA} und F_{yB_X}, die Verschiebung des Punktes C in x- und y-Richtung sowie die maximale Dehnung $\varepsilon_{\max}$ ermittelt. Im Fall der FEM-Berechnung wird die Dehnung bei $z = 0$ ausgewertet. Die Ergebnisse der Berechnungen sind in Tabelle 5.12 dargestellt.

Erwähnenswert ist die Berechnungszeit im Vergleich der beiden Modelle. Während einfach verzweigte Mechanismen innerhalb von etwa einer Sekunde berechnet werden, kann der verformte Zustand des Panthographenmechanismus mit dem analytischen Modell innerhalb von 26 Sekunden auf dem selben PC berechnet werden. Die FEM-

Simulation dauert im Vergleich 1,7 Stunden. Die Dauer der numerischen Lösung des analytischen Modells hängt vor allem mit der durch die vielen Verzweigungen resultierenden hohen Anzahl unbekannter Systemparameter zusammen, die durch das Schießverfahren ermittelt werden müssen.

Tabelle 5.12: Ergebnisse des analytischen und desFEM-Modells sowie die relativen Abweichungen zur FEM für den nachgiebigen Panthographenmechanismus bei den Verschiebungen $u_{xA} = u_{yB_X} = 2{,}5\,\mathrm{mm}$.

Methode	F_{xA} in N	F_{yB_X} in µm	u_{xC} in mm	u_{yC} in mm	$\varepsilon_{\max}$ in %	δ in °
FEM	7,06	1,95	−10,317	11,770	0,54	0,87
Analytisch	6,92	1,93	−10,299	11,787	0,54	0,85
Δ_{FEM}	−1,98 %	−1,03 %	−0,17 %	0,14 %	-	−2,30 %

Auch für diesen Mechanismus zeigen sich mit einer maximalen Abweichung von 2,30 % beim Winkel δ gute Übereinstimmungen zwischen beiden Modellen. Besonders die Verschiebung des Punktes C kann mit Abweichungen von unter 0,20 % sehr genau durch das analytische Modell ermittelt werden. Auch bei den beiden Kräften werden mit unter 2 % gute Übereinstimmungen zwischen den Modellen deutlich.

Die Betrachtungen zum Panthographenmechanismus sind in [67] veröffentlicht.

5.2 Verifikation der analytischen Modelle in 3D

In diesem Abschnitt soll das analytische Modell für räumliche Betrachtungen (Abschnitt 3.2) mit Hilfe von 3D FEM-Simulationen verifiziert werden. Die Betrachtungen erfolgen anhand von ausgewählten Beispielen unterschiedlicher Komplexität. Es folgen zunächst Grundlagenuntersuchungen, um die Grenzen des analytischen Modells aufzuzeigen. Zu Beginn werden Balken mit kreisrundem, quadratischem und rechteckigem Querschnitt betrachtet. Zusätzlich folgen Beispiele von Balken mit FKG-Konturen unterschiedlicher Ausführungen. Anschließend folgt die Berechnung der Verformung eines sphärischen Mechanismus mit unterschiedlichen FKG basierend auf einer sphärischen Kurbelschwinge. Zuletzt wird die Vorgehensweise bei der Berechnung verzweigter Balken gezeigt. Die Ergebnisse sind in [74] veröffentlicht.

5.2.1 Verifikation am Beispiel räumlich belasteter Balkenstrukturen

Zunächst werden die beiden in Abbildung 5.29 dargestellten unverzweigten, abgewinkelten Balken betrachtet, welche je im Punkt A fest eingespannt sind und am freien Ende durch eine Kraft $\vec{F}$ belastet werden. Die Beispiele stellen ebene Balken dar, da der Verlauf der Balkenachsen innerhalb der xy-Ebene liegt, jedoch werden die Balken räumlich belastet, sodass eine räumliche Verformung resultiert.

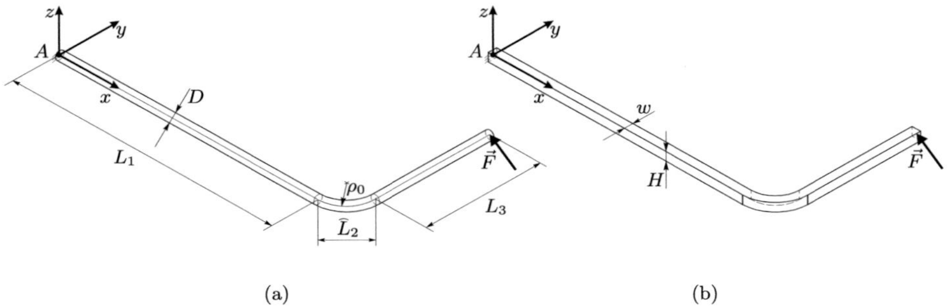

Abbildung 5.29: Räumlich belastete Balken: (a) abgewinkelter Balken mit rundem Querschnitt, (b) abgewinkelter Balken mit quadratischem Querschnitt ($w = H$).

Der Belastungsvektor wird wie folgt definiert:

$$\vec{F} = F \cdot \begin{pmatrix} -1 \\ 1 \\ 1 \end{pmatrix}. \tag{5.19}$$

Bei den beiden Beispielen handelt es sich um einen Balken mit kreisrundem (Abbildung 5.29 (a)) und einen Balken mit quadratischem Querschnitt (Abbildung 5.29 (b)). Die gewählten geometrischen Parameter lauten:

$$L_1 = 45\,\text{mm},\ \rho_0 = 5\,\text{mm},\ L_2 = \frac{\pi}{2}\rho_0,\ L_3 = 20\,\text{mm},\ D = w = H = 1{,}5\,\text{mm}. \tag{5.20}$$

Darin stellt D den Durchmesser des runden Balkens dar. Das Torsionsträgheitsmoment für den runden Querschnitt lautet:

$$I_1 = \frac{\pi D^4}{32}. \tag{5.21}$$

Zur Berechnung des Torsionsträgheitsmomentes beim quadratischen Querschnitt kann Gleichung 3.65 herangezogen werden. Beide Balken werden mit Hilfe des analytischen Modells in MATLAB® numerisch berechnet und die Verschiebungen des Balkenendes in die drei Raumrichtungen mit den 3D FEM-Simulationsergebnissen verglichen. Das FEM-Modell wird mit Hilfe von *Solid186*-Elementen vernetzt. Zuvor wird eine Netzstudie durchgeführt, die eine Elementgröße von 0,35 mm für beide Balken ergibt.

Als Belastung dient für den Vergleich die Kraft F von 0 N bis 7,5 N in Schritten von 0,5 N mit dem gegebenen Richtungsvektor aus Gleichung 5.19. Der mit Hilfe von

MATLAB® berechnete verformte Zustand beider Balkenachsen ist für alle Lastschritte in Abbildung 5.30 dargestellt.

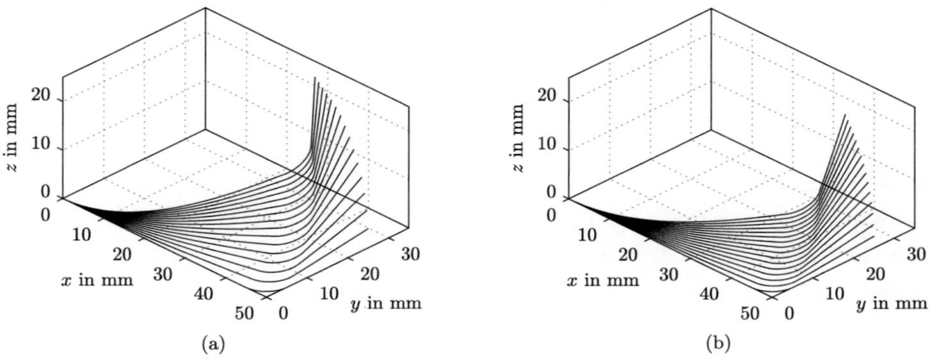

Abbildung 5.30: Verformter Zustand der Balkenachse der abgewinkelten Balken mit: (a) rundem Querschnitt, (b) quadratischem Querschnitt.

Anhand der verformten Balkenachsen kann deutlich festgestellt werden, dass es sich um große Verformungen in alle drei Raumrichtungen handelt. Die Balken werden sowohl verbogen als auch tordiert. Zusätzlich sind die Ergebnisse der Berechnungen für die maximale Belastung von $F = 7{,}5\,\mathrm{N}$ in Tabelle 5.13 gegeben.

Tabelle 5.13: Ergebnisse der Verschiebungen der Balkenenden sowie die relative Abweichung zur FEM der beiden Winkelhebel bei $F = 7{,}5\,\mathrm{N}$.

Balken	u_x in mm			u_y in mm			u_z in mm		
	FEM	Ana.	Δ_{FEM}	FEM	Ana.	Δ_{FEM}	FEM	Ana.	Δ_{FEM}
Rund	−24,701	−24,673	−0,11 %	11,707	11,715	0,07 %	22,401	22,387	−0,06 %
Quadr.	−16,473	−16,462	−0,07 %	9,426	9,431	0,05 %	17,137	17,133	−0,02 %

Anhand der Ergebnisse wird trotz der großen Verformungen, mit einer maximalen Abweichung von $-0{,}11\,\%$ bei u_x, eine sehr gute Übereinstimmung zwischen den analytischen und den FEM-Simulationsergebnissen deutlich. Dadurch kann das analytische Modell für räumliche Mechanismen mit kreisrundem und quadratischem Querschnitt als verifiziert betrachtet werden.

5.2.2 Berechnung von torsionsbelasteten Balken und Platten

Im nächsten Schritt sollen Balken mit rechteckigem Querschnitt untersucht werden. Da die Biegung von Rechteckquerschnitten anhand der zweidimensionalen Beispiele aus Abschnitt 5.1 ausführlich untersucht wurde und das Modell verifiziert werden konnte, wird im Folgenden reine Torsion rechteckiger Balken mit gerader Balkenachse untersucht.

Die Berechnung erfolgt unter Nutzung dimensionsloser Parameter, die analog zur Gleichung 5.18 eingeführt werden. Es wird ein Balken der Länge $\tilde{L} = \frac{L}{L} = 1$ betrachtet. Er besitzt die Höhe $\tilde{H} = 0{,}05$. Das Verhältnis von Breite zu Höhe des Balkens wird im Bereich von $\frac{w}{H} = 1$ bis 20 in Schritten von 0,5 variiert. Zur Berechnung der Torsion sind die Modellgleichungen für räumliche Strukturen anzuwenden (Abschnitt 3.2). In der Torsionstheorie wird kein Unterschied zwischen Platten und Balken gemacht [45], weshalb die Modellgleichungen für den gesamten Parameterbereich gültig sind.

Gemäß Annahme 3.9 (c) müssen sich die Querschnitte des Balkens ungehindert verwölben können. Außerdem muss die Verwölbung konstant entlang der Balkenachse sein. Zur Einhaltung dieser Annahme wird der Balken nicht eingespannt, sondern wie in Abbildung 5.31 (a) dargestellt mit zwei entgegengesetzt identischen Torsionsmomenten auf die freien Stirnflächen belastet.

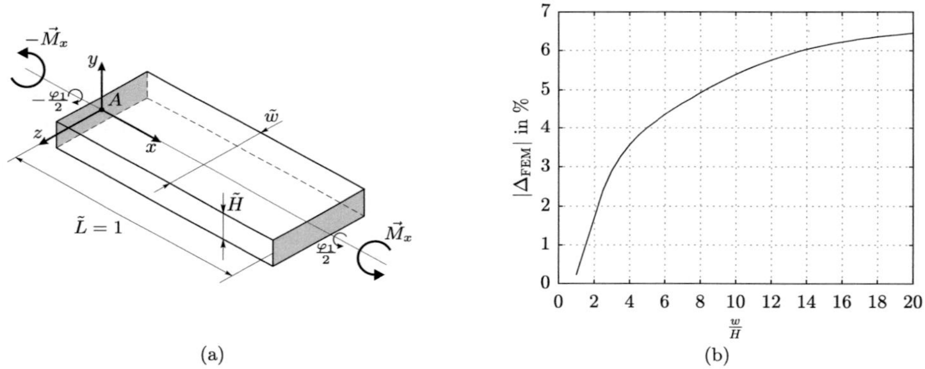

Abbildung 5.31: Parameterstudie eines auf Torsion belasteten Balkens: (a) Skizze des Balkens mit Parametern, (b) relative Abweichung der Ergebnisse des analytischen Modells für den Torsionswinkel φ_1 von den FEM-Simulationsergebnissen.

Zur Durchführung der Parameterstudie wird mit Hilfe des analytischen Modells ein Torsionswinkel von $\varphi_1 = 5°$ für alle Parameterkombinationen angesetzt und das jeweils resultierende Torsionsmoment bestimmt. Dieses Moment dient als Eingabewert für die FEM-Berechnungen. Im FEM-Modell wird daraufhin der Torsionswinkel φ_1 ermittelt und mit dem Winkel von 5° aus dem analytischen Modell verglichen. Die relativen Abweichungen der numerisch ermittelten Ergebnisse auf Basis des analytischen Modells von den FEM-Ergebnissen sind grafisch in Abbildung 5.31 (b) über dem Verhältnis von $\frac{w}{H}$ dargestellt.

Anhand der in Abbildung 5.31 (b) dargestellten Ergebnisse wird die Beobachtung gemacht, dass bei zunehmendem Verhältnis $\frac{w}{H}$ die Abweichungen ansteigen. Ab einem Verhältnis von ca. $\frac{w}{H} = 8{,}5$ übersteigen die Abweichungen der Ergebnisse des analytischen Modells von den FEM-Ergebnissen einen Wert von $\Delta_{\mathrm{FEM}} = 5\,\%$.

Darüber hinaus steigen die Abweichungen bis zum betrachteten Verhältnis von $\frac{w}{H} = 20$ jedoch nicht über 6,5 % an. Somit wird auch für diese sehr breiten Platten eine gute Übereinstimmung mit dem analytischen Modell festgestellt.

Da FKG in der Gelenkmitte durchaus Querschnittsverhältnisse von $\frac{w}{H} > 10$ aufweisen können, wird in der folgenden Untersuchung reine Torsion am Beispiel einzelner FKG betrachtet.

5.2.3 Berechnung von torsionsbelasteten Festkörpergelenken

In diesem Abschnitt werden FKG mit drei verschiedenen Querschnittsformen durch ein Torsionsmoment M_x belastet, der Winkel φ_1 mit Hilfe des analytischen und des FEM-Modells numerisch ausgewertet und miteinander verglichen. Als Beispiel dient als Gelenkkontur eine Potenzfunktionskontur mit $n = 8$. Die zu untersuchenden Gelenke sind in Abbildung 5.32 gezeigt.

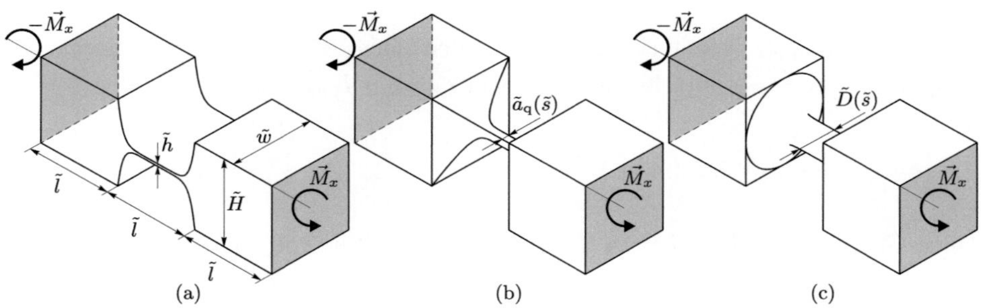

Abbildung 5.32: Torsion von FKG unterschiedlicher Querschnittsformen: (a) konventionelles FKG, (b) biaxiales FKG, (c) rotationssymmetrisches FKG.

Sie werden wie dargestellt mit angrenzenden Segmenten gestaltet. Auch in dieser Untersuchung werden dimensionslose Parameter verwendet. Gemeinsame Gelenkparameter aller drei Gelenke sind $\tilde{H} = \tilde{w} = \tilde{l} = 1$ (vgl. Abbildung 4.5 (d)). Die drei unterschiedlichen Gelenke bestehen aus einem konventionellen Gelenk mit rechteckiger Querschnittsfläche (Abbildung 5.32 (a)), einem biaxialen Gelenk mit quadratischem Querschnitt (Abbildung 5.32 (b)) und einem rotationssymmetrischen Gelenk (Abbildung 5.32 (c)), vgl. [117]. Die Bezeichnung „biaxiales“ Gelenk wird verwendet, da zwei Drehachsen vorliegen um die die Biegung vorzugsweise stattfinden sollte. Diese Drehachsen liegen jeweils parallel zu den Seiten des Quadrats.

Um eine Vergleichbarkeit der drei Gelenke sicherzustellen, ist ein geeigneter Ansatz notwendig, um die jeweilige Gelenkkontur des biaxialen sowie des rotationssymmetrischen Gelenks zu gestalten. Als Ausgangspunkt dient das konventionelle FKG mit der minimalen Gelenkhöhe $\tilde{h} = 0{,}03$. Um bei der gleichen Belastung den gleichen Torsionswinkel zu realisieren, erscheint der Ansatz geeignet für alle drei unterschiedlichen Gelenke ein identisches Torsionsträgheitsmoment I_1 zu wählen.

Das Torsionsträgheitsmoment bei Rechteckquerschnitten ist durch Gleichung 3.65 definiert. Für dessen Berechnung entlang der Gelenkkontur ist die Konturhöhe $h_\mathrm{C}(s)$ notwendig. Die Formel ist in Tabelle 4.1 gegeben. Für die hier durchgeführte dimensionslose Betrachtung wird die Formel für die Konturhöhe im dargestellten Intervall $\tilde{s} = [\tilde{l}, 2\tilde{l}]$ auf folgenden Ausdruck reduziert:

$$\tilde{h}_\mathrm{C}(\tilde{s}) = \tilde{h} + 2^n(1-\tilde{h}) \left|\tilde{s} - \frac{3}{2}\right|^n . \tag{5.22}$$

Das Torsionsträgheitsmoment für Rechteckquerschnitte lautet in der dimensionslosen Darstellung im Bereich der Gelenkkontur:

$$\tilde{I}_{1\mathrm{recht.}}(\tilde{s}) = \frac{1}{3}\tilde{h}_\mathrm{C}(\tilde{s})\tilde{w}^3 \left(1 - \frac{192\tilde{w}}{\pi^5 \tilde{h}_\mathrm{C}(\tilde{s})} \sum_{i=1}^{i} \frac{1}{i^5} \tanh \frac{i\pi\tilde{h}_\mathrm{C}(\tilde{s})}{2\tilde{w}}\right) \tag{5.23}$$

Mit Hilfe von $\tilde{I}_{1\mathrm{recht.}}$ kann das Torsionsträgheitsmoment für quadratische Querschnitte ($\tilde{I}_{1\mathrm{quadr.}}$) für jedes $\tilde{s}$ ermittelt werden, indem $\tilde{I}_{1\mathrm{recht.}} = \tilde{I}_{1\mathrm{quadr.}}$ gesetzt wird:

$$\tilde{I}_{1\mathrm{recht.}}(\tilde{s}) = \tilde{I}_{1\mathrm{quadr.}}(\tilde{s}) = \frac{1}{3}\tilde{a}_\mathrm{q}^4(\tilde{s}) \left(1 - \frac{192}{\pi^5} \sum_{i=1}^{i} \frac{1}{i^5} \tanh \frac{i\pi}{2}\right) . \tag{5.24}$$

Diese Gleichung wird numerisch in MATLAB® mit Hilfe von *fsolve* gelöst und $\tilde{a}_\mathrm{q}(\tilde{s})$ bestimmt. Analog wird für die rotationssymmetrische Gelenkkontur das entsprechende $\tilde{I}_{1\mathrm{rot.}}$ ermittelt, indem $\tilde{D}(\tilde{s})$ aus Gleichung 5.25 numerisch berechnet wird.

$$\tilde{I}_{1\mathrm{recht.}}(\tilde{s}) = \tilde{I}_{1\mathrm{rot.}}(\tilde{s}) = \frac{\pi \tilde{D}^4(\tilde{s})}{32} \tag{5.25}$$

Durch die Bestimmung von $\tilde{D}(\tilde{s})$ und $\tilde{a}_\mathrm{q}(\tilde{s})$ ist sichergestellt, dass alle drei Gelenke das gleiche Torsionsträgheitsmoment besitzen. Für den Vergleich mit den FEM-Berechnungen wird im analytischen Modell ein Torsionswinkel von $\varphi_1 = 2{,}5°$ angesetzt. Das berechnete resultierende Torsionsmoment $\tilde{M}_x$ ist, wie erwartet, für alle drei Gelenke identisch. Das Ergebnis für $\tilde{M}_x$ aus der numerischen Lösung des analytischen Modells bei einem Winkel von $\varphi_1 = 2{,}5°$ dient als Belastung im FEM-Modell. Anschließend wird im FEM-Modell der Torsionswinkel φ_1 bestimmt. Die Ergebnisse sowie die relativen Abweichungen der mit dem analytischen Modell numerisch berechneten Torsionswinkel vom jeweiligen FEM-Ergebnis sind in Tabelle 5.14 dargestellt.

Es wird deutlich, dass die mit beiden Modellen berechneten Ergebnisse bei der Gelenkkontur mit quadratischem Querschnitt und bei der Kontur mit rotationssymmetrischem Querschnitt jeweils sehr gut übereinstimmen (Abweichungen geringer als 2 %). Im Gegensatz dazu treten bei der konventionell rechteckigen Gelenkkontur starke Abweichungen (größer als 200 %) bei den mit beiden Modellen ermittelten Ergebnissen auf. Beim FEM-Modell resultiert ein deutlich kleinerer Torsionswinkel von 0,815°.

Tabelle 5.14: Vergleich torsionsbelasteter FKG, Belastung durch ein Torsionsmoment M_x, sodass im analytischen Modell ein Winkel von $\varphi_1 = 2{,}5°$ resultiert.

Gelenk	Torsionswinkel φ_1		
	FEM	Ana.	Δ_{FEM}
Konventionell rechteckig	0,815°	2,5°	206,75 %
Biaxial quadratisch	2,529°	2,5°	−1,15 %
Rotationssymmetrisch	2,539°	2,5°	−1,54 %

In Abbildung 5.31 ist ersichtlich, dass die Abweichungen des analytischen Modells vom FEM-Modell bei der Torsion plattenartiger Strukturen mit einem Querschnittsverhältnis von $\frac{w}{H} = 20$ unterhalb von 6,5 % liegen. Dies kann im Fall von FKG jedoch nicht beobachtet werden. Zur Erklärung der dabei auftretenden hohen Abweichungen wird die von Mises-Vergleichsdehnung im Bereich der Gelenkkontur im FEM-Modell grafisch in Abbildung 5.33 dargestellt.

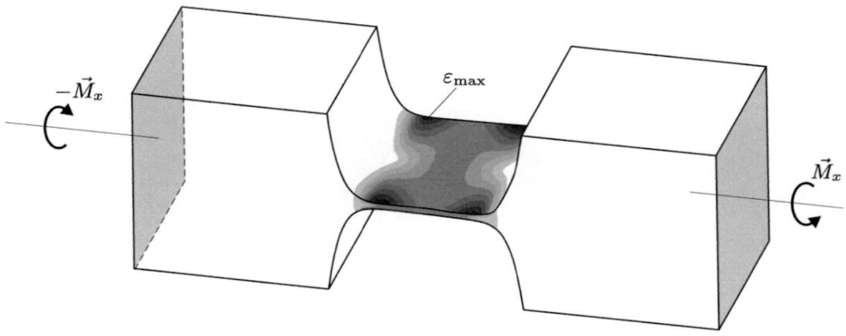

Abbildung 5.33: Dehnungsverteilung eines auf Torsion belasteten konventionellen FKG.

Deutlich wird, dass hier die größte Dehnung, wie dargestellt, im Randbereich der Gelenkkontur auftritt. Der Grund für diese starken Dehnungen ist die Tatsache, dass sich aufgrund des Anstiegs von $h_{\mathrm{C}}(s)$ zum Rand der Kontur und durch die angrenzenden Elemente, welche kaum eine Verformung erfahren, die Querschnitte sich nicht ungehindert verwölben können. Hierdurch treten im FEM-Modell Spannungen auf, die im analytischen Modell nicht berücksichtigt werden. Bedingt durch die Geometrie kann Annahme 3.9 (c) nicht eingehalten werden. Aufgrund der Spannungsspitzen im Randbereich des FKG mit Rechteckquerschnitt scheint es generell ungeeignet für die Belastung auf Torsion.

Im Fall von rotationssymmetrischen oder quadratischen FKG-Konturen hingegen verteilen sich die Spannungen gleichmäßig auf den Bereich der Gelenkkontur (nicht dargestellt). Diese beiden Ausführungen sind daher in räumlichen NM meist den konventionellen FKG mit Rechteckquerschnitt vorzuziehen, sofern keine gleichwertige Richtungsbiegung, sondern eine Torsion der Gelenke zu erwarten ist. Eine Torsion dieser Gelenke würde eine gewünschte Biegung beschränken, da die Richtung der Biegung durch den Querschnitt bestimmt wird.

Im Gesamtsystem eines räumlichen NM ist zusätzlich die Fertigbarkeit zu berücksichtigen. Besonders die Realisierung rotationssymmetrischer Gelenke ist bei räumlichgen Systemen gegebenenfalls ausschließlich additiv umsetzbar. Daher wird die Anwendung der genannten „biaxialen“ FKG in räumlichen NM empfohlen. Bei geschickter Anordnung können diese Gelenke mit mehrachsigen Drahterosions- oder Fräsmaschinen hergestellt werden.

5.2.4 Verifikation am Beispiel einer sphärischen Kurbelschwinge

In diesem Abschnitt wird das analytische Modell auf einen räumlichen NM angewendet. Als Vorbild für die Umsetzung des NM dient der in Abbildung 5.34 dargestellte SKM einer sphärischen Kurbelschwinge.

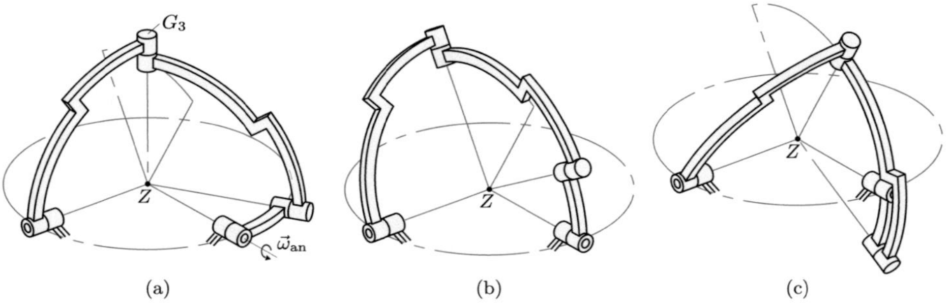

Abbildung 5.34: Verschiedene Lagen des SKM der sphärischen Kurbelschwinge: (a) Ausgangslage für den NM, (b) Decklage, (c) Strecklage.

Dieser spezifische Mechanismus zeichnet sich durch die besondere Anordnung der vier einzelnen Drehgelenke aus. Bei dieser Anordnung schneiden sich alle vier Drehachsen in einem zentralen Punkt Z, wodurch das Drehgelenk G_3 (vgl. Abbildung 5.34 (a)) auf einem Kreisbogen schwingt. Die zugehörige Strecklage des SKM ist in Abbildung 5.34 (b) und die Decklage in Abbildung 5.34 (c) dargestellt. Während der SKM ein umlauffähiges Antriebsglied besitzt (Antrieb gekennzeichnet mit $\vec{\omega}_{an}$), kann durch die Materialdehnung im NM nur ein kleiner Bereich der möglichen Bewegung des

SKM realisiert werden. Dazu wird die in Abbildung 5.34 (a) dargestellte konkrete Lage für die Gestaltung des NM gewählt.

Wird bei der Gestaltung des NM sichergestellt, dass sich die Drehachsen der FKG ebenso wie im SKM in einem zentralen Punkt schneiden, werden die Gelenke vorrangig auf Biegung belastet. Dennoch ist zu erwarten, dass im Gesamtsystem des räumlichen NM Torsion in den Gelenken auftreten wird. Wie bereits im vorangegangenen Abschnitt empfohlen, sollten daher grundsätzlich, vor allem auch im Hinblick auf die Fertigbarkeit, Gelenke mit quadratischem Querschnitt herangezogen werden.

Für die folgende Untersuchung wird daher der NM einerseits mit Hilfe konventioneller FKG und andererseits mit Hilfe von den bereits betrachteten biaxialen FKG mit quadratischem Querschnitt gestaltet, um einen Vergleich der Verwendung beider Gelenkarten in einem Mechanismus herzustellen. Beide Varianten werden als Potenzfunktionskonturen ausgeführt und sind in der gewählten Lage in Abbildung 5.35 abgebildet. Die FKG sind derart angeordnet, dass sich die $\vec{e}_3$-Achse im Zentrum der einzelnen Gelenke im Punkt Z schneiden.

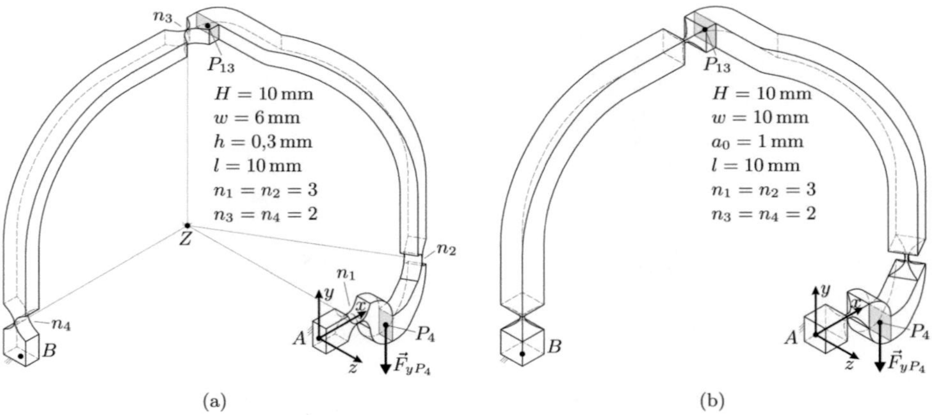

Abbildung 5.35: Modell der beiden NM der sphärischen Kurbelschwinge mit den gewählten Geometrieparametern: (a) mit konventionellen FKG, (b) mit biaxialen FKG.

Die gewählten Gelenkparameter der implementierten FKG sind für beide Mechanismenvarianten in Abbildung 5.35 aufgelistet. Die Querschnitsshöhe der konventionellen FKG wird anhand der aus Unterabschnitt 4.2.2 bekannten Formel berechnet. Die Formel gilt für jedes Gelenk einzeln, wobei das Koordinatensystem am Anfang des Gelenks beginnt, analog zur Darstellung in Abbildung 4.5 (a).

$$h_C(s) = h + \frac{2^n(H-h)}{l^n}\left|s - \frac{l}{2}\right|^n . \tag{5.26}$$

Für das hier gewählte Beispiel wird im Fall der biaxialen FKG der Parameter $h =$ 1 mm als minimale Gelenkdicke eingeführt. Die Seitenlängen a_q der quadratischen Querschnittsfläche werden im Bereich der Kontur nach Gleichung 5.27 berechnet.

$$a_\mathrm{q}(s) = h + \frac{2^n(H-h)}{l^n}\left|s - \frac{l}{2}\right|^n \tag{5.27}$$

Für das analytische Modell werden die Mechanismen in je 20 Abschnitte unterteilt. Diese Abschnitte bestehen aus Balken mit gerader Balkenachse, im unbelasteten Zustand vorgekrümmten Balken um die $\vec{e}_2$- sowie um die $\vec{e}_3$-Achse und aus FKG mit Potenzfunktionskonturen. Die resultierenden Abschnitte sind mit unterschiedlichen Graustufen in Abbildung 5.36 dargestellt. Die konkreten Zahlenwerte für die einzelnen Längenabschnitte sowie für κ_{10}, κ_{20} und κ_{30} sind im Anhang in Tabelle A.11 dargestellt.

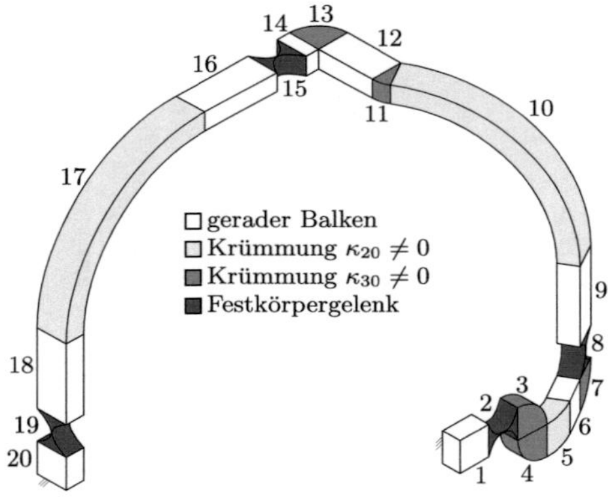

Abbildung 5.36: Unterteilung des NM der sphärischen Kurbelschwinge in 20 Abschnitte.

Bei den folgenden Untersuchungen erfolgt die Belastung der Mechanismen, wie in Abbildung 5.35 dargestellt, durch eine Kraft F_{yP_4} auf die Endfläche des vierten Abschnitts im dargestellten Punkt P_4 in y-Richtung. Die Berechnung des verformten Zustandes erfolgt mit Hilfe des analytischen Modells aus Abschnitt 3.2 sowie zum Vergleich der Ergebnisse mit Hilfe von 3D FEM-Simulationen. Die Vernetzung der FEM-Modelle erfolgt analog zur Beschreibung in Unterabschnitt 5.1.1. Es wird vorgegeben, dass die Kraft so lange variiert wird, bis eine Verschiebung am Ende des vierten Abschnittes von $u_{yP_4} = -2\,\mathrm{mm}$ resultiert. Die dafür benötigte Kraft wird im jeweiligen Modell ausgewertet. Außerdem wird die Verschiebung der Punkte P_4 und P_{13} in alle drei Raumrichtungen ausgewertet.

In Tabelle 5.15 sind die Ergebnisse für den NM der sphärischen Kurbelschwinge mit konventionellen FKG und gegenüberstellend mit biaxialen FKG aufgeführt.

Tabelle 5.15: Vergleich der nachgiebigen sphärischen Kurbelschwinge mit konventionellen ($h = 0{,}3\,\mathrm{mm}$) und biaxialen ($h = 1\,\mathrm{mm}$) FKG bei einer vorgegebenen Verschiebung von $u_{yP_4} = -2\,\mathrm{mm}$

Ergebnis	konventionelle FKG			biaxiale FKG		
	FEM	Ana.	Δ_{FEM}	FEM	Ana.	Δ_{FEM}
u_{xP_4} in mm	−1,5257	−1,5278	0,14 %	−1,5204	−1,5267	0,41 %
u_{yP_4} in mm	−2,0000	−2,0000	-	−2,0000	−2,0000	-
u_{zP_4} in mm	0,0106	0,0032	−69,81 %	−0,1661	−0,1696	2,11 %
$u_{xP_{13}}$ in mm	0,1419	0,0862	−39,25 %	3,1808	3,1704	−0,33 %
$u_{yP_{13}}$ in mm	−0,4356	−0,3737	−14,21 %	−3,9634	−3,9491	−0,36 %
$u_{zP_{13}}$ in mm	5,7326	5,8370	1,82 %	−0,5701	−0,5409	−5,12 %
F_{yP_4} in N	−14,361	−13,3498	−7,40 %	−31,3450	−32,8154	4,69 %

Anhand der Ergebnisse aus Tabelle 5.15 wird deutlich, dass die Abweichungen der numerisch ermittelten Ergebnisse des analytischen Modells von den FEM-Ergebnissen bei der Verwendung von konventionellen FKG erheblich sind. So werden für die Verschiebung u_{zP_4} nahezu 70 % festgestellt. Dies lässt sich erneut durch die Problematik der Torsionsbelastung im Bereich der Gelenke begründen. Außerdem fällt die Abweichung bei der Kraft F_{yP_4} mit −7,40 % groß aus.

Wie bereits vermutet, sind die Abweichungen dagegen bei der Verwendung von biaxialen FKG deutlich geringer. Hier tritt die maximale Abweichung zur FEM bei der Verschiebung $u_{zP_{13}}$ auf und beträgt −5,12 %. Die Kraft F_{yP_4} weicht um 4,69 % ab. Die Ergebnisse bestätigen die These, dass in räumlichen NM, auch wenn die Torsion eine untergeordnete Rolle spielt, Geometrien mit quadratischem oder rotationssymmetrischen Querschnitt, insbesondere im Bereich von FKG, zu bevorzugen sind.

5.2.5 Verifikation am Beispiel verzweigter Strukturen bei räumlicher Belastung

Abschließend wird als Beispiel der in Abbildung 5.37 dargestellte verzweigte Balken unter räumlicher Belastung berechnet. In der Ausgangslage befindet sich der Mechanismen in der xy-Ebene und wird durch die Kraftvektoren aus Gleichung 5.31 räumlich verformt. Die Vorgehensweise bei der analytischen Modellierung von Verzweigungspunkten erfolgt analog zum in Unterabschnitt 4.2.4 beschriebenen Ablauf für 2D-Betrachtungen.

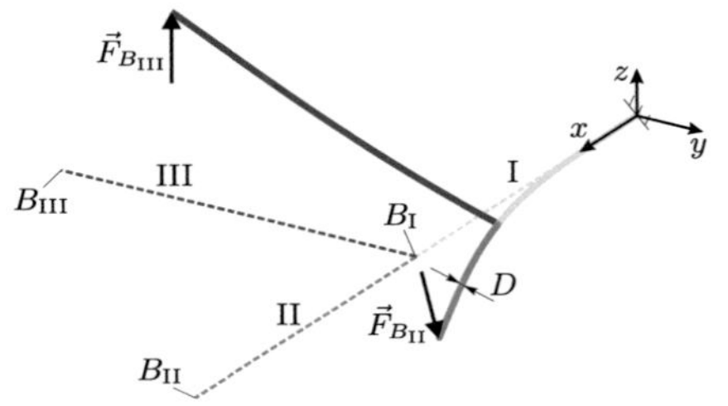

Abbildung 5.37: Unverformter (gestrichelt) und verformter Zustand des gewählten verzweigten Balkens unter räumlicher Belastung.

Im Verzweigungspunkt sind hier die Winkel θ_1, θ_2 und θ_3 am Anfang der Balken II und III anhand der Geometrie zu definieren. Übergangsbedingungen gelten analog für alle Komponenten der Momente im Verzweigungspunkt:

$$M_{x\mathrm{I}}(L_\mathrm{I}) - M_{x\mathrm{II}}(0) - M_{x\mathrm{III}}(0) = 0, \tag{5.28}$$

$$M_{y\mathrm{I}}(L_\mathrm{I}) - M_{y\mathrm{II}}(0) - M_{y\mathrm{III}}(0) = 0, \tag{5.29}$$

$$M_{z\mathrm{I}}(L_\mathrm{I}) - M_{z\mathrm{II}}(0) - M_{z\mathrm{III}}(0) = 0. \tag{5.30}$$

Als Beispielgeometrie dient der dargestellte Mechanismus mit rotationssymmetrischem Querschnitt mit $D = 1\,\mathrm{mm}$ und den Längen $L_\mathrm{I} = L_\mathrm{II} = L_\mathrm{III} = 50\,\mathrm{mm}$. Als Material wird erneut die Aluminiumlegierung EN AW 7075 mit einem E-Modul von 72 GPa und der Querkontraktionszahl von $\nu = 0{,}33$ verwendet. Belastet wird der Balken mit den Kräften:

$$\vec{F}_{B_\mathrm{II}} = \begin{pmatrix} 0{,}5\,\mathrm{N} \\ 0{,}5\,\mathrm{N} \\ 0 \end{pmatrix}, \; \vec{F}_{B_\mathrm{III}} = \begin{pmatrix} 0 \\ 0 \\ 0{,}5\,\mathrm{N} \end{pmatrix}. \tag{5.31}$$

Im FEM-Modell werden *Solid186* mit einer Elementgröße von 0,15 mm verwendet. Für die gewählte Belastung resultieren große Verformungen, die maßstabsgerecht in Abbildung 5.37 dargestellt sind. Als Ergebnis werden beim analytischen und beim FEM-Modell die Verschiebungen in x-, y- und z-Richtung am Ende der drei einzelnen Balken ausgewertet. Die Verschiebungen und die relativen Abweichungen der numerisch ermittelten Ergebnisse des analytischen Modells von den FEM-Ergebnissen sind in Tabelle 5.16 gegeben.

Tabelle 5.16: Ergebnisse des analytischen und desFEM-Modells sowie die relativen Abweichungen zur FEM bei der Berechnung des verformten Zustandes des räumlich belasteten verzweigten Balkens.

Position	u_x in mm			u_y in mm			u_z in mm		
	FEM	Ana.	Δ_{FEM}	FEM	Ana.	Δ_{FEM}	FEM	Ana.	Δ_{FEM}
B_{I}	−1,444	−1,444	-	9,410	9,407	−0,03 %	5,010	5,013	0,06 %
B_{II}	−5,784	−5,807	0,40 %	28,936	28,982	0,16 %	10,674	10,693	0,18 %
B_{III}	10,651	10,650	−0,01 %	17,987	18,038	0,28 %	30,166	30,261	0,31 %

Anhand der Ergebnisse aus Tabelle 5.16 wird deutlich, dass beide Modelle mit Abweichungen von unter 0,5 % sehr gut übereinstimmen. Damit kann bestätigt werden, dass auch für räumliche Mechanismen die präsentierte Vorgehensweise bei der Modellierung von verzweigten Mechanismen gültig ist.

5.3 Kapitelzusammenfassung

In diesem Kapitel wurden die analytischen Modelle aus Kapitel 3 an verschiedenen Beispielen von NM angewendet. Geometriedaten der betrachteten Mechanismen sind in Abschnitt A.3 zu finden. Die Berechnung wurde an einer Vielzahl unterschiedlicher Mechanismen demonstriert und konnte durch 3D FEM-Simulationen und Messungen verifiziert und validiert werden. Ein weiterer Untersuchungsgegenstand des Kapitels war die Ermittlung des Einflusses der verwendeten Balkentheorie auf die Verformung. Auf Basis einer Parameterstudie konnten Diagramme erstellt werden (vgl. Abbildung 5.17), mit Hilfe derer in Abhängigkeit der Balkengeometrie eine geeignete Theorie gewählt werden kann. Die Ergebnisse wurden im weiteren Verlauf des Kapitels auf FKG innerhalb von NM angewendet und konnten bestätigt werden.

Ein großer Vorteil der hier empfohlenen abschnittsweisen Modellierung von NM besteht darin, dass für einzelne Abschnitte entlang der Balkenachsen unterschiedliche Theorien gezielt angewendet werden können. Dadurch können beispielsweise Bereiche mit einem großen Verhältnis $\tilde{H}$ unter Berücksichtigung von Querkraftschub und Bereiche mit einem großen Verhältnis $\tilde{w}$ unter Berücksichtigung von Querkontraktion (Plattentheorie) berechnet werden, während andere Bereiche mit der herkömmlichen Theorie großer Verformungen stabförmiger Strukturen, bei der reine Biegung berücksichtigt wird, berechnet werden. Es wurde gezeigt, dass diese Vorgehensweise ein großes Potenzial besitzt, um die Genauigkeit der numerischen Berechnung von NM basierend auf analytischen Modellen im Vergleich zu 3D FEM-Simulationen zu steigern.

Im letzten Teil des Kapitels konnten die Modellgleichungen für räumliche Balkenstrukturen anhand ausgewählter NM unter räumlicher Belastung verifiziert werden. Dabei konnten Empfehlungen abgeleitet werden, welche Art von FKG in räumlichen NM implementiert werden sollten. Dabei stellten sich insbesondere FKG mit quadratischem Querschnitt („biaxiales" FKG) als geeignet heraus. Diese Empfehlungen konnten am Beispiel des NM einer sphärischen Kurbelschwinge bestätigt werden. Abschließend wurde die Modellierung von verzweigten räumlichen Mechanismen demonstriert und das Modell verifiziert. Die wesentlichen Ergebnisse des Kapitels sind im Folgenden stichpunktartig genannt:

- Verifizierung der numerisch ermittelten Ergebnisse der analytischen Modelle mit Hilfe von 3D FEM-Berechnungen anhand vieler NM unterschiedlicher Komplexität und Kinematik,
- Validierung der analytischen Modelle durch Messungen am Beispiel einer nachgiebigen Parallelkurbel,
- Diagramme mit Empfehlungen zur zu verwendenden Balkentheorie in Abhängigkeit der Balkengeometrie,
- Verifikation der Modellgleichungen für räumliche Mechanismen anhand unterschiedlicher Beispiele,
- Empfehlungen der zu verwendenden FKG-Geometrien bei räumlich belasteten NM,
- Verifizierung des Modells räumlich verzweigter Mechanismen.

6 Entwicklung von Syntheseansätzen für ebene nachgiebige Mechanismen

Synthese- und Optimierungsprozesse bei der Entwicklung von NM bestehen meist aus einer Reihe unterschiedlicher Teilschritte, die anschließend zu einem Ergebnis führen, welches zuvor definierte Anforderungen erfüllt. In der Literatur kommen bei der Synthese von NM häufig Topologieoptimierungsverfahren basierend auf FEM (z. B. [22]), das sogenannte „Building Blocks-Verfahren" (z. B. [47]) oder das PRBM (z. B. [95]) zum Einsatz. Im Gegensatz dazu sollen in diesem Kapitel Teilschritte des Syntheseprozesses erörtert werden, welche mit Hilfe der analytischen Modelle aus Kapitel 3 durchgeführt werden können.

Da die Gleichungen des analytischen Modells nicht explizit lösbar sind, ist die Dimensionierung, also die Ermittlung der Geometrie und ggf. des Materials von FKG und NM bei Vorgabe gewünschter Eigenschaften, wie Steifigkeit, Winkel oder Verschiebungen nicht trivial. Aufgrund der hohen Anzahl geometrischer und werkstofflicher Parameter sind unzählige Lösungskombinationen für konkrete Anforderungen möglich. Hinzu kommen weitere Parameter, die die Struktur des Mechanismus festlegen, wie die Position der FKG, die Art der Nachgiebigkeit, die Gelenkorientierung und auch die Anzahl der Gelenke innerhalb eines NM. Um die Syntheseschritte zu vereinfachen, kann es daher sinnvoll sein, die Anzahl der zu optimierenden Parameter zu reduzieren. Beispielsweise kann ein gewisser Bauraum, definiert durch Außenabmessungen, wie Länge, Breite und Höhe des Systems vorgegeben werden, welcher während der Optimierungen nicht überschritten werden darf. Weiterhin können die Optimierungsprozesse je nach konkreter Anwendung auf wenige Parameter eingeschränkt werden, wie z. B. die Dimensionierung einzelner Längenabschnitte, der Konturparameter der FKG oder die Optimierung der Gelenkposition im Mechanismus.

In den folgenden beiden Unterkapiteln werden einzelne Teilschritte des Syntheseprozesses von NM vorgeschlagen und an konkreten Dimensionierungsbeispielen angewendet. Die Entwicklung der Syntheseansätze im Rahmen dieser Arbeit wird auf ebene Anwendungen beschränkt. Zunächst wird die Dimensionierung für einzelne FKG beschrieben. Im zweiten Teil des Kapitels folgt die Entwicklung von Optimierungsansätzen für das Gesamtsystem von NM.

6.1 Dimensionierung von Einzelgelenken

Da die Kontur der einzelnen FKG das Bewegungsverhalten und die Präzision (z. B. bei Geradführungen) von NM maßgeblich beeinflusst, stellt die Optimierung der Konturgeometrie vor dem Hintergrund ausgewählter Zielkriterien einen wesentlichen Teilschritt des Syntheseprozesses von NM dar. Da FKG jedoch auch einzeln in konkreten Systemen angewendet werden können, wird der Konturoptimierung dieses Unterkapitel gewidmet. Dazu soll hier eine Vorgehensweise zur Dimensionierung entwickelt werden.

Wird im Syntheseprozess zu Beginn ein geeigneter SKM gewählt, spielt die Optimierung der Gelenkkontur eine zentrale Rolle bei der Entwicklung eines NM. Durch die Analyse des SKM können zunächst die relativen Gelenkwinkel der konventionellen Drehgelenke im gewünschten Bewegungsbereich ermittelt werden. Auf Basis dieser Gelenkwinkel kann daraufhin die Dimensionierung geeigneter Konturen für FKG ermittelt werden, die die geforderten Gelenkwinkel ermöglichen.

Im Folgenden wird die Dimensionierungsaufgabe definiert, zu optimierende Parameter identifiziert und erforderliche Randbedingungen festgelegt. Daraufhin folgt die Dimensionierung von Einzelgelenken für zwei unterschiedliche Lastfälle. Zum einen für die Belastung durch ein äußeres Moment und zum anderen durch eine richtungstreue Kraft. Daraufhin werden Beispiele anhand unterschiedlicher Gelenkkonturen betrachtet. Abschließend wird die Zielfunktion abgewandelt, sodass eine multikriterielle Optimierung durchzuführen ist.

6.1.1 Definition der Dimensionierungsaufgabe

Zur Entwicklung einer Methode zur Optimierung der Kontur einzelner FKG ist zunächst eine zentrale Dimensionierungsaufgabe zu definieren, welche Aussagen zu den gewünschten Zielkriterien und einzuhaltenden Rand- bzw. Nebenbedingungen vorgibt. Soll ausgehend von der gewünschten Bewegung eines SKM ein NM konstruiert werden, der diese Bewegung abbildet, können kinematische Anforderungen an die einzelnen FKG gestellt werden. Konkret werden diese Anforderungen an die Gelenkkonturen gestellt, da sich die Verformung auf diese Abschnitte konzentriert. Um die Bewegung des SKM auch im NM möglichst exakt reproduzieren zu können, ist bei der Auslegung der Gelenkkontur eine hohe Präzision erforderlich. Die Präzision kann durch die Drehachsenverlagerung der Gelenkkontur ausgedrückt werden, vgl. Abbildung 2.4. Somit kann die Dimensionierungsaufgabe einzelner FKG-Konturen als die Minimierung der Drehachsenverlagerung definiert werden.

Bei der Analyse des Bewegungsbereiches des SKM werden, wie bereits beschrieben, die relativen Winkel der einzelnen Drehgelenke ermittelt. Diese Winkel müssen von der zu konstruierenden FKG-Kontur realisiert werden können und repräsentieren damit einen fixen Vorgabewert für die Optimierung. Es wird weiterhin festgelegt, dass der Werkstoff des zu dimensionierenden FKG bereits zu Beginn auszuwählen ist. In den folgenden Beispielen wird erneut als Werkstoff die Aluminiumlegierung EN AW 7075 festgelegt. Damit der jeweilige Gelenkwinkel φ_G realisiert werden kann, muss das Gelenk im materialelastischen Bereich bewegt werden. Damit kann als Nebenbedingung der Optimierung die Einhaltung oder Unterschreitung der maximal zulässigen Dehnung ε_{adm} des gewählten Werkstoffs definiert werden. In den hier betrachteten Beispielen gilt bei der konkreten Werkstoffwahl $\varepsilon_{adm} = 0{,}5\,\%$.

Die folgenden Betrachtungen werden am Beispiel von FKG mit Gelenkkontur in Form einer Potenzfunktion durchgeführt, lassen sich aber auf beliebige andere Konturen übertragen, wie im weiteren Verlauf des Kapitels gezeigt wird.

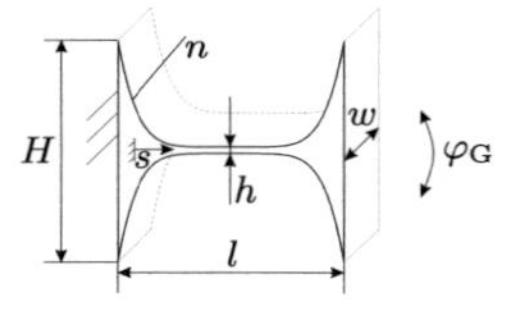

Abbildung 6.1: Skizze einer Gelenkkontur in Form einer Potenzfunktion.

Die Potenzfunktionskontur wird durch die geometrischen Parameter H, h, l und n (Abbildung 6.1) beschrieben. Die Konturhöhe $h_C(s)$ ist aus Tabelle 4.1 bekannt und wird hier erneut aufgeschrieben:

$$h_C(s) = h + \frac{2^n(H-h)}{l^n}\left|s - \frac{l}{2}\right|^n \tag{6.1}$$

Theoretisch können also nach der Festlegung eines Werkstoffes maximal die genannten vier geometrischen Konturparameter optimiert werden, um den relativen Gelenkdrehwinkel φ_G zu erreichen und dabei ε_{max} einzuhalten. Dadurch entsteht ein sehr großer Lösungsraum und das gewählte Optimierungsverfahren kann unter Umständen zeitaufwendig sein. Um die Berechnungszeit zu reduzieren, ist es also sinnvoll, den möglichen Lösungsraum einzuschränken, indem einige der Parameter bereits vorgegeben werden.

Eine Variation aller vier Parameter zur Realisierung der Dimensionierungsaufgabe ließe gegebenenfalls den zur Verfügung stehenden Bauraum überschreiten, weshalb hier eine erste Parameterbegrenzung erstellt wird. Dazu soll der Bauraum durch die konkrete Vorgabe der Parameter H und w eingeschränkt werden. Damit verbleibt die Optimierung der drei Konturparameter h, l und n.

Für diese drei Parameter ist es sinnvoll gewünschte Wertebereiche vorzugeben, um den Lösungsraum weiter einzugrenzen. Diese Wertebereiche können beispielsweise aus den gegebenen Fertigungsmöglichkeiten definiert werden. Besonders trifft dies für die minimale Stegdicke h zu, für welche durch das geplante Fertigungsverfahren konkrete minimale Grenzen ($h_{\min}$) existieren. Als obere Grenze für h ($h_{\max}$) gilt die Gesamthöhe H. Weitere Einschränkungen gelten für den Exponenten n. Dieser soll grundsätzlich $n_{\min} = 1$ erfüllen. Aus numerischer Sicht ist es sinnvoll eine obere Grenze für n ($n_{\max}$) zu definieren, da bei der Lösung des Differentialgleichungssystems in den Gleichungen 3.9 - 3.12 Singularitäten durch starke Anstiege in den Randbereichen der Kontur im Verhältnis zur Schrittweite der Integration entstehen können. Es wird ein Wert von $n_{\max} = 50$ empfohlen. Minimale und maximale Grenzen für den Parameter l ($l_{\min}$, $l_{\max}$) können ausgehend vom zur Verfügung stehenden Raum für die Position der Gelenke im NM festgelegt werden. Es ist dabei zu beachten, dass die Art der Nachgiebigkeit (konzentriert oder verteilt) durch die Wahl von l beeinflusst wird.

Im Anschluss an die Optimierung liegt als Ergebnis schließlich eine Lösung für die drei Konturparameter h, l und n für einen gegebenen Anwendungsfall vor, wenn die Zielfunktion und die Nebenbedingungen im definierten Wertebereich eingehalten werden können. Mit Hilfe dieser Parameter kann das entstandene FKG anschließend analysiert werden und Ergebnisse für das Moment bzw. die Kraft, die resultierende maximale Dehnung und die auftretende Drehachsenverlagerung berechnet werden.

Zusammengefasst berücksichtigt die beschriebene Dimensionierungsaufgabe die folgenden Aspekte:

- Betrachtete Gelenkkontur:
  Potenzfunktionskontur nach Abbildung 6.1 und Gleichung 6.1
- Feste Vorgaben:
  Material: E, $\varepsilon_{\mathrm{adm}}$, Bauraum: H, w, geforderter Drehwinkel: φ_{G},
- Variationsparameter:
  h, l, n,
- Zielkriterium:
  Minimieren der Drehachsenverlagerung $\rightarrow \min(v_{\mathrm{D}})$,
- Nebenbedingungen:
  $h_{\min} \leq h \leq h_{\max}$, $l_{\min} \leq l \leq l_{\max}$, $n_{\min} \leq n \leq n_{\max}$, , $\varepsilon_{\max} \leq \varepsilon_{\mathrm{adm}}$,
- Ergebnisse der Dimensionierung mit anschließender Analyse:
  h, l, n, M_{e} bzw. F_y, $|v_{\mathrm{D}}|$, $\varepsilon_{\max}$.

Zur Durchführung der Dimensionierung muss im nächsten Schritt das Analysemodell für den jeweiligen Lastfall formuliert werden. Das Analysemodell muss derart aufgebaut sein, dass als Eingangsgrößen die festen Parameter E, H, w und φ_{G} sowie die Variationsparameter h, l und n dienen. Als Ergebnis der Analyse sind M_e bzw. F_y, v_{D} und $\varepsilon_{\max}$ zu berechnen.

6.1.2 Analysemodell für Einzelgelenke unter reiner Momentenbelastung

Die folgenden Untersuchungen erfolgen auf Basis der Theorie großer Verformungen stabförmiger Strukturen für 2D-Anwendungen (Unterabschnitt 3.1.1). Zudem wird reine Biegung betrachtet. Die Gelenkkontur in Abbildung 6.1 wird einseitig eingespannt und am freien Ende um einen Winkel φ_{G} ausgelenkt. Der Belastungszustand soll durch ein einzelnes externes Moment M_{e} hervorgerufen werden. Außerdem ist die Krümmung im unausgelenkten Zustand $\kappa_0 = 0$. Das Differentialgleichungssystem lautet dadurch:

$$\frac{\mathrm{d}M_z}{\mathrm{d}s} = 0, \tag{6.2}$$

$$\frac{\mathrm{d}\theta_3}{\mathrm{d}s} = \kappa_3, \text{ mit } \kappa_3 = \frac{M_z}{EI_3}, \tag{6.3}$$

$$\frac{\mathrm{d}x}{\mathrm{d}s} = \cos\theta_3, \tag{6.4}$$

$$\frac{\mathrm{d}y}{\mathrm{d}s} = \sin\theta_3. \tag{6.5}$$

Mit den Randbedingungen:

$$M_z(l) = M_{\mathrm{e}},\ \theta_3(0) = 0,\ x(0) = 0,\ y(0) = 0. \tag{6.6}$$

Wird Gleichung 6.2 integriert, resultiert die Lösung für das Biegemoment:

$$M_z(s) = C_1. \tag{6.7}$$

Darin stellt C_1 eine Konstante dar. Aus Gleichung 6.6 folgt:

$$M_z(s) = M_e. \tag{6.8}$$

Da M_{e} unbekannt ist, folgt die zusätzliche Bedingung:

$$\theta_3(l) = \varphi_{\mathrm{G}}. \tag{6.9}$$

Wird Gleichung 6.8 in Gleichung 6.3 eingesetzt und diese Gleichung anschließend integriert, entsteht die Lösung:

$$\theta_3(s) = \frac{M_{\mathrm{e}} I_3'(s)}{E}, \text{ mit } I_3'(s) = \int_0^s \frac{1}{I_3(s)} \mathrm{d}s. \tag{6.10}$$

Dabei ist $I_3'(s)$ ausschließlich von den geometrischen Parametern H, w, h, l, n und s abhängig. Aus Gleichung 6.10 geht ein linearer Zusammenhang zwischen θ_3 und M_e hervor. Somit kann das unbekannte externe Moment M_e mit Hilfe der zusätzlichen Bedingung $\theta_3(l) = \varphi_\mathrm{G}$ berechnet werden:

$$M_\mathrm{e} = \frac{\varphi_\mathrm{G} E}{I_3'(l)}. \tag{6.11}$$

Im Fall der gewählten Potenzfunktionskontur kann jedoch keine explizite Lösung für $I_3'(s)$ gefunden werden. Aufgrund des proportionalen Zusammenhangs $M_\mathrm{e} \sim \theta_3(s)$ aus Gleichung 6.10 kann das DGL-System 6.2 - 6.5 jedoch numerisch mittels dem RUNGE-KUTTA-Verfahren gelöst werden, wobei auf ein Schießverfahren verzichtet werden kann. Dazu ist es erforderlich, einen beliebigen Wert $M_{z\mathrm{S}}$ für das Moment $M_z(L) = M_{z\mathrm{S}}$ als Startwert zu wählen. Dabei resultiert als Lösung der Winkel $\theta_3(l) = \theta_{3\mathrm{S}}(l)$. Durch den proportionalen Zusammenhang zwischen Moment und Winkel kann anschließend das Moment für den geforderten Winkel $\theta_3(l) = \varphi_\mathrm{G}$ wie folgt berechnet werden:

$$M_\mathrm{e} = \frac{\varphi_\mathrm{G} M_{z\mathrm{S}}}{\theta_{3\mathrm{S}}(l)}. \tag{6.12}$$

Im Anschluss wird das RUNGE-KUTTA-Verfahren erneut mit dem erhaltenen Wert M_e durchgeführt, um das Differentialgleichungssystem für den gegebenen Winkel φ_G zu lösen.

Als Startwert sollte ein Moment $M_{z\mathrm{S}}$ gewählt werden, dass eine nicht zu große Auslenkung des FKG zur Folge hat, da unverhältnismäßig große Momente dazu führen können, dass das Gelenk unrealistische Verformungszustände annimmt. Als Startwert kann daher beispielsweise ein Balken mit konstantem Querschnitt und den Parametern h, l und w um 1° ausgelenkt werden. Für konstante Querschnitte der Breite w und der Höhe h wird eine Lösung für $I_3'(s)$ gefunden, sodass das resultierende Moment mit Hilfe von Gleichung 6.13 ermittelt werden kann:

$$M_{z\mathrm{S}} = \frac{\pi}{180} \cdot \frac{Ewh^3}{12l}. \tag{6.13}$$

Mit dem beschriebenen proportionalen Zusammenhang $M_\mathrm{e} \sim \theta_3(s)$ ist es sehr effizient möglich, für komplexe Geometrien bei reiner Momentenbelastung auf ein Schießverfahren zu verzichten. Die benötigte Rechenzeit sinkt damit drastisch, sodass der Ansatz für die Dimensionierung von durch ein Moment belasteten FKG geeignet ist.

Das Analysemodell wird in MATLAB® implementiert und das RUNGE-KUTTA-Verfahren durch die Funktion *ode45* umgesetzt. Eingabewerte sind dabei die Parameter E, H, w, φ_G, h, l und n. Als Ergebnisse resultieren v_D, M_e und ε_max.

6.1.3 Analysemodell für Einzelgelenke unter Transversalkraftbelastung

Das Analysemodell für Einzelgelenke unter Belastung durch eine einzelne richtungstreue Kraft F_y wird, genau wie das Modell aus Unterabschnitt 6.1.2, auf Basis der Theorie großer Verformungen stabförmiger Strukturen (Unterabschnitt 3.1.1) abgeleitet. Das Differentialgleichungssystem lautet:

$$\frac{\mathrm{d}M_z}{\mathrm{d}s} = -F_y \cos\theta_3, \tag{6.14}$$

$$\frac{\mathrm{d}\theta_3}{\mathrm{d}s} = \kappa_3, \text{ mit } \kappa_3 = \frac{M_z}{EI_3}, \tag{6.15}$$

$$\frac{\mathrm{d}x}{\mathrm{d}s} = \cos\theta_3, \tag{6.16}$$

$$\frac{\mathrm{d}y}{\mathrm{d}s} = \sin\theta_3. \tag{6.17}$$

Mit den Randbedingungen:

$$M_z(l) = 0,\ \theta_3(0) = 0,\ x(0) = 0,\ y(0) = 0. \tag{6.18}$$

Da F_y unbekannt ist, folgt die zusätzliche Bedingung:

$$\theta_3(L) = \varphi_\mathrm{G} \tag{6.19}$$

Entgegen dem Analysemodell für eine reine Momentenbelastung liegt keine lineare Gleichung für $\theta_3(s)$ vor. Daher ist für die numerische Lösung des Randwertproblems in den Gleichungen 6.14 - 6.17 eine Kombination aus dem RUNGE-KUTTA- und einem Schießverfahren erforderlich.

Das Analysemodell wird ebenfalls in Form einer MATLAB®-Funktion implementiert, sodass als Eingabewerte die Parameter E, H, w, φ_G, h, l und n dienen und als Ergebnisse v_D, F_y und ε_max resultieren.

Beide Analysemodelle dienen schließlich als Ausgangspunkt für den folgenden Optimierungsalgorithmus.

6.1.4 Dimensionierungsalgorithmus für Einzelgelenke

Zur Erfüllung der in Unterabschnitt 6.1.1 beschriebenen Dimensionierungsaufgabe kann ein Ablauf beschrieben werden, der im Folgenden als Dimensionierungsalgorithmus aufgefasst wird. Zusammenfassend sind geeignete Werte für die drei Geometrieparameter h, l und n gesucht, sodass die Drehachsenverlagerung v_D unter Einhaltung der festgelegten Nebenbedingungen minimal wird.

Sei $v_\mathrm{D} = v_\mathrm{D}(h, l, n)$ eine Funktion von h, l und n, so ist diese Funktion zu minimieren. Die Dimensionierungsaufgabe lässt sich damit als ein Optimierungsproblem wie folgt formulieren:

$$\min_{h,\,l,\,n} v_\mathrm{D}(h, l, n), \quad \text{sodass} \quad \begin{cases} l_\mathrm{min} \leq l \leq l_\mathrm{max}, \\ h_\mathrm{min} \leq h \leq h_\mathrm{max}, \\ n_\mathrm{min} \leq n \leq n_\mathrm{max}, \\ \varepsilon_\mathrm{max}(h, l, n) \leq \varepsilon_\mathrm{adm} \end{cases} \tag{6.20}$$

Die Optimierung soll mit Hilfe von MATLAB® durchgeführt werden. Für die Problemstellung in Gleichung 6.20 kann die Funktion *fmincon* aus der Optimierungstoolbox verwendet werden. Diese ermöglicht die Suche nach dem Minimum einer nichtlinearen, multivariablen Funktion unter Einhaltung von Nebenbedingungen und erfüllt damit die Anforderungen der hier gestellten Dimensionierungsaufgabe.

Die Funktion *fmincon* basiert auf der Suche nach einem lokalen Minimum. Da nach einem lokalen Minimum gesucht wird, ist die Definition einer anfänglichen Schätzung als Startwert, ähnlich wie bei der bereits beschriebenen Funktion *fsolve*, essentiell. Der in der Funktion *fmincon* hinterlegte Algorithmus versucht das lokale Minimum zu finden, welches der anfänglichen Schätzung am nächsten kommt und mit Hilfe von Ableitungen erreicht werden kann. Die anfängliche Schätzung für die gesuchten Paramter wird mit h_0, l_0 und n_0 bezeichnet.

Die Implementierung der Optimierung erfolgt in Form von MATLAB®. Der Dimensionierungsalgorithmus ist in Abbildung 6.2 schematisch dargestellt.

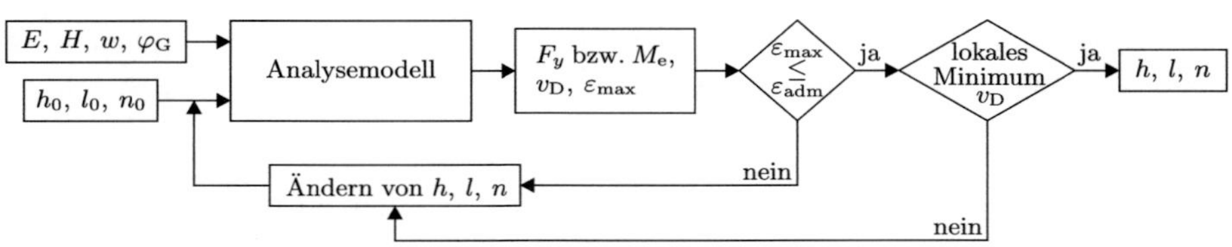

Abbildung 6.2: Dimensionierungsalgorithmus für einzelne FKG.

Im Anschluss an die Definition der fixen Material- und Geometrieparameter sowie des erforderlichen Drehwinkels φ_G und der Startwerte h_0, l_0 und n_0 können mit Hilfe des Analysemodells je nach Lastfall die resultierenden Parameter M_e bzw. F_y, v_D und ε_max berechnet werden. Daraufhin werden die Nebenbedingungen geprüft (schematisch ist hier nur $\varepsilon_\mathrm{max} \leq \varepsilon_\mathrm{adm}$ aufgeführt). Sofern die Nebenbedingungen nicht eingehalten werden, erfolgt die Änderung der Parameter h, l und n und das Analysemodell wird erneut durchlaufen. Sind die Nebenbedingungen schließlich erfüllt, wird im nächsten Schritt durch den Algorithmus der Funktion *fmincon* geprüft, ob ein lokales Minimum für v_D vorliegt. Ist dies nicht der Fall, erfolgt erneut eine Änderung der Gelenkparameter. Sobald jedoch ein lokales Minimum vorliegt, wird die Berechnungsschleife beendet und die Ergebnisse für h, l und n werden ausgegeben. Mit Hilfe der erhaltenen Ergebnisse können schließlich die weiteren Gelenkeigenschaften M_e bzw. F_y, v_D und $\varepsilon_{\max}$ ermittelt werden. Falls keine Lösung unter den gegebenen Nebenbedingungen möglich ist, wird die Berechnung nach 10 000 Durchläufen abgebrochen (nicht dargestellt).

6.1.5 Dimensionierungsbeispiele

Um den vorgestellten Dimensionierungsalgorithmus zu demonstrieren, werden im Folgenden einige Beispiele unter Momenten- und Kraftbelastung betrachtet.

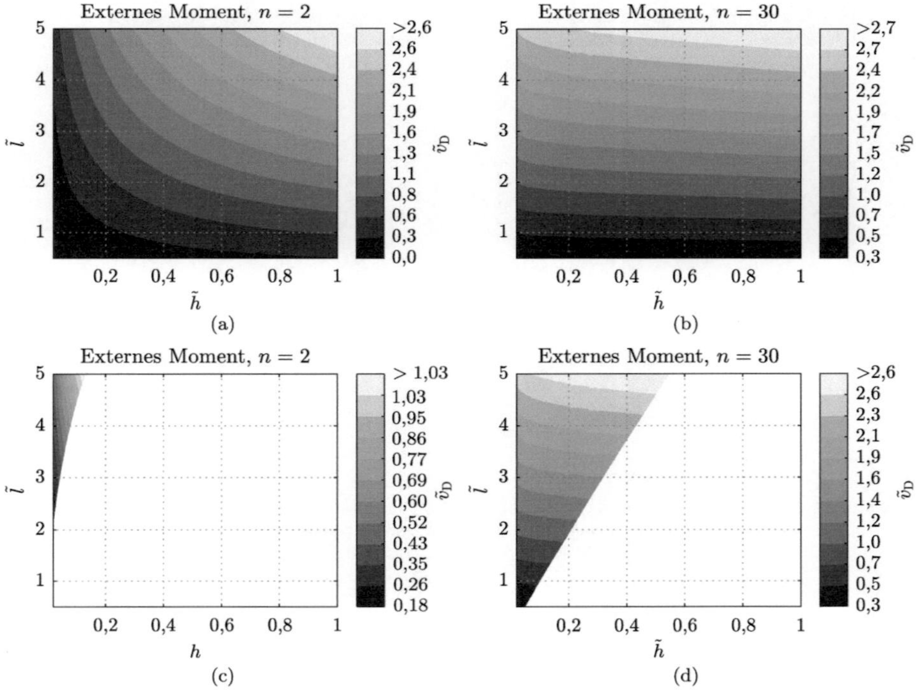

Abbildung 6.3: Drehachsenverlagerung in Abhängigkeit der Parameter $\tilde{h}$ und $\tilde{l}$ bei reiner Momentenbelastung mit $\varphi_\mathrm{G} = 5°$: (a) $n = 2$ ohne Berücksichtigung der Nebenbedingung, (b) $n = 30$ ohne Berücksichtigung der Nebenbedingung, (c) $n = 2$ mit Berücksichtigung der Nebenbedingung, (d) $n = 30$ mit Berücksichtigung der Nebenbedingung.

Zunächst wird jedoch der Einfluss der Gelenkparameter auf die Drehachsenverlagerung anhand von Variantenstudien demonstriert. Die Betrachtung erfolgt dimensionslos für die dimensionslosen Parameter $\tilde{h} = \frac{h}{H}$, $\tilde{l} = \frac{l}{H}$ und $\tilde{v}_\mathrm{D} = \frac{v_\mathrm{D}}{H}$ jeweils für eine reine Momentenbelastung und eine reine Kraftbelastung für zwei unterschiedliche Exponenten $n = 2$ und $n = 30$ bei einem Gelenkwinkel von $\varphi_\mathrm{G} = 5°$. Für $\tilde{h}$ und $\tilde{l}$ werden zur Veranschaulichung Wertebereiche konventioneller FKG gewählt (vgl. [107]). Die Ergebnisse der resultierenden Drehachsenverlagerung $\tilde{v}_\mathrm{D}$ sind in Abbildung 6.3 für die Belastung durch ein externes Moment M_e und in Abbildung 6.4 für die Belastung durch eine Kraft F_y mit und ohne Berücksichtigung der Nebenbedingung $\varepsilon_\mathrm{max} \leq \varepsilon_\mathrm{adm}$ dargestellt.

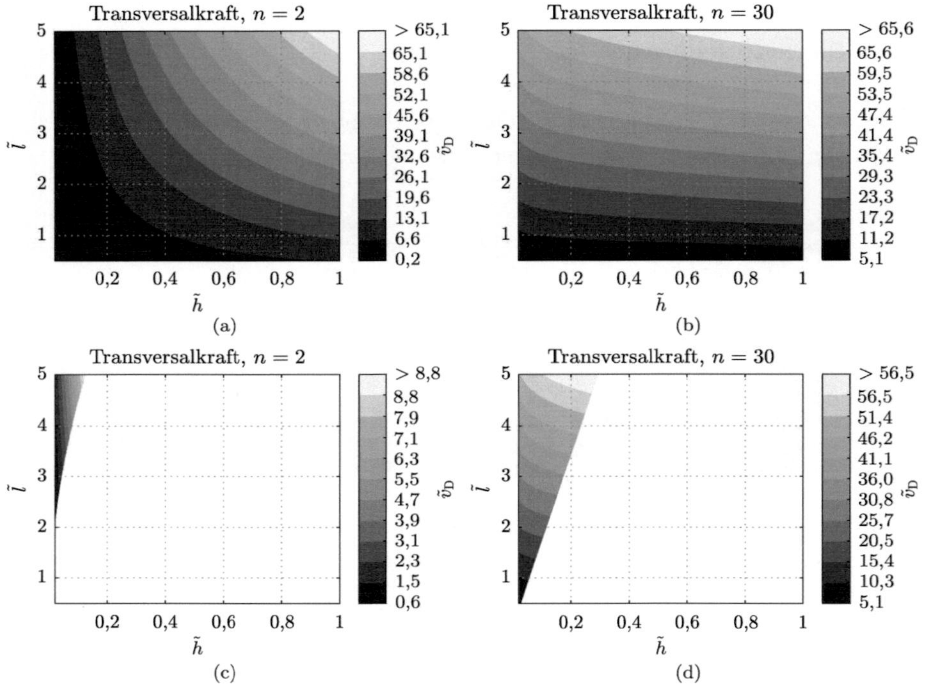

Abbildung 6.4: Drehachsenverlagerung in Abhängigkeit der Parameter $\tilde{h}$ und $\tilde{l}$ bei reiner Kraftbelastung mit $\varphi_\mathrm{G} = 5°$: (a) ohne Berücksichtigung der Nebenbedingung für $n = 2$, (b) ohne Berücksichtigung der Nebenbedingung für $n = 30$, (c) mit Berücksichtigung der Nebenbedingung für $n = 2$, (d) mit Berücksichtigung der Nebenbedingung für $n = 30$.

Die Drehachsenverlagerung ist anhand der Graustufen abzulesen. Aus den Diagrammen aus Abbildung 6.3 (a) und (b) geht hervor, dass, ohne die Definition von Nebenbedingungen eine optimale Gelenkkontur für die minimale Drehachsenverlagerung zu finden, trivial wäre. Die Lösung für $\min(v_\mathrm{D})$ wäre mit $h = h_\mathrm{min}$, $l = l_\mathrm{min}$ und $n = n_\mathrm{min}$ des gegebenen Wertebereichs optimal. Werden jedoch Nebenbedingungen eingeführt (hier $\varepsilon_\mathrm{max} \leq \varepsilon_\mathrm{adm}$), entspricht die Lösung der optimalen Gelenkparameter nicht dem Minimum des jeweils angegebenen Wertebereichs (vgl. Abbildung 6.3 (c) und (d)). Daher wird eine Optimierung mit Hilfe des beschriebenen Dimensionierungsalgorithmus notwendig, um eine optimale Gelenkkontur unter Berücksichtigung der Nebenbedingungen zu ermitteln.

In den folgenden Beispielen werden die Materialparameter $E = 72\,\text{GPa}$ und $\varepsilon_{\text{adm}} = 0{,}5\,\%$ gewählt. Zudem wird der Bauraum durch die Parameter $H = 10\,\text{mm}$ und $w = 6\,\text{mm}$ eingeschränkt. Es werden Gelenkkonturen für einen erforderlichen Drehwinkel von $\varphi_{\text{G}} = 5°$, $\varphi_{\text{G}} = 10°$ und $\varphi_{\text{G}} = 15°$ für die Belastung durch ein reines Moment und durch eine externe Kraft gesucht. Folgende Nebenbedingungen für die Optimierung werden definiert:

$$\frac{H}{50} \leq h < H, \quad \frac{H}{2} \leq l \leq 2H, \quad 2 \leq n \leq 30, \quad \varepsilon_{\max} \leq \varepsilon_{\text{adm}}. \tag{6.21}$$

Die Optimierung erfolgt, wie beschrieben, in MATLAB® mit Hilfe der Funktion *fmincon*. Die Ergebnisse der Dimensionierungsbeispiele sind in Tabelle 6.1 inklusive der resultierenden Geometriedarstellung aufgelistet.

Tabelle 6.1: Ergebnisse der Dimensionierungsbeispiele für unterschiedliche Auslenkwinkel φ_{G} mit dem Ziel einer Minimierung der Drehachsenverlagerung, bei $H = 10\,\text{mm}$ und $w = 6\,\text{mm}$. In allen Beispielen wird die zulässige Dehnung exakt erreicht ($\varepsilon_{\max} = 0{,}5\,\%$). Der Parameter t_{s} stellt die benötigte Rechenzeit dar.

φ_{G}	Externes Moment, Ziel: $\min(v_{\text{D}})$						Transversalkraft, Ziel: $\min(v_{\text{D}})$					
5°	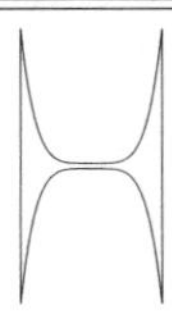						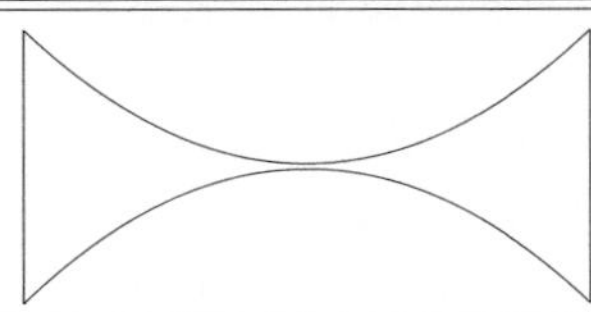					
	h	l	n	v_{D}	M_{e}	t_{s}	h	l	n	v_{D}	F_y	t_{s}
	0,2 mm	5,00 mm	4,94	1,2 µm	14,40 Nmm	4,1 s	0,2 mm	20 mm	2,03	6,4 µm	1,44 N	35,4 s
10°							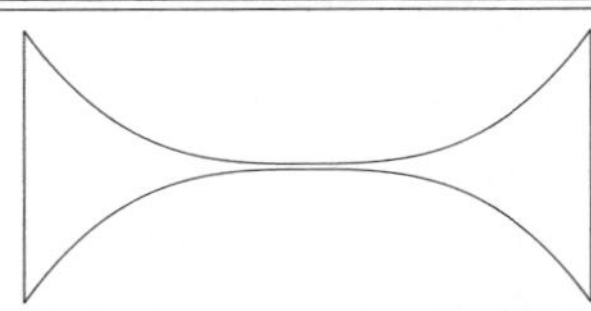					
	h	l	n	v_{D}	M_{e}	t_{s}	h	l	n	v_{D}	F_y	t_{s}
	0,2 mm	5,00 mm	14,8	9,0 µm	14,40 Nmm	4,8 s	0,2 mm	20 mm	2,97	33,9 µm	1,41 N	13,0 s
15°	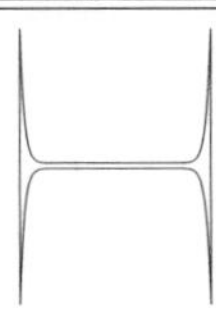						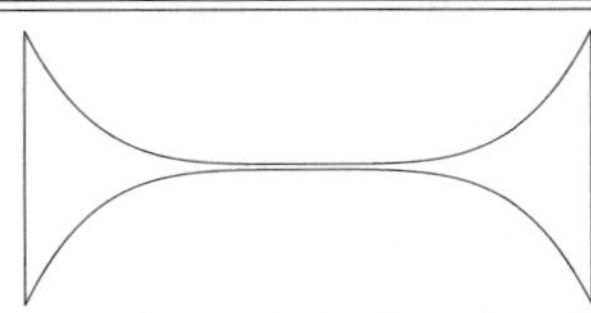					
	h	l	n	v_{D}	M_{e}	t_{s}	h	l	n	v_{D}	F_y	t_{s}
	0,2 mm	6,74 mm	21,27	30,0 µm	14,40 Nmm	5,2 s	0,2 mm	20 mm	4,18	105,1 µm	1,34 N	22,9 s

In den Beispielen ist zu erkennen, dass bei der Belastung durch ein externes Moment geringere Gelenklängen möglich sind als bei Kraftbelastung. Dies ist dadurch zu begründen, dass bei der Belastung durch ein externes Moment das resultierende Biegemoment $M_z(s)$ entlang der gesamten Gelenklänge konstant ist und dadurch auch eine gleichmäßige Dehnungsverteilung resultiert. Bei kürzerer Gelenkkontur werden geringere Maximaldehnungen erreicht als bei einer Kraftbelastung, da hierbei das Biegemoment zur Einspannung hin ansteigt.

Die Dimensionierung bei Belastung durch ein externes Moment M_e verläuft bei den gewählten Beispielen zwischen 2,7 und 8,6 Mal schneller als die Dimensionierung bei der Belastung durch die Kraft F_y. Die Zeiten für die Optimierung mit Hilfe von *fmincon* sind durch den Parameter t_s in der Tabelle angegeben. Jedoch wird selbst mit etwa 35 s bei der Kraftbelastung zügig eine optimale Kontur für den gegebenen Anwendungsfall gefunden. In diesem Fall sind beim Dimensionierungsalgorithmus mehr als 40 Iterationen notwendig. Das Schießverfahren zur Lösung der Differentialgleichungen wird entsprechend mehr als 40 Mal im Analysemodell ausgeführt.

6.1.6 Abwandeln der Dimensionierungsaufgabe

Zur Abwandlung der Dimensionierungsaufgabe für Einzelgelenke sind zahlreiche Variationen denkbar. In diesem Abschnitt soll auf die nötigen Änderungen zur Betrachtung weiterer FKG-Konturen eingegangen werden. Darüber hinaus wird demonstriert, wie zusätzliche Zielkriterien zur Dimensionierungsaufgabe hinzugefügt werden können. In diesem Fall liegt ein multikriterielles Optimierungsproblem vor.

Betrachtung weiterer Gelenkkonturen

Sollen beliebige weitere FKG-Konturen betrachtet werden, so sind zunächst die Konturhöhe $h_C(s)$ mathematisch zu beschreiben und anschließend die Konturparameter zu identifizieren. Daraufhin sind fixe Parameter zu wählen und Variationsparameter zu definieren. Außerdem sind die entsprechend notwendigen Nebenbedingungen vorzugeben. Im Anschluss kann das Analyseprogramm für den Lastfall eines externen Moments bzw. einer Transversalkraft angepasst werden, indem die neuen Parameter und die Gleichung für $h_C(s)$ implementiert werden.

Beispielhaft werden die bereits vorgestellten Gelenkkonturen aus Abbildung 4.5 betrachtet. Allgemeine Parameter für alle Konturen sind die Gesamthöhe H, die Breite w, die minimale Höhe h und die Gelenklänge l. Die konturspezifischen Parameter sind in der jeweiligen Teilabbildung gekennzeichnet. Diese sind der Exponent n (Potenzfunktionskontur) sowie die Radien R (Halbkreiskontur), r (Viertelkreiskontur), r_x und r_y (Ellipsenkontur). In den nachstehenden Betrachtungen wird für die Form der

Ellipsenkontur festgelegt, dass $r_x = 2r_y$ gilt. In den Fällen der Halbkreiskontur und der Ellipsenkontur sind die Radien R und r_x abhängig von der Gelenklänge l, sodass für die folgenden Dimensionierungsaufgaben lediglich die Länge l als Variationsparameter zu wählen ist. Für die Halbkreiskontur ergibt sich der Parameter R:

$$R = \begin{cases} \frac{l}{2}, & \text{für } l \leq \frac{H-h}{4} \\ \frac{\frac{l^2}{4}+\left(\frac{H-h}{2}\right)}{H-h}, & \text{für } l > \frac{H-h}{4} \end{cases} \tag{6.22}$$

und für die Ellipsenkontur die Parameter r_x und r_y:

$$r_x = \begin{cases} \frac{l}{2}, & \text{für } l \leq 2(H-h) \\ \frac{-4h^2+8hH-4H^2-l^2}{8(h-H)}, & \text{für } l > 2(H-h), \end{cases} \tag{6.23}$$

$$r_y = \frac{r_x}{2}. \tag{6.24}$$

Tabelle 6.2: Variationsparameter und Nebenbedingungen ausgewählter Gelenkkonturen. Für alle Konturen gilt zusätzlich die Nebenbedingung $\varepsilon_{\max} \leq \varepsilon_{\text{adm}}$; Zudem sind die Gleichungen 6.22-6.24 zu beachten.

Kontur	Variationsparameter	Nebenbedingungen
(a) Potenzfunktionskontur	h, l, n	$h_{\min} \leq h < H$, $l_{\min} \leq l \leq l_{\max}$, $n_{\min} \leq n \leq n_{\max}$
(b) Halbkreiskontur	h, l	$h_{\min} \leq h < H$, $l_{\min} \leq l \leq l_{\max}$
(c) Viertelkreiskontur	h, l, r	$h_{\min} \leq h < H$, $l_{\min} \leq l \leq l_{\max}$, $r_{\min} \leq r \leq r_{\max}$, $0 < r < \frac{l}{2}$, $r \leq \frac{H-h}{2}$
(d) Ellipsenkontur	h, l	$h_{\min} \leq h < H$, $l_{\min} \leq l \leq l_{\max}$
(e) Blattfederkontur	h, l	$h_{\min} \leq h \leq H$, $l_{\min} \leq l \leq l_{\max}$

Zusammenfassend sind die Variationsparameter und nötigen Nebenbedingungen für die fünf verschiedenen Gelenkkonturen in der Übersicht in Tabelle 6.2 gegeben.

Multikriterielle Optimierung

Das Prinzip der beschriebenen Methode beruht auf der Minimierung einer Zielfunktion. In den obigen Untersuchungen wurde stets die Drehachsenverlagerung v_{D} minimiert (vgl. Gleichung 6.20). Sollen jedoch neben der Drehachsenverlagerung weitere oder gänzlich andere Parameter optimiert werden, ist die Zielfunktion neu zu formulieren. In diesem Abschnitt werden einige denkbare Neuformulierungen der Zielfunktion vorgestellt und deren konkrete Umsetzung unter Nutzung der oben beschriebenen Analysemethoden und des Dimensionierungsalgorithmus aufgezeigt.

Abgesehen von der Minimierung der Drehachsenverlagerung, um eine möglichst hohe Präzision durch die dimensionierte FKG-Kontur zu erreichen, können weitere Ergebnisse der Analyseprogramme als Zielkriterium gewählt werden. In den oben erstellten Beispielen resultieren aus dem Analyseprogramm als Ergebnisse die Drehachsenverlagerung, die benötigte Belastung (Moment bzw. Kraft) und die maximal vorhandene Dehnung im Gelenk. Jeder dieser drei Parameter kann als Zielkriterium gewählt werden und anschließend die Dimensionierung, formuliert als Optimierungsproblem, darauf angewendet werden. Das Optimierungsproblem kann dabei sowohl eine Minimierung als auch eine Maximierung, je nach konkretem Anwendungsfall, darstellen. Für Anwendungen in der Messtechnik kann beispielsweise eine möglichst hohe Biegesteifigkeit des Gelenkes (Reaktionsmoment bzw. -kraft maximal) gefordert sein, beispielsweise um Bewegungen in unerwünschte Richtungen zu reduzieren.

Genauso können aber auch weitere Gelenkeigenschaften als Ergebnisgrößen zum Analyseprogramm hinzugefügt werden, wie zum Beispiel die Verschiebung eines speziellen Punktes entlang der Balkenachse. Die Methode ist für individuelle Anforderungen anpassbar.

Der hier vorgestellte Dimensionierungsalgorithmus zur Lösung des Optimierungsproblems (*fmincon*) basiert auf der Minimierung einer Zielfunktion. Soll dennoch eine Funktion maximiert werden, so kann dessen Vorzeichen umgekehrt werden, um mit Hilfe von *fmincon* minimiert zu werden. Soll beispielsweise das resultierende externe Moment M_{e} bei Einhaltung der maximal zulässigen Dehnung maximiert werden, so gilt:

$$\max_{h,\, l,\, n}(M_{\mathrm{e}}(h,l,n)) = \min_{h,\, l,\, n}(-M_{\mathrm{e}}(h,l,n)). \tag{6.25}$$

Sollen statt einem einzigen Kriterium zwei oder mehr Zielkriterien gleichermaßen optimiert werden, sind weitere Überlegungen notwendig. Der gebräuchlichste Ansatz zur multikriteriellen Optimierung ist es, die einzelnen Zielkriterien gewichtet zu summieren [124]. Soll in einem Beispiel die Drehachsenverlagerung minimiert werden, bei gleichzeitiger Maximierung des Betrags des resultierenden Moments, so lautet die Zielfunktion unter Berücksichtigung der Vorzeichen:

$$\min_{h,\,l,\,n}(v_{\mathrm{D}}(h,l,n) - |M_{\mathrm{e}}(h,l,n)|), \quad \text{sodass} \quad \begin{cases} l_{\min} \leq l \leq l_{\max}, \\ h_{\min} \leq h \leq h_{\max}, \\ n_{\min} \leq n \leq n_{\max}, \\ \varepsilon_{\max}(h,l,n) \leq \varepsilon_{\mathrm{adm}}. \end{cases} \tag{6.26}$$

Da im Fall mehrerer Zielkriterien jedoch ein Term unterschiedlicher physikalischer Werte vorliegt, ist ein weiterer wichtiger Schritt erforderlich. Dieser Schritt besteht in der Normierung der einzelnen Zielkriterien. Die Normierung kann derart erfolgen, dass die einzelnen physikalischen Größen im Bereich zwischen 0 und 1 skaliert werden (vgl. [124]). Als Beispiel lautet die notwendige Gleichung zur Normierung der Drehachsenverlagerung v_{D} für diese Art der Normierung:

$$v_{\mathrm{Dnorm}} = \frac{v_{\mathrm{D}} - v_{\mathrm{Dmin}}}{v_{\mathrm{Dmax}} - v_{\mathrm{Dmin}}}. \tag{6.27}$$

Um eine derartige Normierung durchführen zu können, ist die Kenntnis der minimalen und maximalen Werte jedes einzelnen Zielkriteriums erforderlich.

Die Ermittlung der Minimal- und Maximalwerte der einzelnen Zielkriterien ist nicht trivial. Um diese zu bestimmen, kann jeweils eine Optimierung mit einem einzigen Zielkriterium durchgeführt werden. Konkret bedeutet dies, dass beispielsweise zur Ermittlung von v_{Dmin} die Optimierung einmalig für die Zielfunktionen $\min(v_{\mathrm{D}})$ auszuführen ist, wie in Unterabschnitt 6.1.4 beschrieben. Zur Ermittlung von v_{Dmax} ist die Zielfunktion $\min(-v_{\mathrm{D}})$ anzusetzen und analog für die übrigen Kriterien. Durch die notwendigen Berechnungen zur Ermittlung der Minimal- und Maximalwerte ist die Rechenzeit insgesamt bei der multikriteriellen Optimierung höher.

Durch die Zielfunktion in Gleichung 6.26 werden die einzelnen Zielkriterien gleichermaßen gewichtet. Für konkrete Anwendungsfälle kann es jedoch von Bedeutung sein, einzelne Kriterien unterschiedlich zu gewichten. Dazu sind Wichtungsfaktoren W_i zu den Zielkriterien nach Gleichung 6.29 hinzuzufügen:

$$\min_{h,\,l,\,n}(W_1 v_{\mathrm{Dnorm}}(h,l,n) - W_2|M_{\mathrm{enorm}}(h,l,n)|), \quad \text{sodass} \quad \begin{cases} l_{\min} \leq l \leq l_{\max}, \\ h_{\min} \leq h \leq h_{\max}, \\ n_{\min} \leq n \leq n_{\max}, \\ \varepsilon_{\max}(h,l,n) \leq \varepsilon_{\mathrm{adm}}. \end{cases} \tag{6.28}$$

Folgend sind die Schritte für die Optimierung von FKG-Konturen zusammenfassend aufgelistet:

- Definition der Zielfunktion durch Addition der Zielkriterien,
- Ermittlung der Minimal- und Maximalwerte der einzelnen Zielkriterien im gültigen Parameterbereich,
- Festlegung von Wichtungsfaktoren,
- Ausführen der Optimierung.

Die vorgestellten Methoden zur Auslegung der Gelenkgeometrie von einzelnen FKG sind in [72] veröffentlicht und außerdem in die Software *detasFLEX*, beschrieben in Unterabschnitt 7.2.1, implementiert.

6.2 Dimensionierung nachgiebiger Mechanismen

Die im vorangegangenen Kapitel beschriebene Dimensionierung einzelner FKG kann ebenso einen Teilschritt des Syntheseprozesses von NM darstellen. Über die Optimierung der Gelenkkontur hinaus sind im Gesamtsystem eines NM weitere mögliche Optimierungsschritte zur Synthese denkbar. Durch den komplexeren strukturellen Aufbau gestaltet sich die Dimensionierung von NM umfangreicher als die Dimensionierung einzelner Gelenke. Auch diese weiteren Optimierungsansätze sollen auf der Anwendung der nichtlinearen Modellgleichungen aus Kapitel 3 basieren. Durch die Gestaltungsvielfalt ist es schwierig, allgemeingültige Syntheserichtlininien für NM zu formulieren. Daher werden zunächst geeignete Teilschritte des Syntheseprozesses festgelegt und anschließend einzeln beschrieben sowie anhand von Beispielen angewendet.

Als Ausgangspunkt für die folgenden Betrachtungen wird die Struktur des zu optimierenden NM im Voraus festgelegt. In der Literatur werden für die Struktursynthese häufig Verfahren basierend auf Strukturoptimierung (CAO) (englisch: computer aided optimization) angewendet (z. B. [89, 93, 114, 133, 183, 184]). Mit dem Ziel, bei den hier zu entwickelnden Optimierungsansätzen die analytischen Modelle aus Kapitel 3 zu implementieren, muss eine Struktur aus unverzweigten oder verzweigten Balken bestehen. Um dies zu erreichen, kann die Struktur des Mechanismus anhand von Erfahrungswerten oder beispielsweise anhand eines geeigneten SKM als Vorbild vorgegeben werden. Beim Entwurf des NM handelt es sich um einen weitestgehend intuitiven Vorgang. Dabei kann auf die in [176] beschriebenen Richtlinien zurückgegriffen werden.

Bei der Festlegung der Struktur eines SKM als Vorbild für den zu entwerfenden NM ist es sinnvoll, den Mechanismus derart zu konstruieren, dass die konventionellen Drehgelenke des SKM durch FKG ersetzt werden, um das Bewegungsverhalten des

SKM zu replizieren. Dabei ist auf die Orientierung der FKG zu achten, sodass die vorrangige Belastung in den Gelenken Biegung darstellt. Die Wahl eines geeigneten SKM als Vorbild für den NM kann anhand der gewünschten Bewegungsaufgabe, wie z. B. der Geradführung eines Punktes oder einer Ebene, erfolgen. Bei weiteren Syntheseschritten können ausgehend von diesem ersten Entwurf des NM die Geometrieparameter der einzelnen Bereiche optimiert und die Struktur dadurch dimensioniert werden. All diese Optimierungsschritte sind wie bei der Dimensionierung einzelner FKG vor dem Hintergrund definierter Rand- bzw. Nebenbedingungen und Zielkriterien durchzuführen.

6.2.1 Auswahl geeigneter Optimierungsansätze

Wie bereits einleitend erwähnt, sind aufgrund der Parametervielfahlt in NM unzählige Optimierungsansätze denkbar. Vor dem Hintergrund einer definierten Zielfunktion und eventuellen Rand- bzw. Nebenbedingungen können beliebige Parameter des NM optimiert werden. Dies ist sowohl für NM mit konzentrierter als auch mit verteilter Nachgiebigkeit möglich. Im Rahmen dieser Arbeit stellten sich die folgenden Ansätze als für die Optimierung mit Hilfe der analytischen Modellgleichungen geeignet heraus, die zusätzlich in Abbildung 6.5 schematisch dargestellt sind.

- Dimensionierung ausgewählter Geometrieparameter wie Längen oder Krümmungen einzelner Abschnitte (vgl. Abbildung 6.5 (a)),
- Dimensionierung konturspezifischer FKG-Parameter (vgl. Abbildung 6.5 (b)),
- Variation der Gelenkpositionen innerhalb eines Mechanismus (vgl. Abbildung 6.5 (c)),
- Variation der Gelenkorientierungen (vgl. Abbildung 6.5 (d)).

Die genannten Optimierungsansätze sind nicht isoliert zu betrachten, sondern können Teilschritte eines gesamten Prozesses zur Synthese von NM darstellen. Sie können sowohl einzeln als auch in Kombination oder aufeinander folgend während des Syntheseprozesses durchgeführt werden, um eine möglichst optimale Lösung für die geforderte Zielstellung zu erreichen.

Besonders beim zweiten Punkt, der Dimensionierung der konturspezifischen Parameter von FKG, welche ausführlich in Abschnitt 6.1 vorgestellt wurde, wird ein fließender Übergang von der Optimierung einzelner FKG zur Optimierung von NM deutlich. Die Dimensionierung der Gelenkkontur kann im NM für die einzelnen FKG individuell durchgeführt werden, sodass sie einen Teilschritt des Syntheseprozesses von NM darstellt. Die genannten Optimierungsansätze sind stets unter Berücksichtigung konkreter Zielkriterien anzuwenden. Die Zielkriterien sind bei der Mechanismussynthese nicht auf die einzelnen Gelenke beschränkt, sondern betreffen zumeist das Gesamtsystem.

Zum Beispiel kann bei einem Punktgeradführungsmechanismus eine möglichst geringe Geradenabweichung als Zielkriterium gefordert und davon ausgehend eine Optimierung durchgeführt werden.

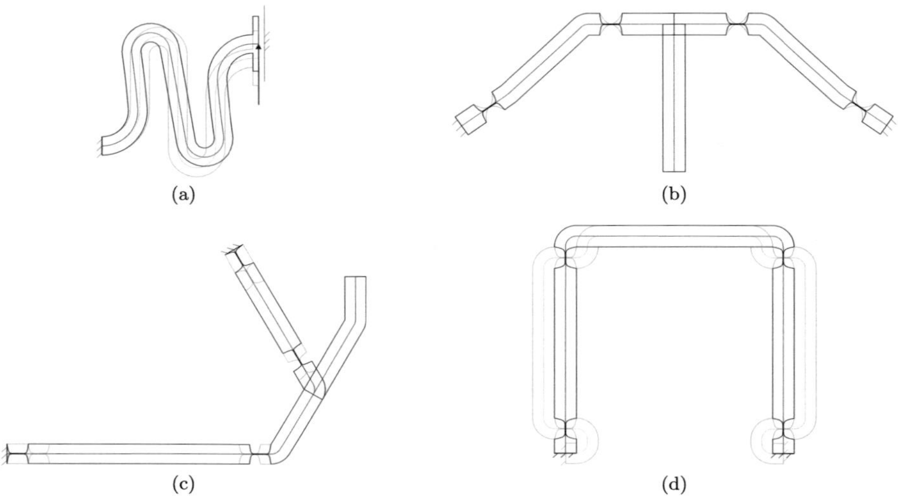

(a) (b) (c) (d)

Abbildung 6.5: Auswahl von Syntheseansätzen: (a) Dimensionierung geometrischer Parameter, (b) Dimensionierung von FKG-Parametern, (c) Variation der Gelenkpositionen, (d) Variation der Gelenkorientierungen.

In den folgenden Abschnitten sollen die genannten Optimierungsansätze genauer beschrieben und eine methodische Vorgehensweise zur Dimensionierung von NM etabliert werden. Grundsätzlich ist analog zur Optimierung einzelner FKG für den betrachteten NM zu Beginn ein Analysemodell auf Basis der Theorie aus Kapitel 3 für die gegebene Geometrie erforderlich, mit Hilfe dessen das Bewegungsverhalten des NM berechnet werden kann. Hierzu kann das Analysemodell für beliebige Mechanismen aus Abschnitt 4.3 angewendet werden. Das Modell ist derart zu formulieren, dass als Ergebnisse die erforderlichen Zielkriterien für die anschließende Optimierung erhalten werden, wie zum Beispiel die Geradenabweichung eines Punktes sowie die Nebenbedingungen wie die maximale Dehnung im Mechanismus. Als Eingabewerte sind die zu variierenden Parameter zu definieren wie die Gelenkposition etc. Daraus folgt ein Dimensionierungsalgorithmus analog zu Abbildung 6.2.

6.2.2 Entwicklung und Anwendung von Optimierungsstrategien

In diesem Unterabschnitt sollen Strategien für die genannten Ansätze zur Optimierung von NM entwickelt werden. Die jeweiligen Optimierungsansätze werden daraufhin anhand von Beispielmechanismen angewendet, um das Optimierungspotenzial vor dem Hintergrund ausgewählter Zielkriterien zu verdeutlichen.

Dimensionierung ausgewählter Geometrieparameter innerhalb eines NM

Neben der Optimierung der Konturparameter von in einem NM implementierten FKG besteht die Möglichkeit, beliebige weitere geometrische Parameter zu optimieren. Dies kann vor allem bei NM mit verteilter Nachgiebigkeit von Interesse sein, da die Nachgiebigkeit hier selten durch FKG realisiert wird, sondern häufiger durch die geometrische Gestaltung der gesamten Struktur. Oftmals sind große Bereiche der Struktur mit Rechteckquerschnitten mit geringer Steifigkeit gestaltet, indem die Querschnittshöhe verringert oder die Länge der entsprechenden Abschnitte erhöht wird. Die geometrischen Parameter der Abschnitte des Mechanismus, die vorrangig zur Nachgiebigkeit des Gesamtsystems beitragen, können wichtige Optimierungsparameter darstellen.

Um eine Optimierung dieser Parameter durchführen zu können, ist zunächst ein Analysemodell für den zu optimierenden Mechanismus zu erstellen und dessen Aufbau so zu gestalten, dass eine gewünschte Zielfunktion optimiert werden kann. Als Beispiel soll der Führungsmechanismus mit verteilter Nachgiebigkeit aus Abbildung 6.6 (a) betrachtet werden. Obwohl dieser Mechanismus eine kontinuierliche Balkenachse besitzt und unverzweigt ist, kann die im Folgenden beschriebene Vorgehensweise analog auch auf verzweigte Mechanismen angewendet werden.

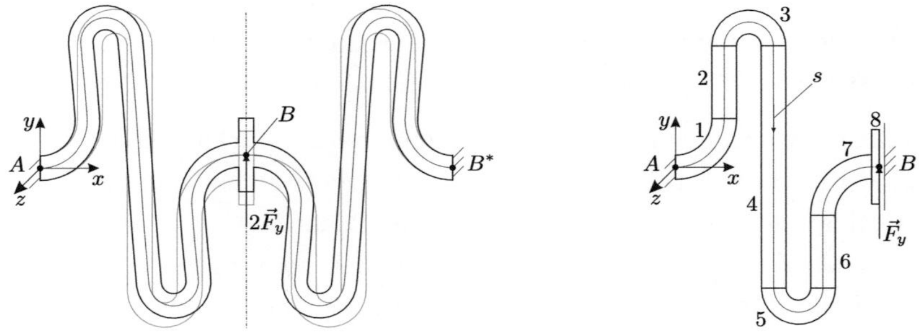

Abbildung 6.6: Nachgiebiger Führungsmechanismus mit verteilter Nachgiebigkeit mit $L_4 = 10\,\text{mm}$: (a) symmetrisches Modell, (b) Halbmodell.

Im Zentrum des Mechanismus greift die Kraft $2F_y$ an, welche für eine Auslenkung des Mittelpunktes in y-Richtung ohne Verschiebung in x-Richtung sorgt. Durch den symmetrischen Aufbau ist es möglich, den Mechanismus als Halbmodell, wie in Abbildung 6.6 (b) dargestellt, zu betrachten. Dabei wird als Randbedingung im Punkt B eine Führung in y-Richtung verwendet. Hierbei ist die Kraft entsprechend, wie in der Abbildung dargestellt, zu halbieren. Diese Vorgehensweise ist sinnvoll, da hierdurch die Anzahl zu optimierender Parameter oder die Berechnungszeit verkürzt werden können.

Zur Optimierung mit Hilfe der bereits beschriebenen MATLAB®-Funktion *fmincon* sind grundsätzlich die folgenden drei Aspekte zu definieren:

1. Zielfunktion bestehend aus einzelnen Zielkriterien,
2. zu optimierende Parameter,
3. Nebenbedingungen für die Optimierung (einschließlich Parametergrenzen).

In einem möglichen Optimierungsszenario für den dargestellten Führungsmechanismus kann beispielsweise die Kraft F_y durch einen Aktuator konstant vorgegeben werden. Ein Optimierungsziel kann daraufhin sein, eine möglichst große Verschiebung u_{yB} des Punktes B zu erreichen. Als zu optimierende Parameter können Geometrieparameter, wie zum Beispiel hier, die Länge des vierten Abschnittes (L_4) gewählt werden. Als Nebenbedingung für die Optimierung werden die Parametergrenzen $0{,}2\,\text{mm} \leq L_4 \leq 16\,\text{mm}$ gewählt. Für den Fall, dass mehrere zu optimierende Parameter erforderlich sind, ist die Zielfunktion analog zu Gleichung 6.29 als gewichtete Summe der normierten Parameter zu formulieren. Da im vorliegenden Beispiel ein einziges Optimierungskriterium vorliegt (die Maximierung von u_{yB}), lautet die Zielfunktion:

$$\min_{L_4}(-u_{yB}(L_4)), \quad \text{sodass} \quad 0{,}2\,\text{mm} \leq L_4 \leq 16\,\text{mm}. \tag{6.29}$$

Das Vorzeichen „$-$“ wird verwendet, da u_{yB} zu maximieren ist und durch die gewählte MATLAB®-Funktion *fmincon* lediglich eine Minimierung möglich ist.

Der Mechanismus kann durch das DGL-System in den Gleichungen 3.9 - 3.12 unter Einfluss der externen Kraft F_y analysiert werden. Im Anschluss an die Berechnung kann mit Hilfe der Ergebnisse die Verschiebung im Punkt B ermittelt werden. Dadurch besitzt das Analysemodell den für die Optimierung notwendigen Aufbau. Bei den Eingangsparametern ist der zu optimierende Parameter L_4 enthalten und in den Ergebnissen resultiert das Zielkriterium u_{yB}. Als Werkstoff dient im Beispiel erneut EN AW 7075 mit $E = 72\,\text{GPa}$. Für die Geometrie wird $H = w = 1\,\text{mm}$ für die ersten sieben Abschnitte gewählt. Der achte Abschnitt wird durch $H_8 = 3\,\text{mm}$ und $w_8 = 1\,\text{mm}$ definiert. Die Längen der einzelnen Abschnitte sind in Tabelle 6.3 aufgeführt.

Tabelle 6.3: Länge der einzelnen Abschnitte des nachgiebigen Führungsmechanismus.

L_1	L_2	L_3	L_4	L_5	L_6	L_7	L_8
π mm	3 mm	π mm	variabel	π mm	3 mm	π mm	0,3 mm

Es wird die konstante Kraft $F_y = 50\,\mathrm{N}$ angesetzt. Eine Analyse des Mechanismus für die gegebene Kraft und Geometrie mit dem Parameter $0{,}2\,\mathrm{mm} \leq L_4 \leq 16\,\mathrm{mm}$ ergibt den in Abbildung 6.7 (a) dargestellten Verlauf für die resultierende Verschiebung u_{yB}. Dem Diagramm kann entnommen werden, dass ein Optimum für die Maximierung von u_{yB} im gegebenen Parameterbereich vorliegt. Daher eignet sich für das gewählte Beispiel die Anwendung eines Optimierungsverfahrens zur Ermittlung der optimalen Länge L_4.

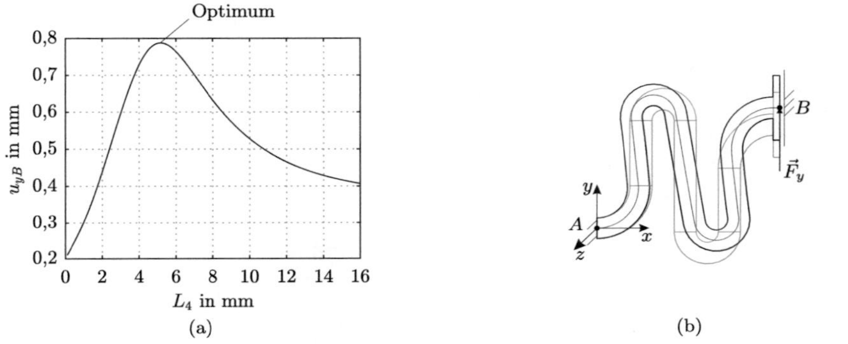

Abbildung 6.7: Optimierung der nachgiebigen Führung: (a) Diagramm $u_{yB}(L_4)$, (b) optimierter NM.

Bei der mit Hilfe der Funktion *fmincon* in MATLAB® durchgeführten Optimierung resultiert für die Länge $L_4 = 5{,}17\,\mathrm{mm}$. Mit Hilfe dieses Wertes wird $u_{yB} = 0{,}79\,\mathrm{mm}$ erreicht. Dies entspricht einer Steigerung der Verschiebung um 49 % zur in Abbildung 6.6 (a) dargestellten Geometrie mit $L_4 = 10\,\mathrm{mm}$, wodurch das Potenzial dieses Ansatzes zur Dimensionierung von NM deutlich wird. Die resultierende Geometrie des optimierten NM ist in Abbildung 6.6 (b) abgebildet. Die Vorgehensweise kann auf beliebige Mechanismen übertragen und angewendet werden. Dabei können beliebige Geometrieparameter zur Optimierung ausgewählt werden. Bei der Verwendung mehrerer Zielkriterien ist die Zielfunktion anzupassen und, wie beschrieben, als normierte Summe der einzelnen Kriterien zu formulieren.

Dimensionierung konturspezifischer FKG-Parameter innerhalb eines NM

Die Dimensionierung konturspezifischer FKG-Parameter innerhalb eines Mechanismus kann große Auswirkungen auf das Bewegungsverhalten des Mechanismus besitzen, da die Gelenke maßgeblich zur Verformung beitragen. Eine Optimierung dieser Parameter besitzt daher ein großes Potenzial für den Syntheseprozess von NM. Der wesentliche Unterschied der Dimensionierung einzelner FKG besteht vorwiegend im Analysemodell des betrachteten Systems und den zu optimierenden Zielkriterien. Das Analysemodell umfasst hier das gesamte System des NM. Ebenso sind die Zielkriterien nicht auf das einzelne Gelenk beschränkt, sondern auf den Mechanismus als Gesamtsystem.

Als Beispiele sollen NM zur Punkt- und Ebenengeradführung betrachtet werden, da bei diesen Mechanismen die Präzision im Vordergrund steht und eine Verbesserung der Genauigkeit, vor allem im Bereich feinwerktechnischer Applikationen, erwünscht sein kann. Mechanismen zur Punktgeradführung betreffen dabei meist einen konkreten Punkt auf der Balkenachse des Mechanismus. Dessen Bewegung ist ausschließlich in Richtung der Geradführung erwünscht, wohingegen die Abweichung, also eine Bewegung in die dazu um 90° versetzte Richtung, minimal sein soll. Bei NM zur Ebenengeradführung trifft dies analog zu, jedoch meist für mehrere Punkte einer Ebene des Mechanismus. Ein wichtiger Parameter bei Mechanismen zur Ebenengeradführung ist die Verdrehung δ der betrachteten Ebene, welche minimal sein soll. Sei $u_\mathrm{G} = u_{yC}$ die Geradenabweichung, so kann die Minimierung von $|u_\mathrm{G}|$, von $|\delta|$ oder von beiden Kriterien kombiniert bei der Optimierung eines NM als Zielfunktion definiert werden (vgl. Gleichung 6.30).

Dabei ist darauf hinzuweisen, dass bei der Kombination mehrere Zielkriterien, wie $|u_\mathrm{G}|$ und $|\delta|$, normierte Werte zu verwenden sind (vgl. Gleichung 6.27). Zur Erfüllung dieser Zielfunktionen können beispielsweise die Konturlänge l und/oder die minimale Stegdicke h als zu optimierende FKG-Parameter herangezogen werden, wie in Abschnitt 6.1 beschrieben. Maßgeblich kann das Bewegungsverhalten jedoch auch von den konturspezifischen Parametern, wie dem Exponenten n bei der Potenzfunktionskontur oder dem Radius R bei der Halbkreiskontur, beeinflusst werden. Um die Anzahl der zu optimierenden Parameter innerhalb eines NM einzugrenzen, soll im Folgenden die Optimierung der konturspezifischen Parameter im Fokus stehen. In den gewählten Beispielen werden ausschließlich FKG mit Potenzfunktionskontur betrachtet, wobei die Vorgehensweise auch auf beliebige weitere Konturen übertragen werden kann.

Zur Optimierung wird erneut die MATLAB®-Funktion *fmincon* angewendet. Für einen gegebenen NM ist ausgehend von der Zielfunktion in Gleichung 6.30 ein Analysemodell zu formulieren, für welches die Exponenten n aller Gelenke als Eingangsgrößen dienen. Als Ergebnis des Modells soll die jeweilige Geradenabweichung $|u_\mathrm{G}|$ bzw. die Verdrehung $|\delta|$ resultieren. Als Beispiele dienen die in Abbildung 6.8 dargestellten Punktgeradführungsmechanismen sowie die beiden Ebenengeradführungsmechanismen in Abbildung 6.9. Alle betrachteten Mechanismen können mit Hilfe der Gleichungen aus Abschnitt 4.3 analysiert werden. Als Eingangsgrößen können dabei, wie gefordert, die Exponenten n dienen. Der EVANS- und ROBERTS-Mechanismus sowie die Parallelkurbel wurden in Abschnitt 5.1 bereits analytisch beschrieben. Hinzu kommt der zehngelenkige NM einer Ebenengeradführung in Abbildung 6.9 (b). Dessen Geometriedaten sind in Unterunterabschnitt A.3 aufgelistet. Der SKM, der hier als Vorbild diente, stellt eine Kombination zweier miteinander verbundenen Parallelkurbeln dar (siehe dazu [54]). Das Ziel dieser Anordnung ist die Reduzierung der Geradenabweichung im SKM. Im Folgenden soll das Potenzial der Optimierung der Exponenten der verwendeten FKG zur Reduzierung der Geradenabweichung im NM untersucht werden.

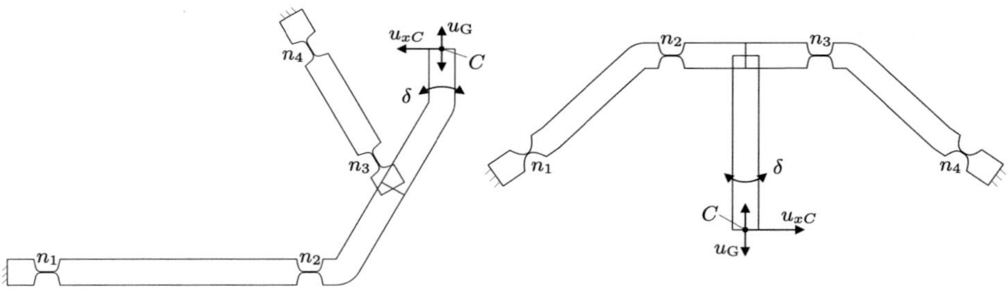

(a) (b)

Abbildung 6.8: Auswahl nachgiebiger Punktgeradführungsmechanismen mit zu optimierenden Exponenten der Potenzfunktionskonturen; Die Belastung erfolgt durch eine Kraft F_{xC} im Punkt C (nicht dargestellt): (a) EVANS-Mechanismus, (b) ROBERTS-Mechanismus.

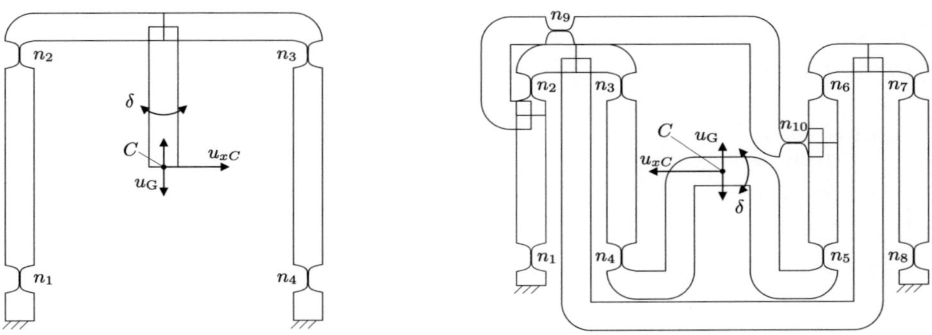

(a) (b)

Abbildung 6.9: Auswahl nachgiebiger Ebenengeradführungsmechanismen mit zu optimierenden Exponenten der Potenzfunktionskonturen; Die Belastung erfolgt durch eine Kraft F_{xC} im Punkt C (nicht dargestellt): (a) Parallelkurbel, (b) 10-Gelenkmechanismus.

Bevor eine Optimierung der Exponenten der einzelnen FKG für die gewählten NM durchgeführt wird, folgt zunächst die Analyse der SKM. Zusätzlich soll für jeden Mechanismus ein NM mit konkret festgelegten Exponenten der einzelnen FKG analysiert werden. Diese NM werden im Folgenden als initiale Mechanismen verstanden. Sowohl die Ergebnisse der Berechnung des SKM als auch die Ergebnisse der Berechnung des jeweiligen initialen NM dienen als Vergleich für die Ergebnisse der NM im Anschluss an die Optimierung der Exponenten der FKG.

Für die initiale Geometrie sollen minimale ganzzahlige Exponenten der Potenzfunktionskonturen gewählt werden, um die Drehachsenverlagerung der einzelnen Gelenke minimal zu halten, vgl. [64]. Dies ist dadurch zu begründen, dass die Nachgiebigkeit bei kleineren Exponenten konzentrierter ist und somit geringere Drehachsenverlagerungen resultieren. Bei Festlegung der minimalen ganzzahligen Exponenten ist die maximal zulässige Dehnung von $\varepsilon_{\text{adm}} = 0{,}5\,\%$ bei maximaler Auslenkung der Mechanismen nicht zu überschreiten. Wird diese bei $n = 2$ überschritten, ist ein größerer Exponent zu wählen. Diese Exponenten werden in einem iterativen Verfahren ermittelt und lauten:

- Evans: $n_1 = 3$, $n_2 = 7$, $n_3 = 16$, $n_4 = 5$,
- Roberts: $n_1 = 3$, $n_2 = 9$, $n_3 = 8$, $n_4 = 3$,
- Parallelkurbel: $n_1 = 5$, $n_2 = 5$, $n_3 = 5$, $n_4 = 5$,
- 10-Gelenkmechanismus: $n_{1,2,\ldots,10} = 4$.

Für die NM mit diesen Exponenten der Gelenke kann schließlich die Geradenabweichung $|u_{\text{G}}|$ bzw. die Ebenenverdrehung $|\delta|$ bei maximaler Auslenkung der Mechanismen bestimmt werden. Die Ergebnisse sind in Tabelle 6.4 für die gewählten Auslenkungen gegeben. Zusätzlich sind die beiden Ergebnisgrößen für die Starrkörpervorbilder aller Mechanismen in der Tabelle aufgeführt. Dieser Tabelle ist zu entnehmen, dass die Geradenabweichung $|u_{\text{G}}|$ zwischen SKM und initialen NM stark unterschiedlich ausfallen.

Tabelle 6.4: Ergebnisse der SKM-Vorbilder und der NM mit minimalen ganzzahligen Exponenten der Potenzfunktionskonturen.

Mechanismus	Auslenkung u_{xC} in mm	Analytische Ergebnisse		
		$\lvert u_{\text{G}}\rvert$ in µm	$\lvert\delta\rvert$	$\varepsilon_{\max}$ in %
Evans (SKM)	−10	55,1	6,34°	-
Evans (NM initial)		93,5	6,35°	0,50
Roberts (SKM)	10	24,8	6,57°	-
Roberts (NM initial)		1,5	6,57°	0,48
Parallelkurbel (SKM)	10	627,5	0	-
Parallelkurbel (NM initial)		615,6	17,14″	0,50
10-Gelenkmechanismus (SKM)	−10	30,0	0	-
10-Gelenkmechanismus (NM initial)		7,04	0,92″	0,50

Am Beispiel des Roberts-Mechanismus, der Parallelkurbel sowie des 10-Gelenkmechanismus wird deutlich, dass beim NM sogar geringere Geradenabweichungen erreicht werden können als im jeweiligen Starrkörpervorbild. Für den Evans-Mechanismus trifft dies jedoch nicht zu. Bei den beiden Ebenengeradführungsmechanismen ist auffällig, dass im SKM keine Ebenenverdrehung $|\delta|$ resultiert, diese im NM jedoch auftritt.

Anschließend folgt die Optimierung der einzelnen Parameter n und die abschließende Berechnung von $|u_G|$ und $|\delta|$ bei der maximalen Auslenkung der jeweiligen Mechanismen. Beim 10-Gelenkmechanismus resultieren 10 zu optimierende Parameter, wohingegen bei den übrigen Mechanismen lediglich je 4 Parameter zu optimieren sind. Für die erforderlichen Nebenbedingungen wird einerseits festgelegt, dass die maximal zulässige Dehnung des Werkstoffes EN AW 7075 einzuhalten ist ($\varepsilon_{max} \leq 0{,}5\,\%$). Andererseits wird der mögliche Parameterraum für alle Exponenten mit $2 \leq n \leq 20$ eingegrenzt. Für die betrachteten Mechanismen werden die Parameter $H = l = 10\,\text{mm}$ und $h = 0{,}3\,\text{mm}$ festgelegt.

Das Optimierungsproblem kann wie folgt ausgedrückt werden, wobei i die Anzahl der Gelenke des jeweiligen Mechanismus widerspiegelt:

$$\min_{n_i}(W_1|u_{\text{Gnorm}}|(n_i) + W_2|\delta_{\text{norm}}|(n_i)), \quad \text{sodass} \quad \begin{cases} 2 \leq n_i \leq 20, \\ \varepsilon_{\max}(n_i) \leq \varepsilon_{\text{adm}}, \end{cases} \quad \text{für } i \in \mathbb{N}. \tag{6.30}$$

Tabelle 6.5: Zielfunktionen und daraus folgende Ergebnisse des analytischen Modells der NM mit optimierten Exponenten der Potenzfunktionskonturen.

Mechanismus	Auslenkung u_{xC} in mm	Ziel	Analytische Ergebnisse		
			$\lvert u_G\rvert$ in µm	$\lvert\delta\rvert$	ε_{max} in %
Evans	−10	min($\lvert u_G\rvert$)	90,4	6,36°	0,50
Roberts	10	min($\lvert u_G\rvert$)	-	6,57°	0,50
Parallelkurbel	10	min($\lvert u_G\rvert$)	605,6	5,06″	0,28
		min($\lvert\delta\rvert$)	610,4	-	0,44
10-Gelenkmechanismus	−10	min($\lvert u_G\rvert$)	-	3,42″	0,28
		min($\lvert\delta\rvert$)	6,2	-	0,50
		min($\lvert u_G\rvert + \lvert\delta\rvert$)	-	-	0,35

Alle Berechnungsergebnisse sind in Tabelle 6.5 für die gewählten Zielfunktionen und die jeweils maximale Auslenkung gegeben. Darin wird für den Evans- sowie für den Roberts-Mechanismus als Zielfunktion die Geradenabweichung minimiert. Für die Parallelkurbel sowie für den 10-Gelenkmechanismus wird je eine Optimierung mit dem Ziel der Minimierung der Geradenabweichung und mit dem Ziel der Minimierung der Koppelverdrehung durchgeführt. Zusätzlich wird im Fall des 10-Gelenkmechanismus eine Optimierung mit Hilfe der Kombination beider Zielkriterien innerhalb einer Zielfunktion durchgeführt (Parameter normiert).

Gerundet auf zwei Nachkommastellen lauten die Ergebnisse der Optimierung für die Exponenten aller FKG:

- Evans, Ziel $\min(|u_G|)$: $n_1 = 20$; $n_2 = 20$; $n_3 = 16{,}05$; $n_4 = 4{,}69$,
- Roberts, Ziel $\min(|u_G|)$: $n_1 = 11{,}01$; $n_2 = 11{,}52$; $n_3 = 7{,}09$; $n_4 = 11{,}15$,
- Parallelkurbel
  - Ziel $\min(|u_G|)$: $n_1 = 19{,}25$; $n_2 = 20$; $n_3 = 14{,}16$; $n_4 = 15{,}20$,
  - Ziel $\min(|\delta|)$: $n_1 = 11{,}58$; $n_2 = 12{,}12$; $n_3 = 5{,}79$; $n_4 = 5{,}87$,
- 10-Gelenkmechanismus
  - Ziel $\min(|u_G|)$: $n_1 = 7{,}38$; $n_2 = 5{,}53$; $n_3 = 6{,}47$; $n_4 = 7{,}49$; $n_5 = 12{,}56$; $n_6 = 12$; $n_7 = 15{,}05$; $n_8 = 9{,}94$; $n_9 = 6{,}94$; $n_{10} = 14{,}82$,
  - Ziel $\min(|\delta|)$: $n_1 = 3{,}56$; $n_2 = 3{,}88$; $n_3 = 4{,}30$; $n_4 = 3{,}42$; $n_5 = 3{,}69$; $n_6 = 3{,}91$; $n_7 = 4{,}03$; $n_8 = 4{,}23$; $n_9 = 4{,}79$; $n_{10} = 4{,}32$,
  - Ziel $\min(|u_G| + |\delta|)$: $n_1 = 9{,}20$; $n_2 = 4{,}66$; $n_3 = 6{,}58$; $n_4 = 6{,}50$; $n_5 = 10{,}63$; $n_6 = 9{,}97$; $n_7 = 13{,}74$; $n_8 = 11{,}45$; $n_9 = 7{,}22$; $n_{10} = 12{,}77$.

Im Vergleich mit den initial gewählten Geometrien der NM kann beim NM auf Basis des ROBERTS- und des 10-Gelenkmechanismus durch die Optimierung der Exponenten die Geradenabweichung $|u_G|$ bei der maximalen Auslenkung eliminiert werden (Ergebnisse der Optimierung Bereich von $1 \cdot 10^{-8}$ µm). Bei der Parallelkurbel kann außerdem mit der entsprechenden Zielfunktion die Verdrehung $|\delta|$ eliminiert werden (Ergebnisse im Bereich von $1 \cdot 10^{-5}\,''$). Gleiches trifft für den 10-Gelenkmechanismus zu (Ergebnisse im Bereich von $1 \cdot 10^{-4}\,''$). Bei diesem Mechanismus kann zusätzlich durch die Zielfunktion als Kombination beider Kriterien die Geradenabweichung $|u_G|$ und die Verdrehung $|\delta|$ gleichermaßen reduziert werden (Ergebnisse im Bereich von $1 \cdot 10^{-8}$ µm bzw. $1 \cdot 10^{-9}\,''$). Beim EVANS-Mechanismus kann aufgrund der Kinematik nur eine geringfügige Reduzierung der Geradenabweichung im Vergleich zur initialen Geometrie erreicht werden. Durch die Kinematik der Parallelkurbel ist keine weitere Reduktion der Geradenabweichung möglich, da diese unmittelbar von der Auslenkung abhängig ist. Für alle übrigen Mechanismen kann $|u_G|$ jedoch eliminiert werden. Die optimierten NM sind somit für Geradführungen besser geeignet als deren SKM. Zur weiteren Reduzierung der Geradführungsabweichung des EVANS-Mechanismus ist die Kinematik zu verändern. Dies kann durch die im nächsten Teilabschnitt beschriebene Optimierung der Gelenkpositionen erreicht werden.

Es ist zu erwähnen, dass die Optimierungen jeweils für die maximale Auslenkung durchgeführt wurden. Am Beispiel des ROBERTS-Mechanismus und der nachgiebigen Parallelkurbel soll verdeutlicht werden, dass die Ergebnisse jedoch auch für den gesamten Bewegungsbereich besser ausfallen können als die initialen Geometrien. Dazu ist in Abbildung 6.10 (a) die Geradenabweichung $|u_G|$ für den ROBERTS-Mechanismus und in Abbildung 6.10 (b) die Verdrehung $|\delta|$ für die Parallelkurbel in Abhängigkeit der Verschiebung des Punktes C im Bereich von $u_{xC} = 0\,\text{mm}$ bis $10\,\text{mm}$ dargestellt. Für beide Mechanismen sind die Ergebnisse jeweils für die initiale Geometrie mit den minimalen ganzzahligen Exponenten und für die optimierten Exponenten abgebildet.

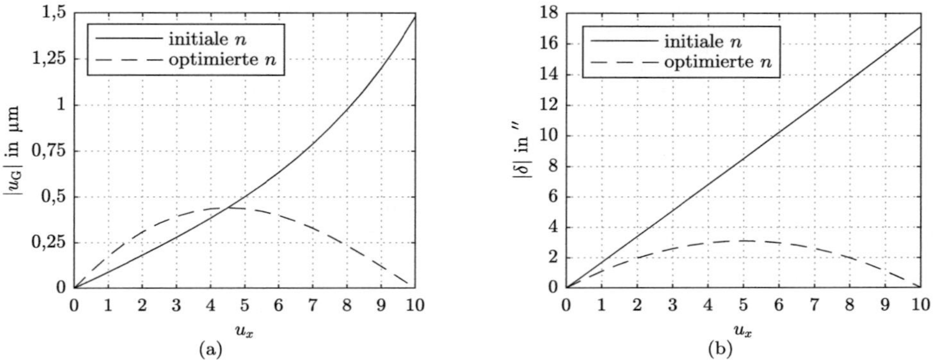

Abbildung 6.10: Geradenabweichung über dem gesamten Bewegungsbereich für die initialen sowie für die optimierten Exponenten: (a) des nachgiebigen ROBERTS-Mechanismus, (b) der nachgiebigen Parallelkurbel.

Es wird deutlich, dass die Geradenabweichung im Fall des optimierten ROBERTS-Mechanismus sowie die Ebenenverdrehung $|\delta|$ bei der optimierten Parallelkurbel für den gesamten Bewegungsbereich geringer ausfallen als für die initialen nicht-optimierten Mechanismen.

Optimierung der Gelenkpositionen innerhalb eines NM

Über die bereits präsentierten Optimierungsansätze hinaus besteht die Möglichkeit, die Position der einzelnen FKG zu variieren und im Hinblick auf Zielkriterien zu optimieren. Die Gelenkposition kann ebenfalls einen großen Einfluss auf das Bewegungsverhalten des Mechanismus besitzen und dazu führen, dass etwaige Geradenabweichungen reduziert werden können. Zur Optimierung der Gelenkposition muss sie zunächst parametrisiert werden.

Die Position einzelner FKG innerhalb eines NM wird durch die Länge der übrigen Elemente im NM definiert. Soll ein Gelenk innerhalb eines gewissen Bereiches verschoben werden, so ist die jeweilige Länge der beiden entlang der Balkenachse unmittelbar vor und nach dem FKG angrenzenden Elemente ausschlaggebend für dessen Position. Die Länge des gesamten Gelenkbereichs wird mit L_{Gb} bezeichnet. Dies wird durch Abbildung 6.11 verdeutlicht.

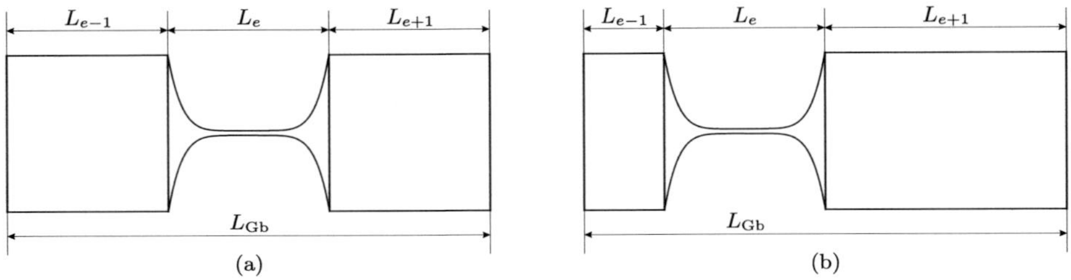

Abbildung 6.11: Definition der Gelenkposition an zwei Beispielen: (a) $f_{Gi} = 0{,}5$, (b) $f_{Gi} = 0{,}25$.

In der Abbildung sind zwei Varianten eines FKG (Element e entlang der Balkenachse) dargestellt, bei denen sich die Position des Elements e unterscheidet. Zur Beschreibung der Position der einzelnen FKG innerhalb eines NM wird der Faktor f_G eingeführt. Mit Hilfe dieses Faktors wird die Position des Gelenks im Gelenkbereich mit der Gesamtlänge L_{Gb}, welcher aus zwei angrenzenden Elementen und dem Gelenk selbst besteht, angegeben. Die Definition lautet:

$$f_G = \frac{L_{e-1}}{L_{Gb} - L_e}. \tag{6.31}$$

Für die Länge der an ein FKG angrenzenden Segmente folgt:

$$L_{e-1} = f_G(L_{Gb} - L_e), \quad \text{und} \quad L_{e+1} = (1 - f_G)(L_{Gb} - L_e). \tag{6.32}$$

Der Faktor kann Werte im Bereich von $0 \leq f_G \leq 1$ annehmen. In einem Mechanismus werden der Faktor sowie der Gelenkbereich entsprechend der einzelnen Gelenke mit der Nummer i indiziert, wie zum Beispiel für das erste Gelenk mit f_{G1} und L_{Gb1}. Soll die Gelenkposition durch die beschriebene Art und Weise variiert werden, sind in einem NM ggf. zusätzliche Elemente einzuführen, sodass vor und nach jedem Gelenk ein Element mit gerader Balkenachse angrenzt. Diese müssen die gleiche Querschnittshöhe H und Breite w wie das FKG besitzen. Die Vorgehensweise wird am Beispiel des EVANS-Mechanismus mit FKG auf Basis von Potenzfunktionskonturen demonstriert. Die ursprünglich verwendeten Abschnitte werden um Weitere ergänzt, vgl. dazu Abbildung 6.12 mit Abbildung 5.21. Die sonstige Geometrie bleibt identisch mit dem bereits betrachteten EVANS-Mechanismus in Unterabschnitt 5.1.4.

Durch die Parametrisierung der Gelenkposition durch den Parameter f_G kann zudem eine Optimierung mit Hilfe der MATLAB®-Funktion *fmincon* erfolgen. Es werden insgesamt acht zu optimierende Parameter gewählt. Zum einen die vier Gelenkpositionen f_{Gi} und gleichzeitig die vier Exponenten der Potenzfunktionskonturen n_i, je mit $i \in [1, 4]$. Es handelt sich hier also um eine Kombination der beiden Optimierungsansätze: Konturparameter und Gelenkposition, mit dem Ziel eine möglichst geringe

Geradenabweichung zu erreichen. Als Nebenbedingungen gelten:

$$0 \leq f_{\mathrm{G}i} \leq 1, \quad 2 \leq n_i \leq 20 \quad \text{und} \quad \varepsilon_{\max} \leq 0{,}5\,\%. \tag{6.33}$$

Als Zielfunktion wird die Geradenabweichung minimiert:

$$\min_{n_i} |u_{\mathrm{G}}|, \quad \text{sodass} \quad \begin{cases} 0 \leq f_{\mathrm{G}i} \leq 1, \\ 2 \leq n_i \leq 20, \\ \varepsilon_{\max}(n_i) \leq \varepsilon_{\mathrm{adm}}, \end{cases} \quad \text{für } i \in \mathbb{N}. \tag{6.34}$$

Als Startwerte für die Optimierung werden für die Parameter jeweils die Mittelwerte gewählt, also 0,5 für $f_{\mathrm{G}i}$ und 11 für n_i. Die resultierende Geometrie ist rechts in Abbildung 6.12 dargestellt. Die Ergebnisse der optimierten Parameter sind in Tabelle 6.6 auf drei Nachkommastellen gerundet. Die Ergebnisse für $|u_{\mathrm{G}}|$, $|\delta|$ und $\varepsilon_{\max}$ werden hingegen mit den ungerundeten Parametern berechnet.

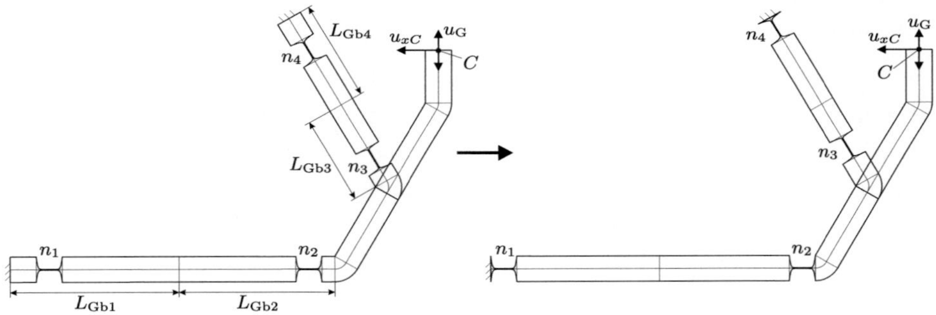

Abbildung 6.12: Definition der Gelenkbereiche für die FKG beim EVANS-Mechanismus sowie resultierende Geometrie als Ergebnis der Optimierung zur Minimierung der Geradenabweichung u_{G}.

Tabelle 6.6: Ergebnisse der gleichzeitigen Optimierung der Gelenkpositionen und der Exponenten der FKG des EVANS-Mechanismus bei der Zielfunktion nach Gleichung 6.34.

Ergebnisse der Optimierung (Minimierung von $\lvert u_{\mathrm{G}}\rvert$).								Analytische Ergebnisse		
f_{G1}	f_{G2}	f_{G3}	f_{G4}	n_1	n_2	n_3	n_4	$\lvert u_{\mathrm{G}}\rvert$ in µm	$\lvert\delta\rvert$	$\varepsilon_{\max}$ in %
0,002	0,999	0,396	0,998	11,023	11,236	18,824	11,032	-	6,40°	0,47

Durch die gewählte Strategie als Kombination der Optimierung der Exponenten der einzelnen FKG sowie der Gelenkpositionen kann eine deutliche Verbesserung bei den Geradführungseigenschaften des EVANS-Mechanismus gegenüber den bisher betrachteten Varianten erreicht werden. Durch die Optimierung der Gelenkposition wird die Kinematik des EVANS-Mechanismus zugunsten der Geradenabweichung verändert. Aufgrund der Nebenbedingung die maximale Dehnung zu unterschreiten, führt eine reine Optimierung der Exponenten der Potenzfunktionen zu einer minimalen Geradführungsabweichung von $|u_G| = 90{,}4\,\mu m$ (Tabelle 6.5). Wird zudem die Gelenkposition optimiert, kann bei der maximalen Auslenkung von $u_{xC} = -10\,mm$ eine Geradenabweichung nahezu von null erreicht werden (Ergebnis kleiner als 1 pm). Anhand der Ergebnisse wird deutlich, dass der Einfluss der Gelenkposition innerhalb von NM erheblich ist.

Einfluss der Gelenkorientierung auf die Verformungseigenschaften eines NM

Bei der Festlegung der Struktur von NM mit konzentrierter Nachgiebigkeit ausgehend von einem SKM erfolgt die Festlegung der Orientierung der einzelnen FKG meist intuitiv. Dabei wird darauf geachtet, dass die vorrangige Belastung der Gelenke Biegung ist. Im Gegensatz zu dieser intuitiven Vorgehensweise ist es neben den bisher betrachteten Ansätzen zur Optimierung von NM es außerdem denkbar, die Orientierung der FKG zu variieren, um im Hinblick auf konkrete Zielkriterien optimale Ausrichtungen der Gelenke zu erhalten. In diesem Abschnitt soll die Auswirkung der Gelenkorientierung am Beispiel des NM auf Basis eines ROBERTS-Mechanismus untersucht werden.

In [51] wurde die Gelenkorientierung bereits mit Hilfe von FEM-Simulationen und Messungen untersucht und dessen Einfluss auf die Ebenengeradführung von Parallelkurbeln ausgewertet. Im Gegensatz dazu sollen die Untersuchungen in dieser Arbeit mit Hilfe der analytischen Modellgleichungen durchgeführt werden. Zur Beschreibung der Parametrisierung der Gelenkorientierung dient Abbildung 6.13.

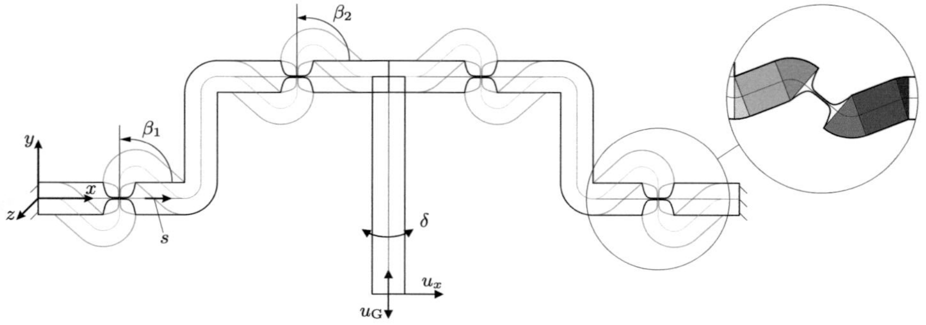

Abbildung 6.13: Modell zur Parametrisierung der Gelenkorientierung eines ROBERTS-Mechanismus.

Dabei handelt es sich um den NM eines ROBERTS-Mechanismus mit Potenzfunktionskonturen mit $h = 0{,}3\,mm$, $l = 10\,mm$ und $n = 8$ in allen Gelenken. Bedingt durch den symmetrischen Aufbau der Struktur ist hier lediglich die Gelenkorientierung der ersten beiden Gelenke parametrisiert. Die übrigen beiden Gelenke werden um den gleichen Betrag gegenläufig gedreht.

Die Gelenkorientierung kann mit Hilfe des Winkels β_i, wobei i die Anzahl der Gelenke repräsentiert, beschrieben werden. Der Winkel wird zwischen der Balkenachse s in der Gelenkmitte und der x-Achse mathematisch positiv gemessen. In der Abbildung sind zwei Gelenkorientierungen dargestellt. Die schwarz gezeichnete Lage spiegelt $\beta_1 = \beta_2 = 0°$ wider und die grau gezeichnete Lage entsprechend $\beta_1 = \beta_2 = 90°$.

Es ist ersichtlich, dass zur Realisierung der unterschiedlichen Gelenkorientierungen Anpassungen der das Gelenk umgebenen Elemente des NM vorzunehmen sind. Dies ist beispielhaft für das vierte Gelenk, rechts im Bild, dargestellt. Durch die Definition der Länge und Krümmung der sechs mit Grautönen hinterlegten Elemente kann die Gelenkorientierung im Bereich von $0° \leq \beta_i \leq 90°$ variiert werden. Wichtig ist dabei, dass die Parameter der umgebenen Segmente derart geändert werden, dass der Gelenkmittelpunkt seine Position für alle Varianten nicht verändert.

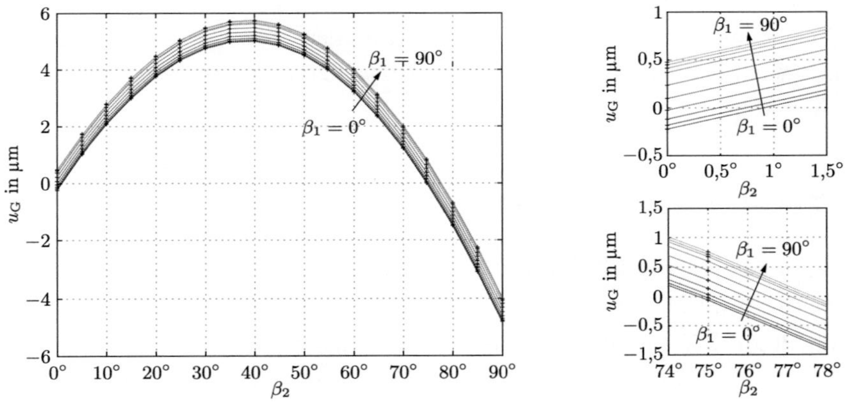

Abbildung 6.14: Einfluss der Gelenkorientierung auf die Geradenabweichung u_G am Beispiel eines ROBERTS-Mechanismus.

In Abbildung 6.14 ist die Abweichung der Geradführung für eine Veränderung der Orientierungswinkel β_1 und β_2 je im Bereich von 0° bis 90° in Schritten von 10° dargestellt. Die Untersuchungen stammen aus einer vom Autor betreuten Masterarbeit [164]. Für die Geradenabweichung werden hierbei generell niedrige Werte von unter 6 µm für alle Orientierungen festgestellt. Weiterhin wird ein deutlich höherer Einfluss der Gelenkorientierung β_2 im Vergleich zu β_1 auf die Veränderung der Geradenabweichung festgestellt. Wird ausschließlich β_1 variiert, stellt sich bei einer Erhöhung des Winkels β_1 eine geringfügige Erhöhung der Abweichung ein. Dieses Verhalten zeigt sich unabhängig von der Gelenkorientierung β_2. Bei einer Veränderung des Gelenkorientierungswinkels β_2 steigt u_G bis zu einem Winkel von ca. $\beta_2 = 40°$. Dieses Verhalten ist gegenläufig bei weiterer Erhöhung bis ca. $\beta_2 = 75°$. An dieser Stelle wird erneut ein Wert von $u_G = 0\,\mu m$ erreicht. Durch weitere Erhöhung von β_2 stellt sich ein negativer Wert für u_G ein.

Für die Geradenabweichung resultieren somit zwei Bereiche, in denen durch eine entsprechende Kombination der Gelenkorientierungen eine minimale Geradenabweichung erreicht werden kann. Weiterhin kann bei den Untersuchungen zum ROBERTS-Mechanismus festgestellt werden, wie auch bereits in [51], dass die Auslenkkraft der NM unabhängig von der unterschiedlichen Ausrichtung der FKG ist, sodass der Einfluss der Gelenkorientierung auf die Spannungen im Gelenk vernachlässigbar ist.

Dadurch, dass die Gelenkorientierung mit Hilfe der Winkel parametrisiert werden kann, ist auch hier eine Optimierung dieser Parameter mit Hilfe der MATLAB®-Funktion *fmincon* möglich. Durch das geringe Verbesserungspotenzial in Bezug auf die Geradenabweichung u_G wird an dieser Stelle auf eine Optimierung verzichtet. Eine Variation der Exponenten (Tabelle 6.5) der verwendeten Potenzfunktionskonturen birgt eine deutlich bessere Anwendbarkeit, vor allem, da angrenzende Bereiche der Mechanismen bei der Gelenkorientierung aufwendig parametrisiert werden müssen (vgl. Abbildung 6.13).

6.3 Kapitelzusammenfassung

In diesem Kapitel wurde, über die in der Literatur gefundenen Synthesemethoden hinaus, eine Strategie entwickelt, die analytischen Modellgleichungen zur Optimierung und damit zur Dimensionierung einzelner oder mehrerer Parameter eines FKG oder NM heranzuziehen. Optimierungsansätze auf Basis des analytischen Modells als Teilschritte eines Syntheseprozesses sind nach Kenntnisstand des Autors so in der Literatur nicht zu finden. Für einzelne FKG wurde je ein Modell in Abhängigkeit der Belastung durch entweder ein externes Moment oder eine externe Kraft entwickelt. Mit Hilfe dieser können innerhalb von wenigen Sekunden bei Momentbelastung und innerhalb von etwa einer halben Minute bei Kraftbelastung ausgewählte geometrische Parameter der FKG ermittelt werden, um gewünschte Zielkriterien zu realisieren. Für die gewählten Beispiele konnten im jeweiligen Parameterraum optimale Konturparameter der Gelenke bestimmt werden.

Für ausgewählte Mechanismen wurde ein großes Potenzial der aufgezeigten unterschiedlichen Ansätze deutlich, um die maximale Auslenkung bei einer konkreten Kraft zu steigern oder Geradenabweichungen und Ebenenverdrehung von Geradführungsmechanismen zu reduzieren. Ein großer Vorteil der Verwendung analytischer Modellgleichungen ist der parametrische Charakter. Es können beliebige Geometrie- oder auch Materialparameter, die Teil des analytischen Modells sind, als zu optimierende Größen bei der Dimensionierung gewählt werden. Aufgrund der kurzen Berechnungszeiten können Änderungen einfach vorgenommen und innerhalb kurzer Zeit geeignete Mechanismen für konkrete Aufgaben dimensioniert werden. Während die Analyse der betrachteten NM mit je vier FKG innerhalb von etwa einer Sekunde erfolgte, nahm die Optimierung der Exponenten ihrer Potenzfunktionskonturen im Schnitt ca. sechs Minuten in Anspruch. Für komplexere Mechanismen, wie den untersuchten 10-Gelenkmechanismus, sind die Zeiten entsprechend länger.

Hervorzuheben ist, dass, wie beschrieben, mit Hilfe des verwendeten Optimierungsalgorithmus ausschließlich lokale Minima gefunden werden. Das bedeutet, dass die Lösung stark von den Startwerten abhängig sein kann, sofern mehrere Minima im Parameterraum existieren. Nichtsdestotrotz konnten mit diesem Optimierungsalgorithmus für die betrachteten Gelenke und Mechanismen die geforderten Zielfunktionen hervorragend erfüllt werden. In der Praxis ist es empfehlenswert, mehrere Durchläufe der Optimierung durchzuführen, jeweils mit unterschiedlichen Startwerten, falls bekannt ist, dass mehrere lokale Minima existieren. Soll dies nicht erfolgen, ist es zu empfehlen, Parametergrenzen als Nebenbedingungen sinnvoll zu definieren und als Startwerte der Optimierung beispielsweise die Mittelwerte der Parameterbereiche zu wählen.

Zusammenfassend können die vorgestellten Optimierungsansätze maßgeblich zum Syntheseprozess beitragen. Wie demonstriert wurde, können die Optimierungsansätze einzeln aufeinander folgend oder auch kombiniert, wie im Fall der Optimierung der Konturparameter der einzelnen Gelenke und gleichzeitig ihrer Position beim EVANS-Mechanismus, angewendet werden. Die Methode bei der Dimensionierung kann auf beliebige zu optimierende Parameter und Zielfunktionen übertragen werden. Grundsätzlich kann der Ablauf zur Dimensionierung durch die folgende Vorgehensweise zusammengefasst werden:

1. Wahl von Zielkriterien,
2. Defintion der Zielfunktion als Optimierungsproblem,
3. Festlegung einzuhaltender Nebenbedingungen,
4. Formulieren eines Analysemodells mit Eingangsgrößen (zu optimierende Parameter) und Ergebnisgrößen (Parameter in den Zielkriterien und Nebenbedingungen),
5. Festlegung zulässiger Wertebereiche für die zu optimierenden Parameter,
6. Wahl von Startwerten für die Optimierung (Empfehlung: Mittelwerte der Wertebereiche),
7. Anwendung der Synthese, zum Beispiel in MATLAB® mit der Funktion *fmincon* oder analog auch in Python® mit der Funktion *minimize*,

8. Auswertung der Verformungseigenschaften,
9. manuelle Anpassungen nach Herstellbarkeit,
10. Analyse der angepassten Geometrie.

7 Entwicklung und Anwendung von Softwarewerkzeugen zur Analyse und Synthese von Festkörpergelenken und nachgiebigen Mechanismen

Die Analyse des verformten Zustands von FKG und NM mit konzentrierter sowie verteilter Nachgiebigkeit unter bestimmten Belastungen sowie die Dimensionierung ihrer Geometrie stellt eine besonders anspruchsvolle Aufgabe im Entwicklungsprozess von FKG und NM dar. Daher werden meist zeitaufwendige FEM-Simulationen in einem iterativen Entwicklungsprozess herangezogen. Die Implementierung nichtlinearer analytischer Modellgleichungen in Programmiersprachen zur numerischen Lösung ist nicht trivial. Die Berechnungsprogramme für unterschiedliche Mechanismen folgen dabei jedoch der selben Abfolge von Berechnungsschritten. Für die betrachteten Mechanismen aus Kapitel 5 wurde jeweils ein eigenständiges MATLAB®-Skript geschrieben, bei dem sich lediglich die Definition der Geometrieparameter, des Materials, der implementierten Belastungen, der Randbedingungen und der Verzweigungen unterscheiden. Der Lösungsablauf und die Ergebnisauswertung waren jedoch identisch.

Deutlich anspruchsvoller ist die Erstellung eines Programms zur Analyse beliebiger Mechanismen. Hierzu stellen das Material, die Geometrie, die Belastungen, die Randbedingungen und die Verzweigungen Variablen dar, die je nach Mechanismus anzupassen sind. Durch die Herleitung der Modellgleichungen für beliebige NM aus Abschnitt 4.3 wurden die Grundlagen zur Erstellung solcher Programme gelegt. Derartige Programme können mit GUI umgesetzt werden und leisten einen deutlichen Beitrag zur Vereinfachung des Analyse- und Syntheseprozesses von FKG und NM.

Daher besteht, neben der Entwicklung analytischer Modellgleichungen und der Erweiterung der Theorie großer Verformungen stabförmiger Strukturen um Schub und Querkontraktion sowie der Entwicklung von Ansätzen für den Syntheseprozess von FKG und NM, ein weiteres Ziel dieser Arbeit darin, Berechnungswerkzeuge zu entwickeln. Dadurch sollen die vorgestellten Modelle und Methoden effizient genutzt werden können. Zudem soll der Entwicklungsprozess zukünftig aufgrund der, im Vergleich zur FEM, schnellen numerischen Lösung der analytischen Modellgleichungen erheblich erleichtert und somit beschleunigt sowie die Zugänglichkeit zur Thematik der NM durch die entwickelten Tools verbessert werden.

Zwar gibt es, wie in Abschnitt 2.3 gezeigt, einige spezifische Entwurfswerkzeuge zur Berechnung einzelner FKG und NM, z. B. auf Basis von PRBM oder expliziten Gleichungen für konkrete Parameterbereiche, jedoch ist dem Autor keine Software bekannt, die nicht auf FEM basiert und die folgenden Aspekte in einer Anwendung vereint:

- Berücksichtigung großer Verformungen,
- Betrachtung als Kontinuum (gesamter Mechanismus verformbar),
- konturspezifische Implementierung von FKG,
- Möglichkeit der Modellierung von Verzweigungen,
- Erstellung beliebiger Verläufe der Balkenachsen,
- Modellierung gekrümmter Bereiche entlang der Balkenachse,
- Implementierung von konzentrierter und verteilter Nachgiebigkeit,
- Berücksichtigung der verwendeten Theorie in Abhängigkeit der Querschnittsabmessungen.

Einige der existierenden Anwendungen zur Analyse von NM sind vorwiegend auf reine Biegung beschränkt. Wie in dieser Arbeit nachgewiesen wurde, können bestimmte Konfigurationen jedoch aufgrund von Effekten wie Querkraftschub oder Querkontraktion zu Abweichungen im Vergleich zu FEM-Simulationen führen (vlg. Unterabschnitt 5.1.3) und sollten daher berücksichtigt sowie in die zu entwickelnden Softwarewerkzeuge implementiert werden.

Im Rahmen dieser Arbeit werden insgesamt drei Softwarewerkzeuge entwickelt, mit denen zum einen die Analyse und Synthese einzelner FKG mit variabler Gelenkgeometrie und zum anderen die konkrete Gestaltung, Analyse und Dimensionierung von NM ermöglicht werden. Die Software *CoMUI* stellt die umfangreichste der entwickelten Anwendungen dar. Mit Hilfe von *CoMUI* ist es möglich, kontinuierliche und einfach verzweigte NM mit (unter Berücksichtigung der Modellannahmen aus Kapitel 3) beliebiger Geometrie zu modellieren. Darauf aufbauend kann das Verformungsverhalten unter äußeren Kräften analysiert sowie Parameterstudien durchgeführt und ausgewertet werden. Des Weiteren wird die bereits bestehende Software *detasFLEX* um ein zusätzliches Synthesemodul für die Auslegung der Konturparameter einzelner FKG erweitert. Auf Basis der entwickelten Software *CoMUI* wird weiterhin im Rahmen einer durch den Autor betreuten Masterarbeit die Software *CoMSys* entwickelt, mit deren Hilfe die Gelenkposition innerhalb kontinuierlicher NM optimiert werden kann. Bei allen der drei Anwendungen werden ausschließlich zweidimensionale Anwendungsfälle behandelt. Die drei im Folgenden präsentierten Werkzeuge sind zusammen mit weiteren Werkzeugen des Fachgebiets frei zugänglich unter: https://www.tu-ilmenau.de/nsys/tools/.

7.1 Entwicklung der Analyse- und Dimensionierungssoftware *CoMUI* für NM

In diesem Abschnitt steht die Entwicklung einer intuitiven Softwareanwendung für den Entwurf und die geometrisch nichtlineare Analyse und Dimensionierung von NM sowohl mit konzentrierter als auch verteilter Nachgiebigkeit im Vordergrund. Die Software *CoMUI* (Akronym für „Compliant Mechanism User Interface“) stellt das umfangreichste der im Rahmen dieser Arbeit entwickelten Tools dar, weshalb auch die folgende Beschreibung umfangreicher ausfällt. Die Entwicklung der Software ist in [65] und [73] dokumentiert. Zur Veröffentlichung gehört ergänzend ein Video, in welchem die Funktionen der Software anhand eines Beispielmechanismus demonstriert werden und das einen Einstieg in die Benutzung gewährleistet.

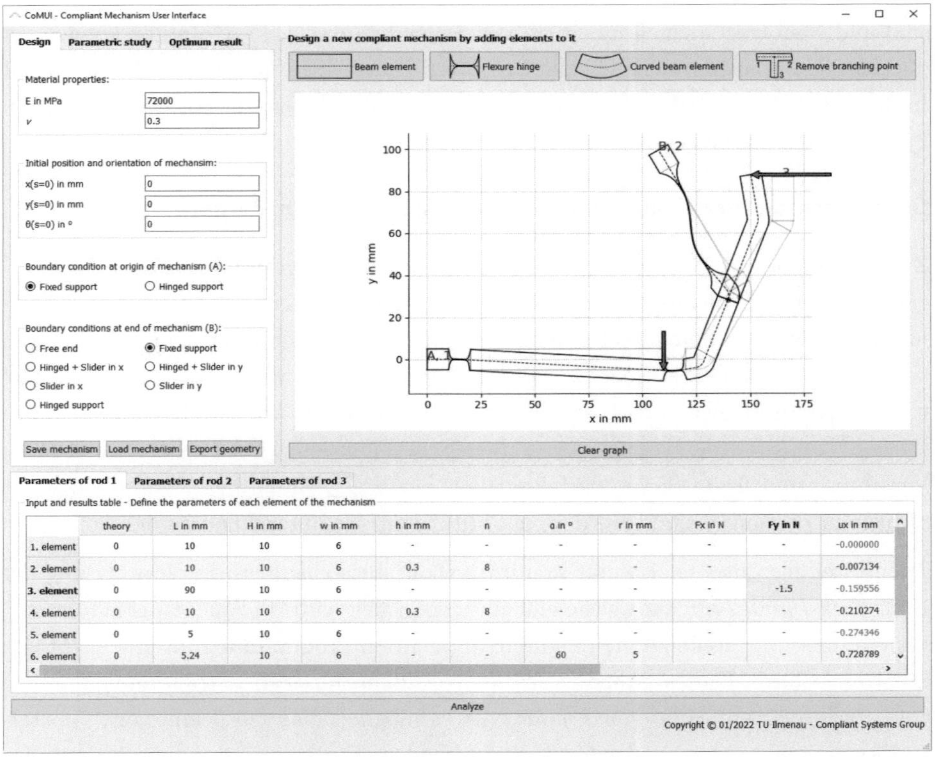

	theory	L in mm	H in mm	w in mm	h in mm	n	α in °	r in mm	Fx in N	Fy in N	ux in mm
1. element	0	10	10	6	-	-	-	-	-	-	-0.000000
2. element	0	10	10	6	0.3	8	-	-	-	-	-0.007134
3. element	0	90	10	6	-	-	-	-	-	-1.5	-0.159556
4. element	0	10	10	6	0.3	8	-	-	-	-	-0.210274
5. element	0	5	10	6	-	-	-	-	-	-	-0.274346
6. element	0	5.24	10	6	-	-	60	5	-	-	-0.728789

Abbildung 7.1: Programmfenster der Software *CoMUI* am Beispiel der Berechnung eines EVANS-Mechanismus.

In Abbildung 7.1 ist die Oberfläche der Software am Beispiel der Berechnung eines EVANS-Mechanismus dargestellt. Die Basis der Berechnung bilden die Modellgleichungen aus Abschnitt 4.3. Durch die numerische Lösung der Modellgleichungen sollen mit

Hilfe der Software das Biegemoment, der Neigungswinkel und die Koordinaten jedes Punktes entlang der Balkenachsen des Mechanismus ermittelt werden. Mit Hilfe dieser Ergebnisse können schließlich weitere Berechnungen von z. B. maximalen Dehnungen und Gelenkwinkeln ermöglicht werden.

Die hier vorgestellte Anwendung wird mit Hilfe der Programmiersprache Python® entwickelt. Innerhalb der Software besteht die Möglichkeit, einen NM elementweise zu erzeugen. Dazu können gerade und gekrümmte Balkenelemente oder FKG in der Ebene beliebig miteinander kombiniert werden. Zusätzlich kann eine Verzweigung in den Mechanismus integriert werden. Eine Auswahl von Randbedingungen ermöglicht vielseitige und anwendungsspezifische Mechanismuskonstruktionen. Ein integriertes Werkzeug zur Durchführung von parametrischen Studien ermöglicht die Optimierung der gewählten Geometrie für die Realisierung einer spezifischen Bewegungsaufgabe. Aufgrund der effizienten Analyse und da Änderungen der Geometrie direkt sichtbar sind und Neuberechnungen innerhalb von Sekunden durchgeführt werden können, ist die grafische Benutzeroberfläche zur iterativen Dimensionierung von NM von Vorteil. In den folgenden Unterabschnitten wird auf die Entwicklung der Software und deren Funktionsumfang eingegangen.

Grundlagen der verwendeten Entwicklungsumgebung in Python®

Zur Erstellung der GUI wird die objektorientierte Programmiersprache Python® gewählt, da durch den freien und „open-source"-Charakter ermöglicht wird, lizenzfreie und eigenständige Softwareanwendungen zu erstellen. Zur Benutzung ist dadurch keine weitere Installation einer „Runtime"-Umgebung o. ä. wie im Fall von MATLAB® notwendig. In Abschnitt 4.1 wurde bereits beschrieben, wie die DGL-Systeme in Python® gelöst werden können. Dazu dienen die Funktionen *RK45* (Runge-Kutta-Verfahren) und *fsolve* (Schießverfahren) aus der *SciPy*-Bibliothek. Es können somit Skripte in Python® erstellt werden, mit Hilfe derer NM berechnet werden können.

Zur Erstellung einer GUI bietet sich in Python® beispielsweise die Verwendung der Bibliothek *Pyside2* an, auf welche hier zurückgegriffen wird. *PySide2* ist eine Python®-Programmschnittstelle (API) (englisch: application programming interface) für das *Qt*-„framework". Dieses „framework" ist vor allem durch die Programmiersprache *C++* bekannt. Mit Hilfe von *PySide2* ist es möglich, das *Qt*-„framework" mittels Python®-Code analog wie in *C++* zu verwenden. Ein Vorteil der Verwendung des *Qt*-„frameworks" ist es, dass zur Erstellung einer GUI der sogenannte *Qt Designer* verwendet werden kann. Dieser stellt ein Werkzeug zum Entwerfen einer GUI mittels Layout und *Qt*-„Widgets" dar. Diese „Widgets" umfassen beispielsweise Druckknöpfe (Buttons), Textfelder oder Auswahlmenüs. Mit Hilfe des *Qt Designers* können das

Layout sowie der Stil und die farbliche Gestaltung der Oberfläche erstellt und bereits anschaulich getestet werden. Die erstellte Oberfläche kann schließlich in einen programmierbaren Code überführt werden.

Für die Überführung wird die GUI zunächst aus dem *Qt Designer* als eine *xml*-Datei gespeichert. Diese wird mit Hilfe des in *PySide2* enthaltenen Skriptes *pyside2-uic* in eine programmierbare *py*-Datei, also eine Python®-Datei, umgewandelt. Innerhalb der resultierenden *py*-Datei ist es schließlich möglich, den angelegten „Widgets“ Funktionen zuzuweisen und miteinander zu verknüpfen. Es können zudem einzelne Funktionen, wie beispielsweise das Analysemodell zur Lösung des DGL-Systems oder die Darstellung der Geometrie zur Strukturierung des Quellcodes, in eigenständige *py*-Dateien ausgelagert werden. Die Programmierung erfolgt objektorientiert. Dazu werden zur Strukturierung Klassen, Objekte und Methoden programmiert, beispielsweise zur Erstellung von Balkenelementen und Mechanismen.

Zur abschließenden Erstellung einer eigenständigen und ausführbaren Datei kann die Python®-Bibliothek *pyinstaller* verwendet werden. Mit Hilfe dieser kann ausgehend von einem Projekt mehrerer *py*-Dateien eine einzige ausführbare *exe*-Datei erzeugt werden. Zusammengefasst lautet die Reihenfolge der Entwicklung der Software *CoMUI*:

1. Erstellung des Layouts der GUI mit Hilfe des *Qt Designers*,
2. Export des Layouts aus dem *Qt Designer* als *xml*-Datei,
3. Umwandeln der *xml*-Datei in eine programmierbare *py*-Datei mittels *pyside2-uic*,
4. Programmierung aller Funktionen der Software,
5. Erzeugung einer eigenständigen ausführbaren *exe*-Datei mit Hilfe der Python®-Bibliothek *pyinstaller*.

Durch die Funktionsvielfalt stellt der vierte Punkt den umfangreichsten Schritt der Entwicklung von *CoMUI* dar. Auf den Aufbau der GUI sowie die implementierten Module und auf die einzelnen programmierten Funktionen wird im weiteren Verlauf genauer eingegangen.

Aufbau der entwickelten GUI und implementierte Module

Die in Abbildung 7.1 dargestellte GUI wird in drei Bereiche eingeteilt und mit einer Auflösung von 1250 × 1000 Pixel gestaltet. Die Anwendung ist skalierbar, um sie auf verschiedene Monitorgrößen anpassen zu können. Im linken Bereich sind drei verschiedene Module angeordnet und durch Tabs auswählbar. Ein großer Bereich des Layouts wird der Geometriedarstellung gewidmet. Hier ist es möglich, einen Mechanismus mit Hilfe einer Auswahl vorgefertigter Elemente zu erstellen. Die auswählbaren Elemente repräsentieren die drei Grundbausteine zur Modellierung von NM aus Abbildung 4.2. Diese sind in Abbildung 7.1 zu erkennen und lauten:

- Balkenelement mit gerader Balkenachse (Button „Beam element"),
- Balkenelement mit FKG-Kontur (Button „Flexure hinge")
- Balkenelement mit gekrümmter Balkenachse (Button „Curved beam element").

Der zusätzliche Button „Add/Remove branching point" ermöglicht es, **eine** Verzweigung hinzuzufügen oder wieder zu entfernen. Im Diagramm wird die Geometrie des Mechanismus im unverformten und, nach Berechnung, im verformten Zustand maßstabsgerecht in einem eigenständig programmierten „Widget" dargestellt. Um den verformten Zustand wieder zu entfernen, ist der Button „Clear graph" vorgesehen.

Im unteren Bereich der Oberfläche befindet sich eine tabellarische Auflistung der im Mechanismus vorhandenen Balken und deren einzelner Elemente. Hier können Änderungen für jedes einzelne Element betreffend der verwendeten Theorie, Geometrie und Belastungen vorgenommen werden. Außerdem werden darin im Anschluss an eine Berechnung die Ergebnisse der Verschiebungen, Winkel und Dehnungen für jedes Element aufgeführt. Unterhalb dieser Tabelle ist ein Button „Analyze" zur Berechnung des verformten Zustands angeordnet. Die drei durch Tabs erreichbaren Module sind in Abbildung 7.2 dargestellt.

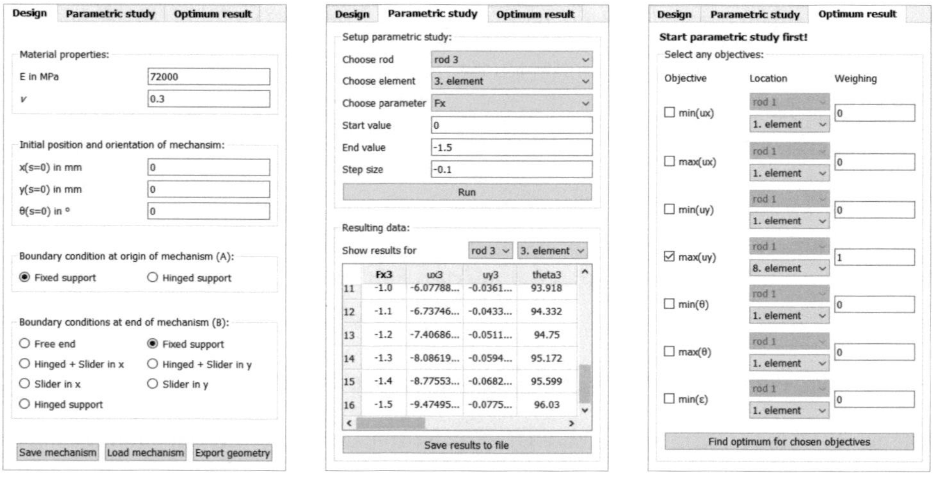

Abbildung 7.2: Entwickelte Module der Software *CoMUI*, von links nach rechts: *Design*, *Parametric Study*, *Optimum Result*.

Das Modul *Design* dient zur Definition einiger Parameter, die global für den gesamten Mechanismus festzulegen sind. Dazu zählen die Werkstoffparameter, die Position und Orientierung des ersten Balkens sowie die Definition von Randbedingungen. Weiterhin sind hier Buttons implementiert, mit Hilfe derer die aktuelle Geometrie exportiert (Save mechanism), eine Geometrie geladen (Load mechanism) oder die Geometrie in ein CAD-lesbares Tabellenformat exportiert werden kann (Export geometry).

Das Modul *Parametric study* dient zur Durchführung von Parameterstudien für **einen** konkreten Parameter. Im oberen Bereich des Moduls wird durch Auswahlmenüs definiert, welcher Parameter variiert werden soll. Darunter werden der gewünschte Parameterbereich und die Schrittweite konkretisiert. Durch den Button „Run“ wird die Parameterstudie gestartet. Im Anschluss werden im unteren Bereich des Moduls die Ergebnisse tabellarisch für ein ausgewähltes Element eines ausgewählten Balkens dargestellt. Die Ergebnisse können mit durch den Button „Save results to file“ in eine Textdatei (*.*txt*) exportiert werden.

Das Modul *Optimum result* dient zur Auswertung einer durchgeführten Parameterstudie. Es mag auf den ersten Blick nicht offensichtlich sein, welches eine bezüglich ausgewählter Zielkriterien optimale Lösung im Parameterbereich darstellt. Dazu können im Anschluss an eine Parameterstudie gewünschte Zielkriterien für konkrete Elemente des Mechanismus gewählt und unterschiedlich gewichtet werden. Mit Druck auf den Button „Find optimum for chosen objectives“ wird vom Programm ausgewertet, welcher Wert der Parameter im Hinblick auf die gewählten Zielkriterien optimal ist.

Entwurfs- und Berechnungsablauf der Software *CoMUI* und programmierte Funktionen

Die Funktionen der drei beschriebenen Module, deren Verknüpfungen und jeweiliger Ablauf bei der Benutzung sind schematisch in Abbildung 7.3 dargestellt. Zusätzlich ist eine detaillierte Darstellung aller wichtigen Programmabläufe in Abbildung 7.4 gegeben. Im Folgenden soll auf die einzelnen Abläufe genauer eingegangen werden. Zunächst werden der Ablauf und die Funktionsweise beim Entwurf von NM beschrieben.

Zu Beginn des Entwurfs eines NM werden im Modul „Design“ die erwähnten Materialparameter festgelegt. Gemäß der Vorgehensweise zur Modellierung in Kapitel 3 und deren Anwendung in Kapitel 4 wird der ebene NM ausgehend vom Koordinatensystem xy erstellt. Dort liegt der Ursprung der Balkenachse s_{I} und zugleich der Punkt A, für den eine Randbedingung auszuwählen ist. Für den Punkt A können entweder eine Einspannung („Fixed support“) oder ein ortsfestes Drehgelenk („Hinged support“) als Randbedingung gewählt werden. Der Punkt B bezieht sich bei unverzweigten Mechanismen auf das Ende von s_{I}. Im Fall von Verzweigungen wird festgelegt, dass sich der Punkt B immer am Ende von Balken II befindet. Dies wird im Diagramm gekennzeichnet. Für diesen Punkt können Randbedingungen, wie eine Einspannung, ein Schubgelenk oder ein Drehgelenk, ausgewählt werden, sodass ein statisches System vorliegt. Im Fall eines Drehgelenks in Punkt A wird zur Umsetzung eines statischen Systems für den Punkt B das freie Ende („Free end“) ausgegraut. Das Ende von Balken III stellt immer ein freies Ende dar. Die Position und Orientierung des ersten Elements ist durch Vorgabe der Position $x(s_{\mathrm{I}} = 0)$ und $y(s_{\mathrm{I}} = 0)$ und dem Winkel $\theta_{30}(s_{\mathrm{I}} = 0) = \alpha$ zu definieren.

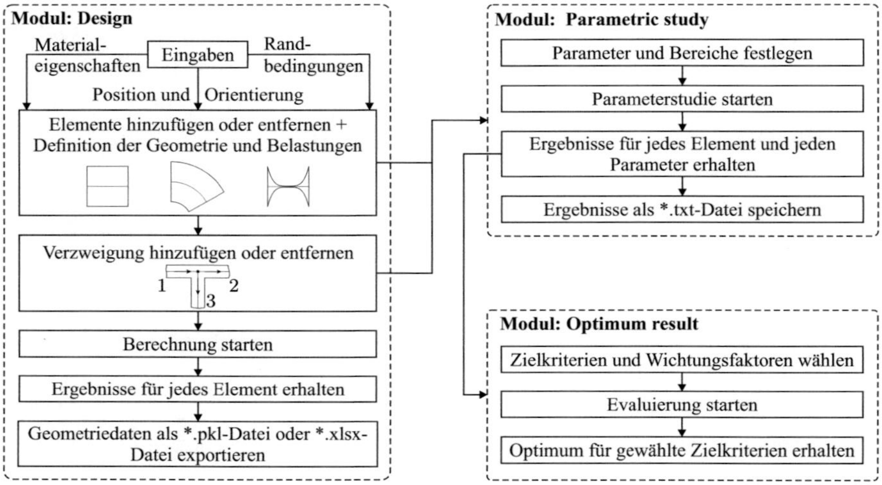

Abbildung 7.3: Abfolge bei Benutzung der einzelnen Module der Software *CoMUI*.

Durch Aneinanderreihen beliebiger weiterer Elemente mittels Drücken der entsprechenden Buttons kann der gewünschte NM erzeugt werden. Ein neues Element wird immer an das Ende des ausgewählten Balkens angefügt.

Dazu dienen die drei Grundelemente aus Abbildung 4.2. Der Parametertabelle werden automatisch entsprechend der Anzahl der Elemente Zeilen hinzugefügt. Wie in Abbildung 7.1 ersichtlich, ist im Bereich der Tabelle eine Gruppierung dreier Tabs angeordnet. Diese Tabs enthalten je eine Tabelle zur Definition der Parameter des gewählten Balkens und die resultierenden Ergebnisse nach einer Berechnung.

Durch Klicken auf den Button „Add branching point“ wird an das Ende von Balken I eine Verzweigung angefügt. Daraufhin ändert sich unmittelbar der Text des Verzweigungs-Buttons zu „Remove branching point“. Durch Klicken dieses veränderten Buttons kann eine vorhandene Verzweigung entfernt werden. Liegt im Mechanismus schließlich eine Verzweigung vor, so werden die Tabellen für die Balken II und III aktiviert und sind auswählbar. Je nachdem, welche der drei Parametertabellen gewählt ist, können dem ausgewählten Balken beliebige Elemente hinzugefügt werden. Unmittelbar am Ort der Verzweigung sind für die Balken II und III die Übergangswinkel $\theta_{30\mathrm{II}}(s_{\mathrm{II}} = 0)$ und $\theta_{30\mathrm{III}}(s_{\mathrm{III}} = 0)$ festzulegen (vgl. Abbildung 4.8).

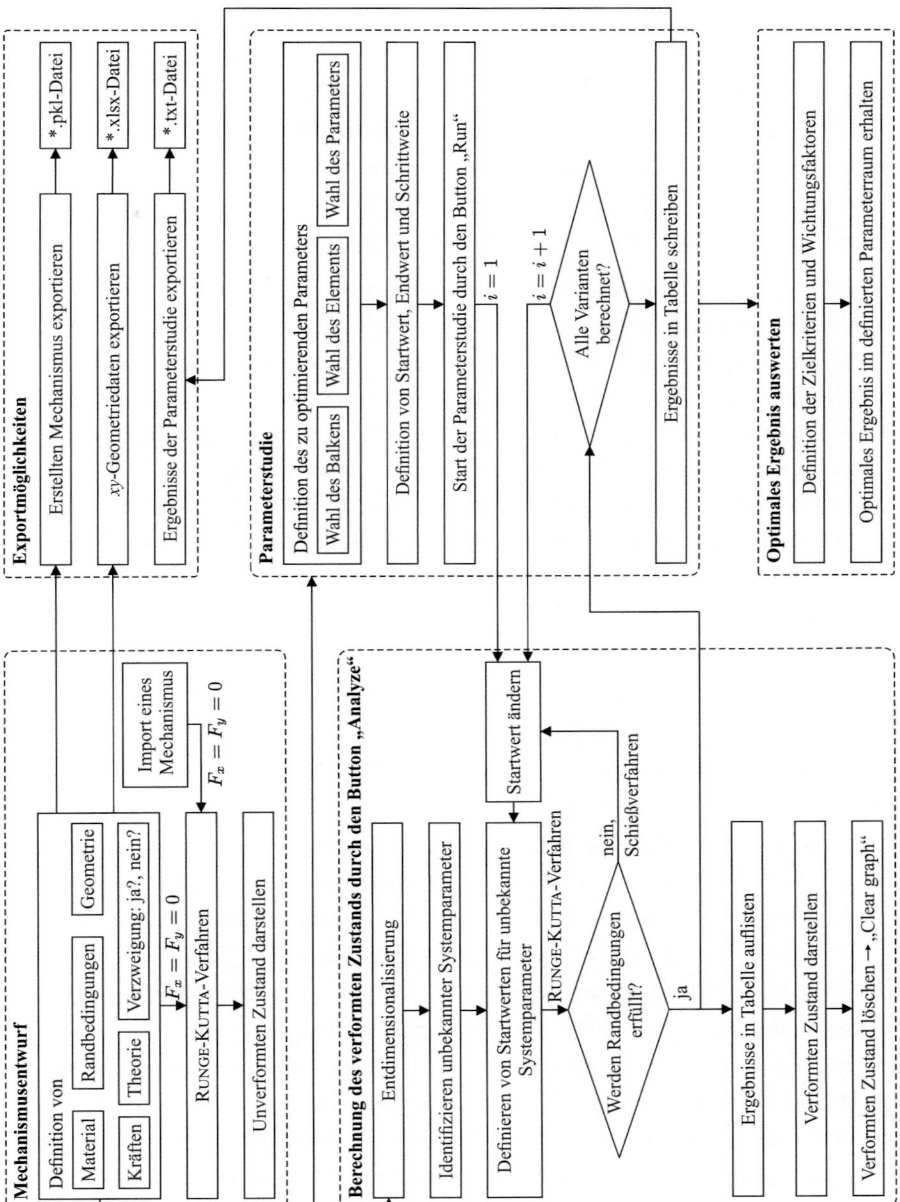

Abbildung 7.4: Ablaufplan der Software *CoMUI* und Verknüpfung der unterschiedlichen Module und Funktionen.

Weiterhin können beliebige Elemente der Tabellen ausgewählt und durch Drücken der „Entf"-Taste auf der Tastatur entfernt werden. Die benachbarten Abschnitte eines entfernten Abschnitts werden daraufhin direkt miteinander verbunden. Ist ein Element oder ein Parameter innerhalb der Zeile des entsprechenden Elements ausgewählt oder wird editiert, wird dieses Element im Diagrammfenster farblich hervorgehoben, so wird deutlich, welches Element gerade bearbeitet wird. Die Eingabeparameter aller Elemente sind im Nachhinein in den Tabellen anpassbar.

Einerseits kann so die zu verwendende Theorie in jedem Element individuell festgelegt werden, um die Empfehlungen aus Unterabschnitt 5.1.3 zu berücksichtigen. Dabei repräsentiert ein Wert von 0 die standardmäßig definierte Theorie reiner Biegung, vgl. Unterabschnitt 3.1.1. Ein Wert von 1 führt dazu, dass im Element Querkraftschub berücksichtigt wird, vgl. Unterabschnitt 3.1.2. Durch einen Wert von 2 wird hingegen Querkontraktion berücksichtigt, vgl. Unterabschnitt 3.1.3. Im gesamten Mechanismus kann so eine beliebige Kombination unterschiedlicher Theorien für die einzelnen Elemente gewählt werden. Beispielsweise können dadurch einzelne FKG mit Berücksichtigung von Querkontraktion berechnet werden, während im übrigen Mechanismus reine Biegung modelliert wird. Dadurch sind je nach Geometrie bessere Übereinstimmungen der Ergebnisse mit 3D FEM zu erwarten, vgl. Tabelle 5.9.

Andererseits können geometrische Parameter wie Länge, Höhe, Breite, Konturparameter der Gelenke, Krümmungen im unbelasteten Zustand, Randbedingungen oder Belastungen geändert werden. Somit sind sowohl Elemente mit konzentrierter als auch mit verteilter Nachgiebigkeit modellierbar. Ebenso ist es möglich, im Fall von FKG im unbelasteten Zustand eine Krümmung κ_{30} vorzusehen. Werden Belastungen (F_x oder F_y) für konkrete Elemente vorgegeben, so wirken diese auf die Querschnittsfläche am Endpunkt des gewählten Elements (vgl. Abschnitt 4.3). Dazu werden Kraftpfeile am Ort ihrer Wirkung am NM im Diagramm eingezeichnet. Bei der Vorgabe mehrerer Kräfte wird die Pfeillänge dynamisch anhand der Beträge angepasst und ggf. unterschiedlich lang dargestellt. Durch Anpassen der Parameter, das Hinzufügen oder Entfernen einzelner Elemente wird der unverformte Zustand des Mechanismus unmittelbar aktualisiert und im Diagramm dargestellt. Im Folgenden ist zusammenfassend der Ablauf von *CoMUI* gemäß Abbildung 7.4 genannt. Einige der genannten Zusatzfunktionen sind aus Unübersichtlichkeitsgründen in dieser Abbildung nicht aufgeführt, werden jedoch nachfolgend genannt:

- Hinzufügen und Entfernen einzelner Elemente in den Parametertabellen,
- Anpassen der Länge der Kraftpfeile,
- farbliches Hervorheben des aktiven Elements im Diagramm,

- Ein- und Ausblenden der beiden zusätzlichen, bei Verzweigungen notwendigen Parametertabellen.

Im Anschluss an den Entwurf eines NM kann die Analyse des verformten Zustands mit Druck auf den Button „Analyze“ durchgeführt werden. Damit die Berechnungszeiten unabhängig von der Größe oder des Materials des erstellten NM sind, wird dimensionslos gerechnet. Dazu werden alle Parameter gemäß Gleichung 5.18 entdimensionalisiert. Daraufhin werden unbekannte Systemparameter identifiziert. Die Anzahl unbekannter Systemparameter hängt von der vorliegenden Kombination aus Randbedingungen in den Punkten A und B ab und ob eine Verzweigung vorliegt, da bei Verzweigungen zusätzliche Unbekannte im Verzweigungspunkt resultieren (vgl. Unterabschnitt 4.2.4).

Alle unbekannten Systemparameter lassen sich in einem Vektor $\vec{v}$ zusammenfassen. Als Startwerte $\vec{v}_0$ für das RUNGE-KUTTA-Verfahren wird für jeden unbekannten Parameter zunächst ein Wert von null festgelegt ($\vec{v}_0 = \vec{0}$). Daraufhin erfolgt die Lösung des Randwertproblems durch die Kombination des RUNGE-KUTTA-Verfahrens mit dem Schießverfahren, wie in Abschnitt 4.1 beschrieben, bis die Rand- und Übergangsbedingungen innerhalb einer konkreten Toleranz, hier wird $xtol = 2{,}22 \cdot 10^{-16}$ festgelegt (vgl. Abschnitt A.1), erfüllt sind.

Nach erfolgreicher Berechnung liegen die Ergebnisse für alle Differentialgleichungen des Systems und Lösungen für die zuvor unbekannten Systemparameter $\vec{v}$ vor. Anschließend wird der verformte Zustand im Diagramm dargestellt. Zudem werden die Verschiebungen u_x, u_y und Winkel θ_3 am Endpunkt jedes einzelnen Elements des Mechanismus in den Parametertabellen der jeweiligen Balken aufgelistet. Handelt es sich bei einem Element um ein FKG, so wird zudem der relative Gelenkwinkel φ_G als Differenz der Winkel am Anfangs- und Endpunkt des FKG ausgegeben. In einer weiteren Spalte wird die maximale Dehnung ε_max für jedes einzelne Element e aufgelistet. Dazu wird die Dehnung in jedem Balken λ entlang s_λ für jedes Element e nach Gleichung 7.1 berechnet und der maximale Wert ausgewertet.

$$\varepsilon_{\lambda e}(s_{\lambda e}) = \frac{M_{z\lambda}(s_{\lambda e})}{EI_{3\lambda}(s_{\lambda e})}\eta_\lambda(s_{\lambda e}), \quad \text{mit } \lambda = \mathrm{I}, \mathrm{II}, \mathrm{III}, \quad e \in [1, t_\lambda]. \tag{7.1}$$

Eine weitere Möglichkeit der Software *CoMUI* ist das Durchführen von Parameterstudien. Dazu kann im Modul „Parametric study“ **ein** geometrischer Parameter oder **eine** Kraft aus den Parametertabellen gewählt werden. Da die modellierten NM eine Verzweigung aufweisen können, können im Mechanismus insgesamt drei individuelle Balkenachsen resultieren. Jede einzelne Balkenachse kann eine beliebige Anzahl von Elementen beinhalten. Die Auswahl des zu variierenden Parameters V_P erfolgt über Auswahlmenüs. Zuerst wird der gewünschte Balken festgelegt. Im nächsten Auswahlmenü wird das Element gewählt, auf das sich der gewünschte Parameter bezieht. In einem dritten Auswahlmenü folgt schließlich die Wahl des Parameters selbst, wie zum Beispiel in Abbildung 7.2 gezeigt, die Kraft F_x des dritten Elements von Balken III. In den darunter angeordneten Texteingabefeldern wird der Parameterbereich definiert. Dazu zählen Start- und Endwerte sowie die Schrittweite. Durch die Definition dieser Werte resultiert eine festgelegte Anzahl $i \in \mathbb{N}$ zu berechnender Varianten.

Zur Beschleunigung der Berechnungsschleife werden die Startwerte für die einzelnen Rechnungen der Varianten angepasst. Wie bereits erwähnt, wird zu Beginn des Lösungsprozesses eine Anfangsschätzung von null für die unbekannten Systemparameter innerhalb der Software angesetzt (s. Gleichung 7.2). Das Gleiche gilt für Parameterstudien.

$$\vec{v}_0(i = 1) = \vec{0} \tag{7.2}$$

Daraufhin wird das Randwertproblem mit Hilfe von RUNGE-KUTTA- und Schießverfahren wie beschrieben gelöst. Im Anschluss liegt neben der Lösung für alle Differentialgleichungen die Lösung für die Systemparameter $\vec{v}(i = 1)$ vor. Die zweite Iteration ($i = 2$) kann unter Verwendung des Ergebnisses der vorherigen Iteration nach folgender Gleichung durchgeführt werden:

$$\vec{v}_0(i = 2) = \vec{v}(i = 1). \tag{7.3}$$

Die Berechnungszeit wird dadurch verkürzt, dass die Anfangsschätzung nun näher am Ergebnis liegt als eine Schätzung von $\vec{v}_0 = \vec{0}$. Für alle folgenden Iterationen wird die Anfangsschätzung zu Gleichung 7.4 verallgemeinert. Darin werden die beiden vorherigen Ergebnisse für die nächsten Startwerte herangezogen und der Lösungsprozess dadurch beschleunigt.

$$\vec{v}_0(i) = \vec{v}(i - 1) + \vec{v}(i - 2), \quad \text{für} \quad i > 2 \tag{7.4}$$

Außerdem kann das Modul „Parametric study“ zur iterativen Lösung herangezogen werden. Möglicherweise kann bei einer einzelnen Analyse aufgrund von numerischen Fehlern keine Lösung ermittelt werden. Häufig ist die Ursache dafür, dass die Belastung für einen einzelnen Lastschritt zu hoch ist, da die Startwerte bei der numerischen Berechnung weit von der korrekten Lösung entfernt sind. In einem solchen Fall kann die Kraft durch eine Parameterstudie schrittweise aufgebracht werden, sodass eine Lösung für die gewünschte Belastung gefunden werden kann. Sobald alle Varianten der Studie berechnet sind, werden die Ergebnisse in die Tabelle des Moduls eingetragen und können für beliebige Elemente in eine „txt“-Datei exportiert werden.

Anschließend kann das Modul „Optimum result“ zur Auswertung der Parameterstudie hinsichtlich einer Zielfunktion herangezogen werden. Dazu werden entsprechend die gewünschten Zielkriterien für beliebige Elemente der einzelnen Balken ausgewählt und Wichtungsfaktoren definiert. Anhand der ausgewählten Kriterien wird die Zielfunktion in der Software wie folgt formuliert:

$$O(V_\mathrm{P}) = \min_{V_\mathrm{P}} \left(\sum_{i=1}^{N'} W_i |\tilde{Z}_{\mathrm{min}i}(V_\mathrm{P})| - \sum_{j=N'+1}^{N''} W_j |\tilde{Z}_{\mathrm{max}j}(V_\mathrm{P})| \right) \tag{7.5}$$

Es können insgesamt N'' Zielkriterien ausgewählt werden. Die Anzahl der zu minimierenden Kriterien wird durch den Parameter N'' beschrieben, während $N'' - N'$ die Anzahl zu maximierender Kriterien repräsentiert. Die zu minimierenden Zielkriterien selbst werden mit $\tilde{Z}_\mathrm{min}$ bezeichnet. Analog für die zu maximierenden Zielkriterien mit $\tilde{Z}_\mathrm{max}$. Dazu zählen je nach Wahl im Modul die Verschiebungen u_x, u_y, der Winkel θ_3 oder die elastische Dehnung ε_max. Diese Kriterien können für beliebige Elemente des vorhandenen NM gewählt werden. Darüber hinaus können den Zielkriterien die Wichtungsfaktoren W_i und W_j zugewiesen werden. Aufgrund der unterschiedlichen physikalischen Einheiten werden die Zielkriterien auf Grundlage der Minimal- und Maximalwerte der resultierenden Daten der Parameterstudie, je zwischen null und eins, normiert, vgl. Gleichung 6.27. Da es sich lediglich um eine Auswertung der bereits erfolgten Parameterstudie handelt, ist keine Optimierung notwendig. Stattdessen wird lediglich die Zielfunktion berechnet und anschließend das vorhandene Minimum ausgewertet. Somit ist das gefundene Minimum u. a. von der gewählten Schrittweite abhängig.

Datenexport

Die Ergebnisse der Berechnungen können über unterschiedliche Formate exportiert werden. Nach der Erstellung eines NM ist es beispielsweise möglich, alle vorgenommenen Einstellungen zu dessen Geometrie, Belastungen und sonstigen Eigenschaften in Form einer *pkl*-Datei zu speichern. Dieses Dateiformat dient zur Speicherung von Python®-Objekten, wie zum Beispiel dem Objekt „NM“. Die auf diese Weise gespeicherten Mechanismen können für die spätere Verwendung erneut in die Software importiert werden.

Eine weitere Möglichkeit besteht darin, die Geometrie des Mechanismus in Form einer *txt*-Datei zu exportieren. Darin werden die x- und y-Daten der Mechanismuskontur gespeichert. Diese Datei kann von CAD-Programmen gelesen werden. Dadurch kann in kurzer Zeit ein 3D-Modell erstellt werden, welches z. B. zur Erstellung von Prototypen genutzt werden kann.

Im Anschluss an eine Parameterstudie ist es möglich, die Ergebnisse eines ausgewählten Elements in Form einer *txt*-Datei zu exportieren. Zum Beispiel können damit im Nachhinein Auswertungen von Kraft-Weg-Kennlinien etc. in externen Programmen erstellt werden.

Eigenschaften der entwickelten Software

Durch die Entwicklung der Software *CoMUI* ist eine Anwendung zur Analyse und Dimensionierung von NM entstanden, welche die im Folgenden genannten Eigenschaften und Funktionen beinhaltet. Diese betreffen die Bedienbarkeit und die Modellierungsmöglichkeiten, z. B. für die Geometrie, Art der Randbedingungen, Verzweigungen, etc.

- **Sprache der GUI** – Die Software ist in englischer Sprache gehalten, um eine internationale Reichweite zu ermöglichen.
- **Distribution** – Die Software ist als eigenständige und lizenzfreie Anwendung kompiliert und frei zur Verfügung gestellt worden.
- **Module** – Es wurden drei Module implementiert. Zum einen ein Modul zur Analyse eines NM, also zur Berechnung des Verformungsverhaltens unter Einwirkung äußerer Belastungen. Ein zweites Modul dient zur Durchführung von Parameterstudien, bei denen ein Parameter gewählt und in einem definierten Bereich variiert werden kann. Das dritte Modul dient zur Auswertung der Parameterstudien in Bezug auf konkrete Zielkriterien. Mit Hilfe der Parameterstudien sind zudem schrittweise Belastungen möglich, um eine numerische Lösung zu erzielen.
- **Intuitive Bedienbarkeit** – Das Layout sowie die Bedienbarkeit der Software sollten möglichst intuitiv gehalten werden. Da eine intuitive Bedienbarkeit jedoch eine sehr subjektive Einschätzung ist, wurde die Oberfläche der Software möglichst einfach gestaltet und folgt einem logischen und somit intuitiven Aufbau. Dieser wurde durch die Aufteilung der GUI in drei unterschiedliche Bereiche realisiert. Im ersten Bereich findet die Definition von Parametern des jeweiligen Moduls statt, die die gesamte Struktur des Mechanismus betreffen. Dazu zählen die Festlegung des Materials oder der Randbedingungen des Systems. In einem zweiten Bereich der Oberfläche wird die aktuelle Geometrie des NM maßstabsgerecht und in Echtzeit abgebildet. Da die Mechanismen gemäß der Modellgleichungen in Abschnitt 4.3 elementweise modelliert werden, wurde in einem weiteren Bereich eine Parametertabelle angelegt, in welcher für jedes Element des NM die notwendigen Parameter definiert werden.

- **Ergebnisauswertung** – Als Ergebnis der Analyse des Verformungsverhaltens werden die Verschiebungen, resultierenden Winkel und maximalen Dehnungen in jedem einzelnen Element des Mechanismus ausgewertet und in die Darstellung der Oberfläche integriert. Dies wurde auch für die Parameterstudie umgesetzt. Sofern FKG im Mechanismus vorhanden sind, werden zusätzlich die relativen Gelenkwinkel angegeben.
- **Randbedingungen** – Es wurden alle in Abschnitt 4.2 aufgeführten Randbedingungen in der Oberfläche integriert und können dort derart ausgewählt werden, dass ein statisches System vorliegt.
- **Materialparameter** – Die Materialparameter E und ν werden global für den gesamten Mechanismus festgelegt.
- **Ursprung des NM** – Die Lage des Ursprungs der Balkenachse des ersten Balkens eines Mechanismus wird im xy-Koordinatensystem definiert. Die Orientierung im Ursprung dieser Balkenachse kann durch einen Winkel α definiert werden.
- **Verzweigungen** – Es wurde die Möglichkeit zur Modellierung einer Verzweigung realisiert. Durch eine Verzweigung können bereits viele der in dieser Arbeit betrachteten Punkt- oder Ebenengeradführungsmechanismen modelliert werden. Zudem ist die Übersichtlichkeit und intuitive Bedienbarkeit der GUI durch die Beschränkung auf eine Verzweigung weiterhin gegeben.
- **Anpassung der Geometrie** – Es wurde ermöglicht, Elemente zum Mechanismus hinzuzufügen, die Geometrie der erstellten Elemente anzupassen und einzelne Elemente wieder zu entfernen.
- **Art der Nachgiebigkeit** – Es können sowohl konzentrierte als auch verteilte Nachgiebigkeit im Mechanismus modelliert werden. Die Anpassung der geometrischen Parameter ermöglicht es, die Art der Nachgiebigkeit im Nachhinein zu ändern.
- **Grafische Darstellung** – Die Geometrie des NM wird maßstabsgerecht mit Darstellung von Trennlinien zur Abgrenzung der einzelnen Balken und Elemente abgebildet. Ausgewählte Elemente werden farblich hervorgehoben. Belastungen an einzelnen Elementen werden durch Kraftpfeile gekennzeichnet.
- **Import- und Export** – Es besteht die Möglichkeit, einen NM als *pkl*-Datei zu exportieren und zuvor definierte NM zu importieren. Weiterhin wurde ermöglicht, die Geometriedaten im *txt*-Format zu speichern, dass mit Hilfe von CAD-Software gelesen werden kann. Die Ergebnisse der Parameterstudie sind außerdem in tabellarischer Form, ebenfalls als *txt*-Datei, speicherbar.

Dimensionierungsbeispiel

Als Beispiel für die Anwendung der Software *CoMUI* dient der Führungsmechanismus mit verteilter Nachgiebigkeit aus Abbildung 6.7.

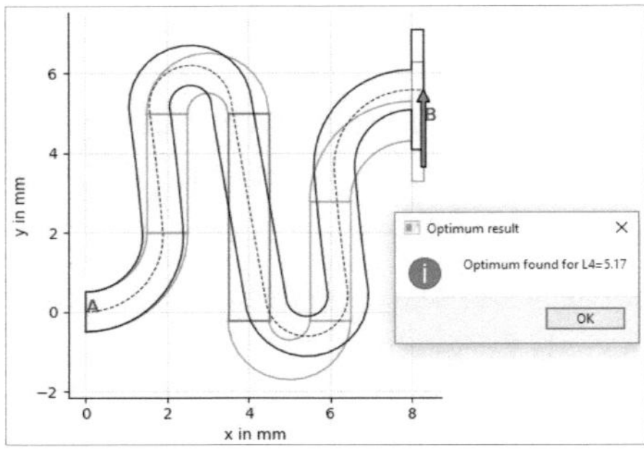

Abbildung 7.5: Auswertung einer Parameterstudie zur Ermittlung der optimalen Länge L_4 der Führung mit verteilter Nachgiebigkeit in *CoMUI*.

Mit Hilfe einer Parameterstudie zur Variation der Länge L_4 kann das optimale Ergebnis zur Maximierung der Verschiebung $u_{yB}(L_4)$ ausgewertet werden. Die Länge L_4 wird dabei in der Software *CoMUI* von 2 mm bis 16 mm in Schritten von 0,01 mm variiert. Mittels *CoMUI* kann das Ergebnis $L_4 = 5{,}17\,\text{mm}$ reproduziert werden, vgl. Abbildung 7.5 und [73].

7.2 Entwicklung von Synthesewerkzeugen für FKG und NM

Zusätzlich zur umfangreichen Software *CoMUI* wurden zwei der in Kapitel 6 vorgestellten Optimierungsansätze in Form von grafischen Benutzeroberflächen umgesetzt. Zum einen die Optimierung der Gelenkkonturen einzelner FKG durch die Software *detasFLEX* und zum anderen die Optimierung der Gelenkposition innerhalb von NM durch die Software *CoMSys*.

7.2.1 Entwicklung eines Synthesemoduls für die Software *detasFLEX*

Eine erste Version der Software *detasFLEX* („design tool for the analysis and synthesis of flexure hinges“) wurde im Rahmen der vorangegangen eigenen Masterarbeit des Autors entwickelt. Im Wesentlichen wurde darin das Analysemodell in den Gleichungen 3.9 - 3.12 in eine GUI implementiert und für einzelne FKG eine numerische Lösung für unterschiedliche Lastfälle ermöglicht. Dies wurde ausführlich in [68] und [70] beschrieben.

Auf Basis der in Abschnitt 6.1 entwickelten Synthesemethode für einzelne FKG soll die bestehende Software um ein zusätzliches Synthesemodul erweitert werden. Damit sollen ausgehend von einer gewählten Gelenkkontur und des Bauraums geeignete Konturparameter dimensioniert werden können. Die Ergebnisse der Synthese sollen anschließend an das Analysemodell übergeben werden können, um Anpassungen vorzunehmen und einen finalen Entwurf eines Gelenks zu entwickeln. Dieses implementierte Synthesemodul soll im Folgenden beschrieben werden. Da bei der bisherigen Software bereits MATLAB® als Programmiersprache verwendet wurde, wird auch das Synthesemodul in MATLAB® entwickelt. Insgesamt handelt es sich um eine frei zugängliche und eigenständige Softwareanwendung, für deren Funktion lediglich eine lizenzfreie MATLAB®-„Runtime“-Umgebung benötigt wird.

Aufbau und Funktion der entwickelten GUI

Analog zur in [70] beschriebenen Vorgehensweise bei der Erstellung der GUI wird auch hier die MATLAB® Umgebung *GUIDE* verwendet. Damit kann mit Hilfe vorgefertigter Elemente wie Textfeldern zur Ein- und Ausgabe, Auswahlmenüs, Auswahl- und Funktionsbuttons oder Diagrammfenstern das Layout der GUI erstellt werden. Anschließend werden den einzelnen Elementen Funktionen im Programmcode zugewiesen und durch Aktionen miteinander verknüpft.

Die entwickelte GUI ist in Abbildung 7.6 dargestellt. Die Software ist in die beiden Module „Analysis“ und „Synthesis“ unterteilt. Beide Module können über Tabs im oberen linken Bereich des Programmfensters erreicht werden und füllen jeweils den gesamten Bildbereich aus. In Abbildung 7.6 ist das Modul „Synthesis“ hervorgehoben. Wie beschrieben, soll hier nur auf das Synthese-Modul eingegangen werden. Das Modul ist in drei grau hinterlegte Felder für Ein- und Ausgaben unterteilt. Zusätzlich wird in Abhängigkeit der gewählten Gelenkkontur eine Prinzipskizze der Geometrie gezeigt sowie die einzuhaltenden Nebenbedingungen aus Tabelle 6.2 und die Konturfunktion $h_C(s)$ nach Tabelle 4.1 im mittleren und rechten Bereich der Anwendung aufgelistet. Im Anschluss an eine erfolgreich durchgeführte Synthese der Konturparameter wird die resultierende Geometrie in einem Diagramm maßstabsgerecht dargestellt.

Der gesamte Ablauf der Synthese von der Definition des Bauraums, der Wahl der Kontur und des Lastfalls über die Definition von Nebenbedingungen, einer Zielfunktion und Wichtungsfaktoren für die Optimierung basiert auf dem in Abbildung 6.2 dargestellten Algorithmus. Die Analysemodelle für die beiden Lastfälle (externes Moment und Transversalkraft) werden entsprechend als Funktionen hinterlegt und können, wie in Kapitel 4 beschrieben, numerisch gelöst werden.

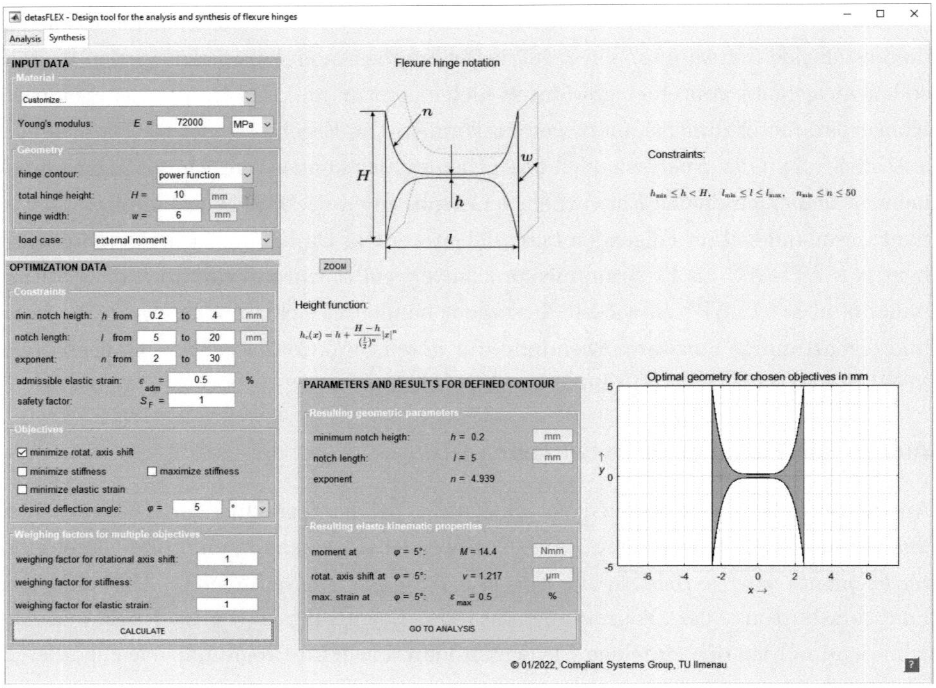

Abbildung 7.6: Programmfenster der Software *detasFLEX* am Beispiel der Synthese eines FKG mit Potenzfunktionskontur.

Im linken Bereich der Anwendung werden alle Eingaben zur Syntheseaufgabe vorgenommen. Zunächst können dort das Material und die Gelenkkontur ausgewählt und der Bauraum anhand der Parameter h und w festgelegt werden. Außerdem ist hier der Lastfall auszuwählen. Im grauen Kasten „Optimization Data" werden die Nebenbedingungen für die Optimierung, die Zielfunktion sowie die Wichtungsfaktoren festgelegt. Die Nebenbedingungen stellen jeweils die zulässigen Parameterbereiche und die maximal zulässige Dehnung $\varepsilon_{\mathrm{adm}}$ dar. Zusätzlich ist es möglich, einen Sicherheitsfaktor S_{F} zu wählen, mit Hilfe dessen die maximale Dehnung einzuhalten ist ($\varepsilon_{\mathrm{max}} \leq S_{\mathrm{F}}\varepsilon_{\mathrm{adm}}$). Die Zielfunktion wird durch Auswahl der zu optimierenden Kriterien und der Wichtungsfaktoren definiert. Als mögliche Zielkriterien sind hier die Minimierung der Drehachsenverlagerung v_D, die Minimierung oder Maximierung des externen Moments M_e oder der externen Kraft F_e sowie die Minimierung von $\varepsilon_{\mathrm{max}}$ wählbar. Außerdem wird hier der zu erreichende Drehwinkel φ_{G} festgelegt. Zusammen mit den zu definierenden Wichtungsfaktoren entsteht eine Zielfunktion wie in Gleichung 6.29. Je nachdem, welche Zielkriterien gewählt werden, kann die Zielfunktion ein bis drei gewichtete Kriterien enthalten. Sind mehr als nur ein Zielkriterium gewählt, handelt es sich um eine multikriterielle Optimierung. Wie beschrieben, ist diese zeitaufwendiger, da hierzu eine Normierung der einzelnen Kriterien notwendig ist. Dazu sind der eigentlichen Optimierung der multikriteriellen Zielfunktion eigenständige Anwendungen der Funktion *fmincon* vorangestellt, um die Minimal- und Maximalwerte der jeweiligen Kriterien zu ermitteln. Diese werden schließlich für die Normierung der Zielkriterien herangezogen (s. Gleichung 6.27 und die zugehörige Erklärung).

Zusammenfassend sind im linken Bereich des Moduls alle notwendigen Parameter für die Synthese definiert und die Synthese kann mit Klicken auf den Button „Calculate" durchgeführt werden. Dabei wird die Funktion *fmincon* ausgelöst, um die Parameter h, l und im Fall der Potenzfunktionskontur n im Hinblick auf die Zielfunktion und Nebenbedingungen zu optimieren. Während der Optimierung wird das hinterlegte Analysemodell für den gewählten Lastfall entsprechend Abbildung 6.2 mehrfach gelöst. Die resultierenden Geometrieparameter der Kontur werden im rechten Kasten „Parameters and results for defined contour" ausgegeben. Zusätzlich werden darin die Verformungseigenschaften beim gewählten Winkel φ_{G} aufgeführt. Die resultierende Geometrie wird zusätzlich im Diagramm rechts dargestellt. Mit Klicken auf den Button „Go to Analysis" werden die erhaltenen Ergebnisse in das Analysemodul übertragen und dieses geöffnet. Daraufhin können gegebenenfalls Anpassungen der dimensionierten Parameter vorgenommen werden, z. B. im Hinblick auf die Herstellbarkeit, und anschließend die angepasste Geometrie analysiert werden.

Die Ergebnisse aus Tabelle 6.2 konnten mit Hilfe der entwickelten GUI reproduziert werden. Auch die Berechnungszeiten unterscheiden sich nicht von den in der Tabelle angegebenen Werten. Bei einer multikriteriellen Optimierung hingegen beträgt die Berechnungszeit bei Momentbelastung ca. 20 s und bei Kraftbelastung ca. 40 s. Zusammenfassend ist es möglich, mit dem entwickelten Synthesemodul innerhalb von kurzer Zeit eine für einen konkreten Anwendungsfall geeignete FKG-Kontur zu ermitteln. Durch die intuitive Bedienung und die kurzen Berechnungszeiten des Programms kann die entwickelte GUI zur Vereinfachung des Syntheseprozesses von NM beitragen.

Zusammenfassend folgt die Bedienung des entwickelten Synthesemoduls der Software *detasFLEX* dem folgenden strukturellen Ablauf:

1. Festlegung der Materialeigenschaften,
2. Wahl einer Gelenkkontur (Halbkreis, Viertelkreis, Ellipse, Potenzfunktion),
3. Festlegung des Bauraums durch Definition von H und w,
4. Wahl des Lastfalls (Moment- oder Kraftbelastung),
5. Festlegung der oberen und unteren Grenzen für die konturspezifischen Parameter als Nebenbedingungen der Optimierung,

6. Festlegung der zulässigen Dehnung und Wahl des Sicherheitsfaktors als Nebenbedingung der Optimierung,
7. Definition der Zielfunktion zur Optimierung durch Wahl der Zielkriterien,
8. Festlegung des erforderlichen Gelenkwinkels φ_{G},
9. Festlegung von Wichtungsfaktoren bei Wahl mehrerer Zielkriterien,
10. Starten der Optimierung durch Druck auf den Button „Calculate“,
11. Erhalt der Ergebnisse und Darstellung der resultierenden optimalen Geometrie für die gewählten Bedingungen,
12. Transfer der Ergebnisse in das Analysemodul zur weiteren Anpassung durch Druck auf den Button „Go to analysis“.

Im Folgenden soll ein Beispiel für die Anwendung des Synthesemoduls in *detasFLEX* gegeben werden.

Dimensionierungsbeispiel

Zur Veranschaulichung der Anwendung des Synthesemoduls wird eine Syntheseaufgabe formuliert und geeignete FKG-Konturen mit Hilfe der Software *detasFLEX* ermittelt.

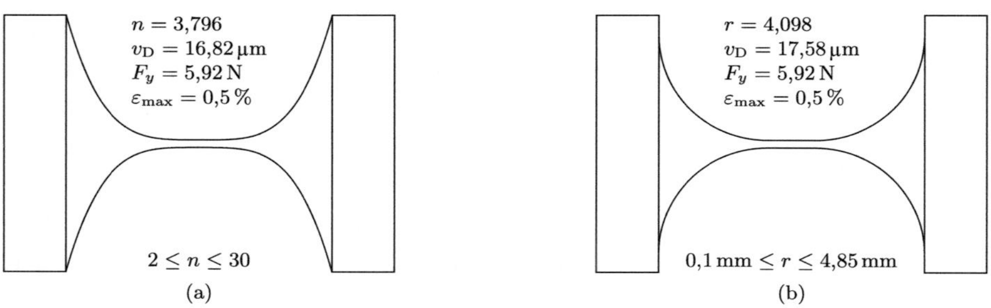

Abbildung 7.7: Ergebnisse einer Dimensionierung aus der Software *detasFLEX*: (a) Potenzfunktionskontur, (b) Viertelkreiskontur.

Im Beispiel soll ein Gelenkwinkel von $\varphi_{\mathrm{G}} = 5°$ bei Kraftbelastung erreicht werden. Als Zielfunktion ist die Drehachsenverlagerung v_{D} bei Einhaltung der zulässigen Dehnung $\varepsilon_{\mathrm{adm}} = 0{,}5\,\%$ zu minimieren. Die Parameter $H = 10\,\mathrm{mm}$, $w = 6\,\mathrm{mm}$, $l = 10\,\mathrm{mm}$ und $h = 0{,}3\,\mathrm{mm}$ werden festgelegt. Dadurch wird lediglich der für die gewählte Kontur spezifische Parameter optimiert. Die mit Hilfe von *detasFLEX* erhaltenen Ergebnisse sowie die resultierenden Konturen sind mit angrenzenden Segmenten in Abbildung 7.7 dargestellt. Bei Wahl einer Potenzfunktionskontur wird eine Drehachsenverlagerung von $v_{\mathrm{D}} = 16{,}82\,\mu\mathrm{m}$ erreicht. Zum Vergleich dazu, unterscheidet sich die Drehachsenverlagerung bei Wahl einer Viertelkreiskontur mit $v_{\mathrm{D}} = 17{,}82\,\mu\mathrm{m}$ nur geringfügig.

Mit Hilfe der Halbkreis- oder Ellipsenkontur kann keine Lösung für die gewählten Randbedingungen ermittelt werden. Bei der Synthese sollten stets mehrere Konturen betrachtet werden, um ein optimales Ergebnis für einen konkreten Anwendungsfall zu erhalten. Um die Rechenzeit nicht zu erhöhen, wird vom Programm nicht jede Kontur automatisch berechnet.

7.2.2 Entwicklung von *CoMSys* zur Optimierung der Gelenkposition in NM

Die Entwicklung der Software *CoMSys* (Akronym für: „Complaint Mechanism Synthesis“) wird im Rahmen einer vom Autor betreuten Masterarbeit vorgestellt. Das Ziel der Softwareanwendung ist es, die Gelenkpositionen in einem NM gemäß der in Abschnitt 6.2 beschriebenen Vorgehensweise optimieren zu können. Dadurch wird ermöglicht, dass ausgehend von der Struktur eines NM optimale Gelenkpositionen im Hinblick auf zu erreichende Zielkriterien, bei Einhaltung der maximal zulässigen Dehnung, ermittelt werden können.

Aufbau und Funktion der entwickelten GUI

Da auch diese Software vor allem aufgrund der Vorteile der lizenzfreien Distribution mit Hilfe von Python® entwickelt wird, dient die bereits vorgestellte GUI *CoMUI* als Basis des Programms. Die entwickelte Oberfläche ist in Abbildung 7.8 dargestellt. Der Aufbau ähnelt dem von *CoMUI* insofern, dass ebenfalls ein Analysemodul implementiert wird, mit Hilfe dessen ein NM erzeugt werden kann. Hierin können globale Einstellungen, z. B. zum Material oder den Randbedingungen, vorgenommen sowie die Geometrie und Belastungen eines Mechanismus durch Änderungen innerhalb einer Parametertabelle angepasst werden. Dazu werden Programmteile der für *CoMUI* bereits entwickelten Funktionen übernommen. Bei der Software *CoMSys* wird sich auf kontinuierliche Mechanismen ohne Verzweigungen beschränkt. Ein NM kann analog zu *CoMUI* mit Hilfe dreier Grundbausteine erstellt werden. Jedoch unterscheidet sich hier die Implementierung von FKG zur Vorgehensweise in *CoMUI*.

Beim Druck auf den entsprechenden Button zur Erzeugung eines FKG werden im Fall von *CoMSys* drei Elemente an das Balkenende angefügt. Im Bereich dieser drei Elemente wird der Faktor f_{Gi} nach Abbildung 6.11 und den Gleichungen 6.31 und 6.32 zur Beschreibung der Gelenkposition definiert. Zusätzlich zur Potenzfunktionskontur sind im Fall von FKG auch Halb- und Viertelkreis- sowie Ellipsenkonturen auswählbar. Während das Synthesemodul nur für NM mit FKG bestimmt ist, kann das Analysemodul unabhängig vom Synthesemodul angewendet werden. Somit können mit *CoMSys* auch Mechanismen ohne FKG analysiert werden, wie zum Beispiel bei NM mit verteilter Nachgiebigkeit.

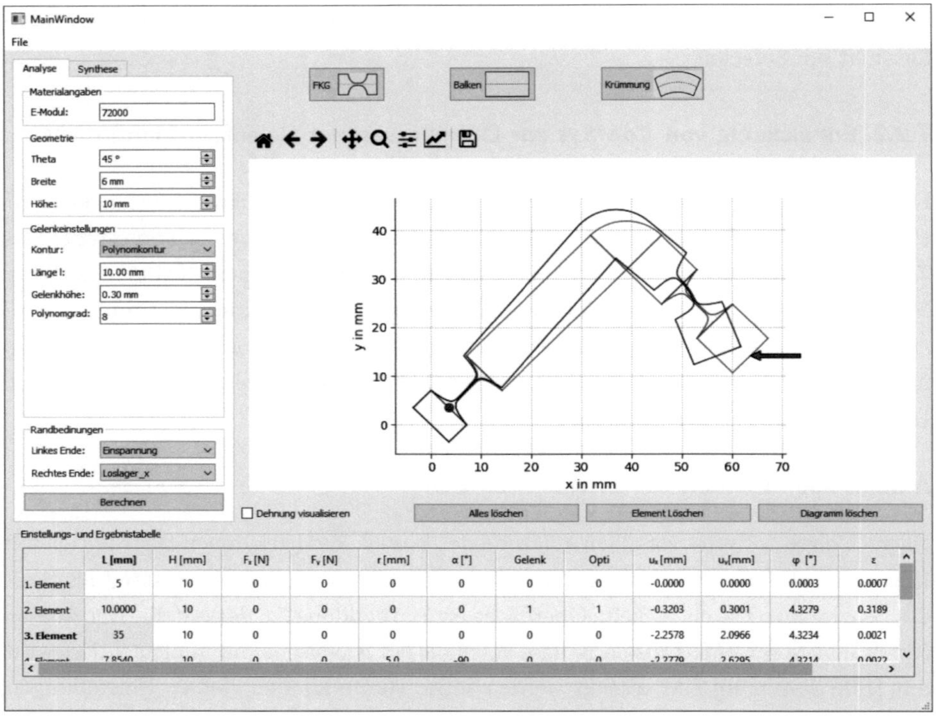

Abbildung 7.8: Programmfenster der Software *CoMSys* am Beispiel der Berechnung eines nachgiebigen Hebelmechanismus.

Im Anschluss an die Erstellung eines NM mit FKG im Modul „Analyse“ kann im Modul „Synthese“ die Gelenkposition ausgewählter FKG optimiert werden. Dazu wird durch Texteingabe- und Auswahlfelder eine Zielfunktion formuliert. Als Zielkriterium kann die Minimierung oder Maximierung der Verschiebung u_x, der Verschiebung u_y oder des Winkels θ_3 am Ende eines gewünschten Balkenelements des NM gewählt werden. Das gewählte Kriterium wird als Z_{min} oder Z_{max} gespeichert. Als Nebenbedingung der Optimierung ist die maximal zulässige Dehnung ε_{adm} zu definieren. Als zu optimierende Parameter dienen die Gelenkpositionsfaktoren $f_{\text{G}i}$ aller Gelenke i. Somit lautet die Zielfunktion am Beispiel einer Minimierung:

$$\min_{f_{\text{G}i}} |Z_{\text{min}}|, \quad \text{sodass} \quad \begin{cases} 0 \leq f_{\text{G}i} \leq 1, \\ \varepsilon_{\text{max}}(n_i) \leq \varepsilon_{\text{adm}}, \end{cases} \quad \text{für } i \in \mathbb{N}. \tag{7.6}$$

Die Lösung dieser Zielfunktion wird mit Hilfe der Python®-Funktion *minimize* durchgeführt. Diese Funktion stellt das Python®-Äquivalent zur MATLAB®-Funktion *fmincon* dar und ermöglicht eine Optimierung unter Berücksichtigung von Nebenbedingungen. Im Anschluss an eine erfolgreiche Optimierung wird die im NM maximal vorhandene Dehnung $\varepsilon_{\max}$ sowie das Ergebnis des gewählten Zielkriteriums, z. B. die Verschiebung u_y eines Punktes, im Synthesemodul ausgegeben.

Der Ablauf bei der Bedienung des Syntheseprogramms lässt sich wie folgt zusammenfassen:

1. Festlegung des Materials, der Geometrie einschließlich der FKG-Bereiche und -Konturen, der Randbedingungen und der Belastungen,
2. Wahl der zu optimierenden FKG,
3. Festlegung der zulässigen Dehnung,
4. Definition der Zielfunktion zur Optimierung durch Wahl der Zielkriterien,
5. Starten der Optimierung durch Druck auf den Button „Optimize“,
6. Erhalt der Ergebnisse für die optimalen Gelenkbereiche und Darstellung der resultierenden Geometrie,
7. Speichern des Mechanismus als „pkl“-Datei.

Auch für diese Software soll im Folgenden ein Dimensionierungsbeispiel zur Erklärung der Programmfunktionen betrachtet werden.

Dimensionierungsbeispiel

Als Beispiel soll die Gelenkposition der beiden FKG des in Abbildung 7.9 dargestellten nachgiebigen Greifers mit Hilfe der Software *CoMSys* optimiert werden. Mit Hilfe dieser Software kann das dargestellte Segment als unverzweigter NM berechnet werden.

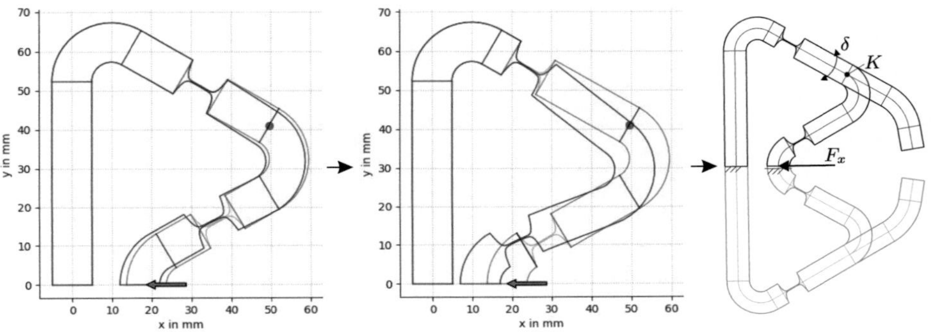

Abbildung 7.9: Dimensionierungsbeispiel mit Hilfe der Software *CoMSys*.

Eine mögliche Dimensionierungsaufgabe besteht in der Maximierung des resultierenden Winkels δ im Punkt K bei vorgegebener Belastung durch eine Kraft F_x, vgl. Abbildung 7.9. Zur Realisierung der Bewegung werden zwei FKG im Mechanismus implementiert, deren Positionen im nächsten Schritt optimiert werden sollen. Nachdem das dargestellte Segment des NM mit Hilfe des Analysemoduls erstellt wurde, wird die Zielfunktion durch Auswahl des zu optimierenden Parameters (Winkel δ) am Ende des fünften Elements gewählt und im Programmcode wie folgt interpretiert:

$$\min_{f_{\mathrm{G}i}} |-\delta|, \quad \text{sodass} \quad \begin{cases} 0 \leq f_{\mathrm{G}i} \leq 1, \\ \varepsilon_{\max}(n_i) \leq \varepsilon_{\mathrm{adm}}, \end{cases} \quad \text{für } i = 1;\ 2. \tag{7.7}$$

Als optimales Ergebnis resultieren $f_{\mathrm{G1}} = 0{,}187$ und $f_{\mathrm{G2}} = 1$ und damit ein Winkel von $\delta = -8{,}6°$ bei $\varepsilon_{\max} = 0{,}5\,\%$, vgl. Abbildung 7.9 Mitte. Zum Vergleich resultieren bei der Ausgangskonfiguration mit $f_{\mathrm{G1}} = f_{\mathrm{G2}} = 0{,}5$ ein Winkel von $\delta = -2{,}7°$ bei $\varepsilon_{\max} = 0{,}32\,\%$, vgl. Abbildung 7.9 links. Durch Optimierung der Gelenkpositionen kann der Winkel δ somit deutlich, um mehr als das dreifache, gesteigert werden.

7.3 Kapitelzusammenfassung

Zusammenfassend wurden in diesem Kapitel die analytischen Modellgleichungen aus Kapitel 3 und die in Kapitel 4 beschriebenen Grundlagen zu deren numerischer Lösung in MATLAB® oder Python® herangezogen und in Form unterschiedlicher GUI implementiert. Insgesamt konnten im Rahmen dieser Arbeit die drei in Abbildung 7.10 gezeigten Softwarewerkzeuge entwickelt werden. Mit Hilfe derer ist es möglich, den Analyse- und Syntheseprozess bei der Entwicklung von FKG und NM deutlich zu vereinfachen und zu beschleunigen. Es ist zu erwähnen, dass die Bereitstellung der Werkzeuge auf nationale und internationale Resonanz stößt.

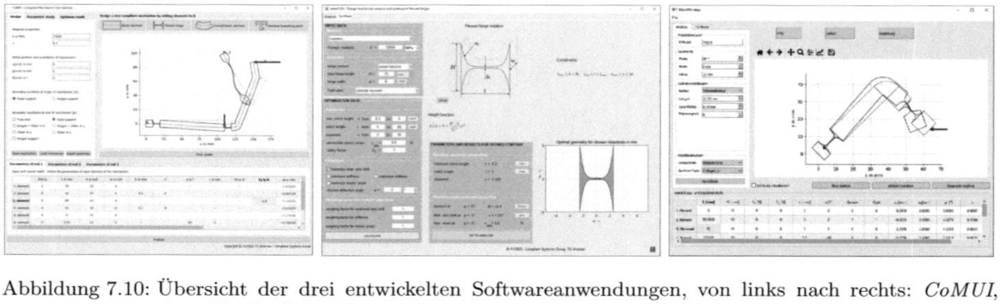

Abbildung 7.10: Übersicht der drei entwickelten Softwareanwendungen, von links nach rechts: *CoMUI*, *detasFLEX*, *CoMSys*.

Mit Hilfe der Software *CoMUI* kann beispielsweise innerhalb kurzer Zeit ein Mechanismus durch vorgefertigte Bausteine entworfen und daraufhin der verformte Zustand berechnet werden. Durch die Vielzahl möglicher Parametereinstellungen können NM für unterschiedliche Anwendungsfälle betrachtet werden. Zusammenfassend bietet die Software *CoMUI* folgende Features (Merkmale):

- Berücksichtigung unterschiedlicher Werkstoffe (Eingabe der Materialparameter),
- das elementweise Zusammenstellen eines Mechanismus mit drei verschiedenen Bausteinen (Balkenelement mit konstanter Höhe, Balkenelement mit Potenzfunktion, vorgekrümmtes Balkenlement),
- Möglichkeit der Implementierung einer Verzweigung im Mechanismus und individuelle Definition der Parameter für jede der drei Balkenachsen,
- Wahl von Randbedingungen an zwei der drei möglichen Balkenenden (Einspannung, Drehgelenk, Drehschubgelenk, Schubgelenk, freies Ende),
- Parametervorgaben der einzelnen Elemente in Tabellenform (Abmessungen, Konturparameter, Krümmungsradius und -Winkel, Kräfte in x- und y-Richtung am Ende eines jeden Elements),
- Berücksichtigung verschiedener Gelenkkonturen durch Wahl des Exponenten der Potenzfunktion,
- Wahl der zu verwendenden Theorie durch Berücksichtigung verschiedener Effekte im jeweiligen Element (reine Biegung, mit Querkraftschub, mit Querkontraktion),
- maßstäbliche Darstellung der berechneten Mechanismen und sofortige Visualisierung von Eingabeänderungen,
- sekundenschnelle numerische Lösung,
- Berechnung von Verschiebungen, Winkeln und Maximaldehnung in jedem Element des Mechanismus,
- Parameterstudie eines beliebigen Parameters in einem beliebigen Element des Mechanismus (Geometrie, Kräfte) mit Definition von Start- und Endwerten sowie der Schrittweite,
- importieren und exportieren aller Mechanismusdaten, exportieren der Geometriedaten sowie exportieren der Ergebnisse der Parameterstudie.

Mit dem zusätzlichen Synthesemodul für die Software *detasFLEX* ist es möglich, FKG-Konturen im Hinblick auf gewählte Zielkritieren und Nebenbedingungen zu dimensionieren. Dieses zusätzliche Modul bietet die folgenden Features:

- Berücksichtigung unterschiedlicher Werkstoffe (Eingabe der Materialparameter),
- Wahl vier verschiedener Gelenkkonturen (Halbkreis-, Viertelkreis-, Ellipsen- und Potenzfunktionskontur),

- Einschränkung des Bauraums durch Vorgabe von H und w,
- Möglichkeit der Definition der zulässigen Parameterbereiche für die Optimierung durch Definition unterer und oberer Grenzen,
- Wahl eines oder mehrerer Zielkriterien (Minimieren der Drehachsenverlagerung, Minimieren/Maximieren der Steifigkeit, Minimieren der Materialdehnung),
- Definition von Wichtungsfaktoren für die gewählten Kriterien,
- Berechnung geeigneter Gelenkabmessungen für die vorgegebene Kontur sowie Geometriedarstellung und Ergebnisausgabe,
- Möglichkeit, die Ergebnisse in das Analysemodul zu übertragen.

Durch die Entwicklung der Software *CoMSys* ist ein Dimensionierungswerkzeug zur Ermittlung optimaler Gelenkpositionen von NM mit konzentrierter Nachgiebigkeit in Form von FKG entstanden. Das Analysemodul von *CoMSys* ist analog zu *CoMUI* aufgebaut und bietet die gleichen Features, mit Ausnahme von Verzweigungen. Darüber hinaus bietet das Synthesemodul von *CoMSys* folgende Möglichkeiten:

- Wahl verschiedener Gelenkkonturen (Halbkreis- Viertelkreis-, Ellipsen-, Potenzfunktions- und blattfederartige Kontur),
- Möglichkeit, einzelne FKG für die Optimierung auszuwählen,
- Definition einer Zielfunktion zur Optimierung durch Wahl eines Zielkriteriums und Vorgabe der maximal zulässigen Dehnung,
- Ausgabe der Ergebnisse für die optimale Position der gewählten FKG und Darstellung der optimalen Geometrie,
- Visualisierung des Dehnungsverlaufs entlang der Balkenachse.

Die beiden Werkzeuge *detasFLEX* und *CoMUI* werden seit ihrer Entwicklung im Rahmen der Lehrveranstaltung „Nachgiebige Mechanismen“ an der Technischen Universität Ilmenau erfolgreich eingesetzt, um Studierenden wichtige Grundlagen bei der Entwicklung von NM zu vermitteln. Dazu zählt ein generelles Verständnis des Bewegungsverhaltens, Spannungen, bzw. Dehnungen, der Steifigkeit von NM in Abhängigkeit des Werkstoffes, Randbedingungen oder der Geometrie. Nach der Einarbeitung in die Bedienung der beiden Werkzeuge und die Vermittlung analytischen Wissens zur Modellbildung, nutzen die Studierenden beide Tools selbstständig zum Erlangen von Bonuspunkten für die Abschlussklausur. Dabei werden Aufgabenstellungen, wie beispielsweise die Entwicklung eines nachgiebigen Greifers mit konkreten Bewegungsanforderungen, gestellt.

Zunächst überlegen sich die Studierenden einen geeigneten SKM zur Erfüllung der Bewegungsaufgabe. Anschließend ermitteln sie die relativen Drehwinkel der einzelnen Gelenke. Mit dieser Kenntnis wenden sie anschließend die Software *detasFLEX* an, um geeignete Potenzfunktionskonturen zu dimensionieren. Anschließend entwerfen sie das Gesamtsystem eines NM mit Hilfe der Software *CoMUI* und implementieren darin die zuvor dimensionierten FKG mit Potenzfunktionskonturen. Zuletzt analysieren die Studierenden mit *CoMUI* das Verformungsverhalten des Gesamtsystems und prüfen, ob die geforderte Bewegung bei Einhaltung der maximal zulässigen Dehnung erfüllt wird. Ist dies nicht der Fall, führe sie in *CoMUI* Parameterstudien durch um den Mechanismus zu optimieren, sodass die Aufgabenstellung erfüllt wird. Somit sammeln die Studierenden Erfahrungen und Fertigkeiten im Entwurf von FKG und NM.

8 Zusammenfassung und Ausblick

In diesem Kapitel erfolgt die Zusammenfassung der wesentlichen Ergebnisse dieser Arbeit mit Bezug auf die in Kapitel 1 gegebene Abgrenzung und die definierten Schwerpunkte (SP) der Arbeit. Zudem wird ein Ausblick auf weiterführende Forschungsarbeiten gegeben.

Die vorliegende Arbeit leistet einen Beitrag zur analytischen Modellbildung von nachgiebigen Mechanismen. Auf Basis der analytischen Modellgleichungen in Kapitel 3 und deren Implementierung in MATLAB® und Python® in Kapitel 4 wird sowohl der Analyse- als auch der Syntheseprozess beim Entwurf von NM erleichtert. Dies wird durch acht zweidimensionale und neun dreidimensionale Anwendungsbeispiele in Kapitel 5 verdeutlicht. Die Erarbeitung von Algorithmen für unterschiedliche Syntheseansätze zur Dimensionierung und Optimierung einzelner Festkörpergelenke (FKG) und nachgiebiger Mechanismen (NM), wie in Kapitel 6 ermöglicht unter anderem die Steigerung der Präzision derartiger Systeme. Durch die Entwicklung dreier unterschiedlicher Softwarewerkzeuge in Kapitel 7 wird weiterhin ein verbesserter Zugang zur Thematik der NM in der Industrie, Forschung und Lehre ermöglicht. Zum Zeitpunkt der Fertigstellung dieser Arbeit wurden die Werkzeuge insgesamt 420 mal heruntergeladen. Durch die lizenzfreien und frei zugänglichen Tools entsteht somit ein nachhaltiger Beitrag.

Der Stand der Forschung zur Analyse und Synthese von FKG und NM wurde anhand einer Vielzahl von Veröffentlichungen in Tabelle 2.1 analysiert. Anhand der darin erkennbaren Defizite wurde in Abschnitt 2.4 festgestellt, dass ein Modell notwendig ist, mit Hilfe dessen

- alle Abschnitte eines NM als nachgiebig betrachtet (Kontinuum),
- gekrümmte Strukturabschnitte implementiert,
- verzweigte Mechanismen betrachtet,
- nicht konstante Querschnitte berücksichtigt,
- zusätzliche Belastungen neben reiner Biegung modelliert,
- unterschiedliche Theorien für einzelne Abschnitte ermöglicht und
- große Verformungen berücksichtigt werden.

Außerdem wurde in Tabelle 2.2 dargestellt, dass ein Bedarf an grafischen Benutzeroberflächen (GUI) für den Entwurf, die Analyse und Synthese von NM besteht. Anhand der genannten Notwendigkeiten wurde die Balkentheorie als geeignet herausgestellt, die die oben genannten Punkte erfüllt und sich außerdem für die Implementierung in grafische Softwarewerkzeuge für eine anwendungsfreundliche Analyse und Synthese eignet. Weiterhin besitzt diese bei numerischer Lösung einen deutlichen Zeitvorteil gegenüber häufig verwendeter Simulationen mit der 3D Finite-Elemente-Methode (FEM).

In Rahmen von Kapitel 3 wurden die dazu notwendigen analytischen Modellgleichungen hergeleitet und beschrieben (SP 1). Im zweidimensionalen Anwendungsfall wurden, zusätzlich zur reinen Biegung, Querkraftschub und Querkontraktion in das Modell integriert (SP 2). Durch die rekursive Formulierung der Modellgleichungen in Kapitel 4 (SP 3) ist es möglich, für ausgewählte Abschnitte eines NM individuell unterschiedliche Theorien anzuwenden. Ein derartiger Ansatz wird laut Kenntnis des Autors in der Literatur nicht verwendet.

Neben den Modellen für zweidimensionale Anwendungsfälle wurde in Kapitel 3 das Modell für räumliche Balken beschrieben und insbesondere auf die Herleitung des Torsionsträgheitsmoments bei Rechteckquerschnitten eingegangen (SP 1). Bei diesem Modell wurden reine Biegung sowie Torsion berücksichtigt.

Weiterhin wurde in Kapitel 4 beschrieben, wie die analytischen Modellgleichungen über einzelne Balken hinaus auch auf komplexere NM anzuwenden sind. Dabei wurden verschiedene Randbedingungen und FKG-Konturen betrachtet. Darüber hinaus wurde demonstriert, wie Verzweigungen innerhalb von NM mit dieser Methode modelliert werden können.

Anhand von vielen Beispielmechanismen für unterschiedliche Aufgaben, wie beispielsweise der Punkt- und Ebenengeradführung oder dem Greifen von Objekten, wurde in Kapitel 5 eine Verifizierung der analytischen Modelle in 2D und 3D mit Hilfe der FEM durchgeführt (SP 4). Zudem erfolgte für einen NM auf Basis des Starrkörpermodells einer Parallelkurbel eine Validierung des analytischen Modells durch Messungen eines Funktionsmusters.

Darüber hinaus wurde in Kapitel 5 am Beispiel von ebenen Balken mit unterschiedlichen Querschnittsabmessungen der Einfluss der verwendeten Theorie auf die relative Abweichung der Verformung zur FEM untersucht. Anhand der Ergebnisse wurden Empfehlungen in Form der Diagramme in Abbildung 5.17 und Abbildung 5.18 gegeben (SP 2). Hiermit kann ausgehend von der Balkengeometrie eine geeignete Theorie gewählt werden. Der Einfluss der verwendeten Theorie auf die Abweichung der mit dem analytischen Modell numerisch ermittelten Ergebnisse zu den Ergebnissen des 3D FEM-Modells wurde darüber hinaus auch für FKG in NM bestätigt, vgl. Tabelle 5.9

und Tabelle 5.10. Bei Berücksichtigung der Empfehlungen aus Abbildung 5.17 wurden die Abweichungen in beiden Beispielen deutlich reduziert. Dadurch wurde deutlich, dass die Berücksichtigung von unterschiedlichen Theorien in einzelnen Abschnitten ein großes Potenzial besitzt, um die Genauigkeit der numerischen Berechnung von NM mit dem analytischen Modell im Vergleich zu 3D FEM-Simulationen zu steigern.

Über die Analyse verschiedener NM hinaus wurden in Kapitel 6 Optimierungs- und Dimensionierungsansätze für den Syntheseprozess ebener FKG und NM vorgeschlagen und an Beispielen angewendet (SP 5). Diese basieren jeweils auf der Balkentheorie. Dazu wurde zunächst ein deterministisches Optimierungsverfahren für die Dimensionierung der Konturparameter von FKG mit Halbkreis-, Ellipsen-, Viertelkreis- und Potenzfunktionskontur angewendet. Vor dem Hintergrund mehrerer Zielkriterien ist, unter Einhaltung der maximal zulässigen Dehnung des verwendeten Materials als Nebenbedingung, eine gewichtete Optimierung für zwei verschiedene Lastfälle effizient möglich. Dadurch kann beispielsweise für einen erforderlichen Drehwinkel eine geeignete Gelenkkontur dimensioniert werden. Für die Optimierung und Dimensionierung von NM wurden mit dem selben deterministischen Verfahren mehrere Ansätze vorgeschlagen. Dazu zählen die Dimensionierung ausgewählter Geometrieparameter, die Dimensionierung konturspezifischer FKG-Parameter innerhalb von NM, die Optimierung der Gelenkpositionen und der Einfluss der Gelenkorientierung auf die Verformungseigenschaften von NM. Für alle genannten Ansätze wurde an Beispielmechanismen verdeutlicht, dass ein großes Potenzial besteht, die Präzision, beispielsweise von Geradführungsmechanismen, deutlich zu verbessern.

Abschließend wurden die analytischen Modelle und die erarbeiteten Algorithmen für den Syntheseprozess von FKG und NM in drei unterschiedliche Softwarewerkzeuge eingearbeitet (SP 6). Diese sind an die logische Abfolge beim Entwicklungsprozess orientiert und somit intuitiv aufgebaut. Mit Hilfe der Software *CoMUI* können NM mit einer beliebigen Anzahl von Abschnitten zusammengesetzt und für jeden einzelnen Abschnitt individuell Vorgaben zur Geometrie, der zu verwendenden Theorie oder externer Kräfte getätigt werden. Daher ist es einfach und effizient möglich, unterschiedliche NM zu erstellen, das Verformungsverhalten zu analysieren und Parameterstudien durchzuführen. Durch die implementierten Funktionen zum Exportieren kann der Entwicklungsprozess bis hin zur Erstellung von Funktionsmustern deutlich erleichtert werden.

In das Synthesemodul für die Software *detasFLEX* wurde das in Abschnitt 6.1 vorgestellte Optimierungsverfahren implementiert. Mit Hilfe der Software ist es möglich, geeignete Gelenkkonturen für konkrete Anwendungsfälle durch Auswahl der Zielfunktion zu dimensionieren.

Darüber hinaus dient die Software *CoMSys* dazu, die Gelenkposition der FKG innerhalb von NM zu optimieren. Darin wurden die Untersuchungen aus Abschnitt 6.2 implementiert.

Außerdem wurden die beiden Werkzeuge *detasFLEX* und *CoMUI* im Rahmen von Lehrveranstaltungen des Fachgebiets „Nachgiebige Systeme“ an der Technischen Universität Ilmenau über einen Zeitraum von bisher zwei Semestern erfolgreich eingesetzt, um Studierenden wichtige Grundlagen bei der Entwicklung von NM zu vermitteln. Die erarbeiteten Softwarewerkzeuge sind unter https://www.tu-ilmenau.de/nsys/tools/ frei zugänglich.

Im Hinblick auf weiterführende Forschungsarbeiten können u. a. die nachfolgenden Ansätze genannt werden:

- Berücksichtigung von Längenänderungen der Balkenachse (Zug/Druck),
- Implementierung nachgiebiger Aktuatoren im Modell (Längenänderung),
- Betrachtung weiterer FKG-Konturen (z. B. Splinekonturen [30]),
- Berücksichtigung weiterer Effekte neben Biegung und Torsion im 3D-Modell (z. B. Querkontraktion),
- Betrachtung nichtlinearer Materialeigenschaften (z. B. Elastomere),
- Berücksichtigung äußerer Einflüsse im analytischen Modell, wie z. B. Temperaturänderungen oder Nachgiebigkeitsänderungen während der Verformung,
- Syntheseansätze mittels stochastischer Verfahren (z. B. genetische Algorithmen [127]),
- Berechnung dynamischer Effekte in den Werkzeugen (Eigenkreisfrequenzen),
- Implementierung von Streckenlasten oder Schwerkraft in den Werkzeugen,
- Implementieren der Möglichkeit einer Verschiebungsvorgabe in *CoMUI*,
- Implementieren der Möglichkeit, externe Momente in *CoMUI* einzuprägen,
- Implementierung von weiteren Randbedingungen oder Kontaktproblemen in der Software *CoMUI*, auch an beliebigen Stellen entlang der Balkenachsen,
- Einstellung des E-Moduls für jeden Abschnitt eines NM in der Software *CoMUI*,
- Erstellung einer Möglichkeit, Parameterstudien mit mehr als einem Parameter in *CoMUI* durchzuführen.
- Erstellung von Anleitungen und Hilfestellungen zur Bedienung der entwickelten Softwarewerkzeuge.

A Anhang

A.1 Syntax zur numerischen Lösung von Randwertproblemen

A.1.1 MATLAB®

Die Syntax der Funktion *ode45* lautet *[t,y]=ode45(odefun, tspan, y0, options)*. Mögliche Einstellungen lauten: *odeset('RelTol', ..., 'AbsTol', ...)*. Die Variable y stellt die Lösung der Differentialgleichungen über das Integrationsintervall dar. Die zugehörigen Zeitschritte werden mit t bezeichnet. Die einzelnen Differentialgleichungen werden in der Funktion *odefun* definiert. Die Randbedingungen am linken Ende werden in *y0* vorgegeben. Das Integrationsintervall lautet *tspan*, welches bei NM dem Verlauf der Stabachse s entspricht. Die Einstellungen (*options*) werden durch *odeset* konfiguriert. Die relative und absolute Toleranz *RelTol* und *AbsTol* können großen Einfluss auf die Genauigkeit der Ergebnisse besitzen. Wird eine Toleranz zu gering gewählt, erhöhen sich die Rundungsfehler. Für eine zu hohe Toleranz wird die Genauigkeit von den lokalen Diskretisierungsfehlern dominiert. Wenn das Ergebnis der Berechnung größer ausfällt als *RelTol* und *AbsTol*, spielt nur die relative Toleranz eine Rolle. Wenn das Ergebnis jedoch kleiner ausfällt als die beiden Toleranzwerte, entsprechend nur die absolute Toleranz. In dieser Arbeit haben sich Werte von $RelTol = 1 \cdot 10^{-6}$ und $AbsTol = eps = 2{,}22 \cdot 10^{-16}$ als geeignet herausgestellt.

Die Nullstellensuche für das Schießverfahren *fsolve* hat die Form *x = fsolve(fun, x0, options)* mit den möglichen Einstellungen *optimoptions('fsolve', 'TolFun', ..., 'TolX', ..., 'MaxIter', ..., 'MaxFunEvals', ...)*. Dabei startet die Funktion mit der Optimierung bei *x0* – der Anfangsschätzung. Die zu optimierende Funktion lautet *fun*. Die Lösung wird in der Variable x gespeichert. Über *options* können mit Hilfe von *optimoptions* z. B. Genauigkeitseinstellungen vorgenommen werden. Darin werden zum Beispiel *TolFun* und *TolX* definiert, welche die Lösungsgenauigkeit maßgeblich bestimmen. *TolFun* beschreibt die Toleranz des Funktionswerts. Wenn der Unterschied des Funktionswerts aus dem vorherigen und dem aktuellen Iterationsschritt kleiner ausfällt als *TolFun*, bricht die Optimierung ab. *TolX* definiert die Differenz im Lösungswert zwischen der aktuellen Lösung und der vorangegangenen. Fällt die Schrittweite kleiner aus als *TolX*, so wird die Iteration abgebrochen. In dieser Arbeit wurden $TolFun = TolX = eps$ verwendet. *MaxIter* bestimmt die Anzahl der maximal zulässigen Iterationsschritte.

MaxFunEvals beschreibt die Anzahl der maximal zulässigen Aufrufe der Funktion *fun*. Für beide Parameter wurde ein Wert von $1 \cdot 10^4$ gewählt.

A.1.2 Python®

Der Aufbau der Funktionen in Python® ist sehr ähnlich zu MATLAB®. Die Syntax für *RK45* lautet *scipy.integrate.RK45(fun, t0, y0, t_bound, max_step, rtol, ..., atol)* Darin repräsentiert *fun* die zu integrierende Funktion bzw. dem DGL-System. Der Integrationsbereich über der Balkenachse s wird durch die Grenzen *t0* und *t_bound* definiert. Die Startwerte für die einzelnen Gleichungen werden durch *y0* vorgegeben. Der Wert *max_step* definiert die maximale Anzahl an Schritten während der Integration. Die Toleranzen *rtol* und *atol* sind analog zu *RelTol* und *AbsTol* in MATLAB®. Auch hier stellten sich $rtol = 1 \cdot 10^{-6}$ und $atol = eps$ für die Anwendungen in dieser Arbeit als geeignet herausgestellt.

Die verwendete Syntax der Funktion *fsolve* lautet *scipy.optimize.fsolve(func, x0, xtol, maxfev, factor)*. Auch diese Syntax ist sehr ähnlich zur Syntax der MATLAB®-Funktion *fsolve*. Die zu optimierende Funktion lautet *func*. Startwerte für die Optimierung werden in *x0* vorgegeben. Die Toleranz *xtol* ist identisch zur Toleranz *TolX* in MATLAB®. Beide Werte wurden analog zu MATLAB® auf *eps* festgelegt. Die Anzahl der maximal zulässigen Funktionsaufrufe werden durch *maxfev* definiert. Hier wird $maxfev = 1 \cdot 10^4$ verwendet. Der Parameter *factor* bestimmt die anfängliche Schrittweite. Ein Wert von 1 erwies sich in dieser Arbeit als geeignet.

A.2 Ergebnisse der FEM Netzstudie für die nachgiebige Parallelkurbel

A.2.1 Einfluss des Bereichsradius zur Netzverfeinerung

Tabelle A.1: Ungerundete Ergebnisse der FEM-Netzstudie zur Untersuchung des Einflusses eines Bereichsradius mit der Elementgröße $n_G = 0{,}1\,\text{mm}$ zur Netzverfeinerung im Gelenkbereich auf die Verformungseigenschaften der nachgiebigen Parallelkurbel mit Potenzfunktionskonturen sechster Ordnung bei $u_{xC} = 10\,\text{mm}$.

Radius in mm	F_{xC} in N	u_{yC} in µm	$\varepsilon_{\max}$ in %	δ in $''$
1	1,4546065	-0,61367548	0,4138947	13,6705771
1,5	1,46088744	-0,61364239	0,41771187	13,7776867
2	1,45015633	-0,61372727	0,41339421	13,8109286
2,5	1,44586316	-0,61356825	0,4128441	13,4695985
3	1,44312569	-0,61356616	0,41077661	13,5640191
3,5	1,44271228	-0,6135596	0,41049542	13,5482824
4	1,44267957	-0,61355901	0,41084408	13,5477934
4,5	1,44274455	-0,61355937	0,41057048	13,5477934
5	1,44286996	-0,6135605	0,41044871	13,5466197
5,5	1,44283142	-0,61355972	0,41073838	13,5480626
6	1,4428681	-0,6135605	0,41075049	13,5477604
6,5	1,44284231	-0,6135602	0,41070837	13,5477604
7	1,44306642	-0,61356115	0,41072166	13,5625656
7,5	1,44159065	-0,61355919	0,41088734	13,5323511
8	1,44124061	-0,61355937	0,41019234	13,5323511

A.2.2 Einfluss der Elementgröße im Bereichsradius

Tabelle A.2: Ungerundete Ergebnisse der FEM-Netzstudie zur Untersuchung des Einflusses der Elementgröße im Gelenkbereich mit einem Bereichsradius von 5 mm auf die Verformungseigenschaften der nachgiebigen Parallelkurbel mit Potenzfunktionskonturen sechster Ordnung bei $u_{xC} = 10\,\text{mm}$.

n_G in mm	F_{xC} in N	u_{yC} in µm	$\varepsilon_{\max}$ in %	δ in $''$
0,3	1,45015571	613,58726	0,41609129	13,57798749
0,295	1,44550582	613,58124	0,41075987	13,62336691
0,29	1,44591684	613,556981	0,41029749	13,56401909
0,285	1,44594765	613,558173	0,41030035	13,56401912
0,28	1,44499513	613,560557	0,4103309	13,59189332
0,275	1,45015571	613,58726	0,41609129	13,57798749
0,27	1,45015571	613,58726	0,41609129	13,57798749
0,265	1,45015571	613,58726	0,41609129	13,57798749
0,26	1,44512941	613,565683	0,41039255	13,59189341
0,255	1,44463398	613,553107	0,41053006	13,57615663
0,25	1,44471133	613,550365	0,41046171	13,56401908
0,245	1,44469474	613,555491	0,41054736	13,5797559
0,24	1,44448246	613,556445	0,41035807	13,56401914
0,235	1,44409288	613,552213	0,4092952	13,56041987
0,23	1,44397922	613,556683	0,40927047	13,56041989
0,225	1,44422111	613,561869	0,41017251	13,54828239

n_G in mm	F_{xC} in N	u_{yC} in µm	$\varepsilon_{\max}$ in %	δ in $''$
0,22	1,44393778	613,555968	0,41023139	13,56401915
0,215	1,44372276	613,554895	0,41139168	13,56401914
0,21	1,44367674	613,555789	0,41088199	13,56401908
0,205	1,4436464	613,555849	0,41042988	13,57615664
0,2	1,44301052	613,560319	0,41096243	13,54828234
0,195	1,44326769	613,55722	0,4120094	13,56401912
0,19	1,44316947	613,561809	0,4119239	13,56041981
0,185	1,44327367	613,562703	0,41199622	13,54828235
0,18	1,44316224	613,560081	0,4114972	13,54828234
0,175	1,44317129	613,561511	0,41162677	13,54828233
0,17	1,443134	613,559961	0,41177464	13,54661975
0,165	1,4431354	613,560677	0,41057495	13,54828232
0,16	1,44312497	613,559783	0,41060655	13,5466197
0,155	1,44320956	613,559961	0,41054075	13,54828239
0,15	1,44304456	613,560498	0,41066066	13,56169922
0,145	1,4430071	613,560617	0,41016922	13,55021903
0,14	1,4430011	613,560319	0,41019991	13,54661975
0,135	1,4429572	613,560379	0,41021893	13,55021896
0,13	1,44291929	613,560379	0,41026936	13,54661968
0,125	1,44291229	613,560557	0,4104496	13,54661968
0,12	1,44290025	613,560319	0,41048222	13,54661973
0,115	1,44289371	613,560557	0,4102743	13,54661968
0,11	1,4428844	613,560557	0,41050583	13,54661975
0,105	1,44287845	613,560557	0,41045716	13,54661976
0,1	1,44286996	613,560498	0,41044871	13,54661969
0,095	1,44285991	613,560557	0,41048606	13,54661968
0,09	1,44285542	613,560617	0,4105224	13,54661974
0,085	1,44283227	613,560259	0,41050799	13,5460219
0,08	1,44282055	613,560498	0,41055419	13,54661974
0,075	1,44280009	613,56014	0,41056483	13,54725656
0,07	1,44276778	613,56014	0,41058518	13,54806265
0,065	1,44276338	613,560081	0,41049444	13,54806265
0,06	1,44276212	613,56014	0,41051037	13,54806265
0,055	1,44276047	613,56014	0,41053547	13,54806265
0,05	1,44275991	613,560081	0,41057945	13,54806258

A.3 Geometriedaten betrachteter nachgiebiger Mechanismen

Abschnitte der nachgiebigen Parallelkurbeln

Tabelle A.3: Länge und Krümmungen der einzelnen Abschnitte für das analytische Modell der nachgiebigen Parallelkurbel aus Abbildung 5.2 ($l = 10\,\mathrm{mm}$).

Balken λ	Abschnitt e	$L_{\lambda e}$	κ_{30e}
I	1	10	0
I	2	l	0
I	3	70	0
I	4	l	0
I	5	7,854	−0,200
I	6	45	0
II	1	45	0
II	2	7,854	−0,200
II	3	l	0
II	4	70	0
II	5	l	0
II	6	10	0
III	1	50	0

Abschnitte der nachgiebigen Schubkurbel mit konzentrierter Nachgiebigkeit

Tabelle A.4: Länge und Krümmungen der einzelnen Abschnitte für das analytische Modell der nachgiebigen Schubkurbel aus Abbildung 5.12 ($l = 10\,\mathrm{mm}$).

Balken λ	Abschnitt e	$L_{\lambda e}$	κ_{30e}
I	1	9	0
I	2	l	0
I	3	40	0
I	4	l	0
I	5	9	0
II	1	31	0
II	2	7,854	−0,200
II	3	4	0
II	4	7,854	0,200
II	5	4	0
II	6	l	0
II	7	6,929	0
II	8	3,927	0,200
II	9	10	0
III	1	33,929	0
III	2	3,927	0,200
III	3	17,728	0
III	4	9,42	0,167
III	5	4	0

Abschnitte der nachgiebigen Schubkurbel mit verteilter Nachgiebigkeit

Tabelle A.5: Länge und Krümmungen der einzelnen Abschnitte für das analytische Modell der nachgiebigen Schubkurbel aus Abbildung 5.26 ($l = 10\,\text{mm}$).

Balken λ	Abschnitt e	$L_{\lambda e}$	κ_{30e}
I	1	9	0
I	2	60	0
I	3	9	0
II	1	31	0
II	2	7,854	−0,200
II	3	4	0
II	4	7,854	0,200
II	5	4	0
II	6	l	0
II	7	6,929	0
II	8	3,927	0,200
II	9	10	0
III	1	33,929	0
III	2	3,927	0,200
III	3	17,728	0

Abschnitte des nachgiebigen Evans-Mechanismus

Tabelle A.6: Länge und Krümmungen der einzelnen Abschnitte für das analytische Modell des nachgiebigen EVANS-Mechanismus aus Abbildung 5.21 ($l = 10\,\text{mm}$).

Balken λ	Abschnitt e	$L_{\lambda e}$	κ_{30e}
I	1	10	0
I	2	l	0
I	3	90	0
I	4	l	0
I	5	5	0
I	6	5,236	0,200
I	7	31,340	0
II	1	5,236	0,200
II	2	5	0
II	3	l	0
II	4	40	0
II	5	l	0
II	6	10	0
III	1	38,660	0
III	2	2,618	0,200
III	3	20,981	0

Abschnitte des nachgiebigen Roberts-Mechanismus

Tabelle A.7: Länge und Krümmungen der einzelnen Abschnitte für das analytische Modell des nachgiebigen ROBERTS-Mechanismus aus Abbildung 5.23 ($l = 10\,\text{mm}$).

Balken λ	Abschnitt e	$L_{\lambda e}$	κ_{30e}
I	1	10	0
I	2	l	0
I	3	5	0
I	4	0,736	0,200
I	5	44,556	0
I	6	3,790	−0,200
I	7	5	0
I	8	l	0
I	9	23,3	0
II	1	23,3	0
II	2	l	0
II	3	5	0
II	4	3,790	−0,200
II	5	44,556	0
II	6	0,736	0,200
II	7	5	0
II	8	l	0
II	9	10	0
III	1	67,942	0

Abschnitte des nachgiebigen Watt-Mechanismus

Tabelle A.8: Länge und Krümmungen der einzelnen Abschnitte für das analytische Modell des nachgiebigen WATT-Mechanismus aus Abbildung 5.24 ($l = 10\,\text{mm}$).

Balken λ	Abschnitt e	$L_{\lambda e}$	κ_{30e}
I	1	10	0
I	2	l	0
I	3	90	0
I	4	l	0
I	5	2,632	0
I	6	7,273	−0,200
I	7	44,745	0
I	8	49,602	0
I	9	11,076	00,200
I	10	l	0
I	11	90	0
I	12	l	0
I	13	10	0

Abschnitte des nachgiebigen Greifermechanismus

Tabelle A.9: Länge und Krümmungen der einzelnen Abschnitte für das analytische Modell des nachgiebigen Greifermechanismus aus Abbildung 5.25 ($l = 10\,\mathrm{mm}$).

Balken λ	Abschnitt e	$L_{\lambda e}$	κ_{30e}
I	1	5	0
I	2	l	0
I	3	5	0
II	1	5	0
II	2	10	0
II	3	7,854	0,200
II	4	30	0
II	5	l	0
II	6	5	0
II	7	7,854	−0,200
II	8	7,500	0
III	1	30	0
III	2	0,873	−0,200
III	3	40	0
III	4	3,491	−0,200
III	5	15	0
III	6	4,363	0,200
III	7	10	0

Abschnitte des nachgiebigen Panthographenmechanismus

Tabelle A.10: Länge und Krümmungen der einzelnen Abschnitte für das analytische Modell des nachgiebigen Pantographenmechanismus aus Abbildung 5.28 ($l = 10\,\mathrm{mm}$).

Balken λ	Abschnitt e	$L_{\lambda e}$	κ_{30e}
I	1	10	0
I	2	l	0
I	3	7,854	0,200
I	4	15	0
II	1	5	0
II	2	3,927	−0,200
II	3	99,995	0
II	4	3,927	−0,200
II	5	10	0
II	6	l	0
II	7	8	0
II	8	3,927	−0,200
II	9	18,412	0
III	1	5	0
III	2	l	0
III	3	3,927	−0,200
III	4	14,142	0
III	5	3,927	−0,200

Balken λ	Abschnitt e	$L_{\lambda e}$	κ_{30e}
III	6	$\frac{l}{2}$	0
IV	1	83,412	0
IV	2	3,927	−0,200
IV	3	18	0
IV	4	7,854	0,200
IV	5	l	0
IV	6	7,854	−0,200
IV	7	9	0
IV	8	9	0
IV	9	7,854	−0,200
IV	10	l	0
IV	11	3,927	−0,200
IV	12	89,336	0
IV	13	3,927	−0,200
IV	14	5	0
IV	15	5,236	0,200
IV	16	$\frac{l}{2}$	0
V	1	6,033	0
V	2	$\frac{l}{2}$	0
VI	1	$\frac{l}{2}$	0
VI	2	6,545	0,200
VI	3	76,615	0
VI	4	3,927	0,200
VI	5	23,415	0
VI	6	10,472	−0,200
VI	7	2,500	0
VI	8	$\frac{l}{2}$	0
VII	1	$\frac{l}{2}$	0
VII	2	18	0
VII	3	$\frac{l}{2}$	0
VIII	1	$\frac{l}{2}$	0
VIII	2	3,660	0
VIII	3	5,236	0,200
VIII	4	19,340	0
IX	1	$\frac{l}{2}$	0
IX	2	1,309	0,200
IX	3	61,051	0
IX	4	3,927	0,200
IX	5	25	0
IX	6	7,854	−0,200
IX	7	20	0
IX	8	l	0
IX	9	5	0
X	1	10	0
X	2	7,854	0,200
X	3	7,854	−0,200
X	4	10	0

Abschnitte des nachgiebigen Mechanismus der sphärischen Kurbelschwinge

Tabelle A.11: Länge und Krümmungen der einzelnen Abschnitte für das analytische Modell des NM der sphärischen Kurbelschwinge ($l = 10\,\text{mm}$).

Abschnitt e	L_e	κ_{10e}	κ_{20e}	κ_{30e}
1	10	0	0	0
2	l	0	0	0
3	7,854	0	0	−0,200
4	7,854	0	0	0,200
5	9,958	0	0,053	0
6	10	0	0	0
7	7,854	0	0	0,200
8	l	0	0	0
9	25	0	0	0
10	70,686	0	0,022	0
11	2,618	0	0	−0,200
12	18,481	0	0	0
13	7,854	0	0	0,200
14	4,330	0	0	0
15	l	0	0	0
16	25	0	0	0
17	70,686	0	0,022	0
18	25	0	0	0
19	l	0	0	0
20	10	0	0	0

Abschnitte des 10-Gelenkmechanismus

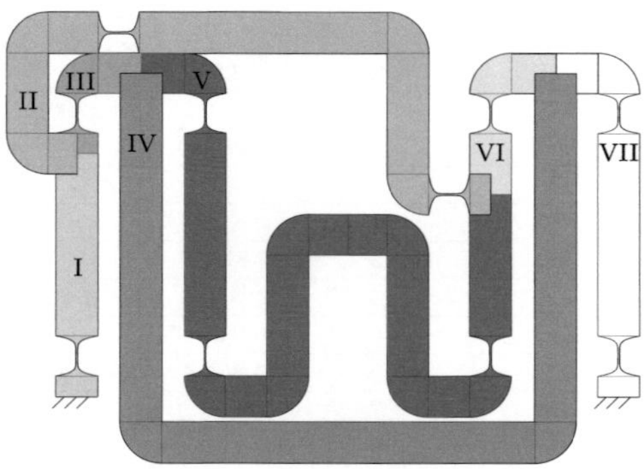

Abbildung A.1: Unterteilung des 10-Gelenkmechanismus in sieben individuelle Balkenachsen.

Tabelle A.12: Länge und Krümmungen der einzelnen Abschnitte für das analytische Modell des 10-Gelenkmechanismus ($l = 10\,\text{mm}$).

Balken λ	Abschnitt e	$L_{\lambda e}$	κ_{30e}
I	1	5	0
I	2	l	0
I	3	45	0
II	1	7	0
II	2	7,854	−0,200
II	3	20	0
II	4	7,854	−0,200
II	5	12	0
II	6	l	0
II	7	60	0
II	8	7,854	−0,200
II	9	30	0
II	10	7,854	0,200
II	11	l	0
II	12	5	0
III	1	5	0
III	2	l	0
III	3	7,854	−0,200
III	4	10,500	0
IV	1	86	0
IV	2	7,854	0,200
IV	3	90	0
IV	4	7,854	0,200
IV	5	86	0
V	1	10,500	0
V	2	7,854	−0,200
V	3	l	0
V	4	50	0
V	5	l	0
V	6	7,854	0,200
V	7	10	0
V	8	7,854	0,200
V	9	30	0
V	10	7,854	−0,200
V	11	9,500	0
V	12	9,500	0
V	13	7,854	−0,200
V	14	30	0
V	15	7,854	0,200
V	16	10	0
V	17	7,854	0,200
V	18	l	0
V	19	35	0
VI	1	15	0
VI	2	l	0
VI	3	7,854	−0,200

Balken λ	Abschnitt e	$L_{\lambda e}$	κ_{30e}
VI	4	10,500	0
VII	1	10,500	0
VII	2	7,854	−0,200
VII	3	l	0
VII	4	50	0
VII	5	l	0
VII	6	5	0

Literaturverzeichnis

[1] Ahuett-Garza, H.; Chaides, O.; Garcia, P. N. und Urbina, P.: Studies about the use of semicircular beams as hinges in large deflection planar compliant mechanisms. In: Precision Engineering 38.4 (2014), S. 711–727. issn: 01416359. doi: 10.1016/j.precisioneng.2014.03.008.

[2] Ai, W. und Xu, Q.: New structure design of a flexure-based compliant microgripper. In: IEEE International Conference on Robotics and Biomimetics (ROBIO), 2014. Piscataway, NJ: IEEE, 2014, S. 2588–2593. isbn: 978-1-4799-7397-2. doi: 10.1109/ROBIO.2014.7090731.

[3] Alfattani, R.; Yunus, M.; Alamro, T. und Alnaser, I. A.: Multiresponse Optimization of Linkage Parameters of a Compliant Mechanism Using Hybrid Genetic Algorithm-Based Swarm Intelligence. In: Computational intelligence and neuroscience 2021 (2021), S. 4471995. doi: 10.1155/2021/4471995.

[4] Altuzarra, O.; Caballero, D.; Campa, F. J. und Pinto, C.: Forward and Inverse Kinematics in 2-DOF Planar Parallel Continuum Manipulators. In: EuCoMeS 2018. Hrsg. von Corves, B.; Wenger, P. und Hüsing, M. Mechanisms and Machine Science. Cham: Springer, 2019. isbn: 9783319980201.

[5] Altuzarra, O.; Caballero, D.; Campa, F. J. und Pinto, C.: Position analysis in planar parallel continuum mechanisms. In: Mechanism and Machine Theory 132 (2019), S. 13–29. doi: 10.1016/j.mechmachtheory.2018.10.014.

[6] Ascher, U. M. und Petzold, L. R.: Computer methods for ordinary differential equations and differential-algebraic equations. Philadelphia: Society for Industrial and Applied Mathematics, 1998. isbn: 0898714125.

[7] Aten, Q. T.; Zirbel, S. A.; Jensen, B. D. und Howell, L. L.: A Numerical Method for Position Analysis of Compliant Mechanisms With More Degrees of Freedom Than Inputs. In: Journal of Mechanical Design 133.6 (2011). issn: 1050-0472. doi: 10.1115/1.4004016.

[8] Awtar, S.; Shimotsu, K. und Sen, S.: Elastic Averaging in Flexure Mechanisms: A Three-Beam Parallelogram Flexure Case Study. In: Journal

of Mechanisms and Robotics 2.4 (2010). ISSN: 1942-4302. DOI: 10.1115/1.40 02204.

[9] AWTAR, S.; SLOCUM, A. H. und SEVINCER, E.: Characteristics of Beam-Based Flexure Modules. In: Journal of Mechanical Design 129.6 (2007), S. 625–639. ISSN: 1050-0472. DOI: 10.1115/1.2717231.

[10] BALKE, H.: Einführung in die Technische Mechanik: Festigkeitslehre. Springer-Lehrbuch. 2008. ISBN: 9783540378921.

[11] BELFIORE, N. P. und SIMEONE, P.: Inverse kinetostatic analysis of compliant four-bar linkages. In: Mechanism and Machine Theory 69 (2013), S. 350–372. DOI: 10.1016/j.mechmachtheory.2013.06.008.

[12] BELLOUARD, Y. und CLAVEL, R.: Shape memory alloy flexures. In: Materials Science and Engineering: A 378.1-2 (2004), S. 210–215. ISSN: 09215093. DOI: 10.1016/j.msea.2003.12.062.

[13] BILANCIA, P.; BERSELLI, G.; BRUZZONE, L. und FANGHELLA, P.: A CAD/-CAE integration framework for analyzing and designing spatial compliant mechanisms via pseudo-rigid-body methods. In: Robotics and Computer-Integrated Manufacturing 56 (2019), S. 287–302. ISSN: 07365845. DOI: 10.10 16/j.rcim.2018.07.015.

[14] BILANCIA, P. und BERSELLI, G.: An Overview of Procedures and Tools for Designing Nonstandard Beam-Based Compliant Mechanisms. In: Computer-Aided Design 134 (2021), S. 103001. ISSN: 00104485. DOI: 10.1016/j.cad.202 1.103001.

[15] BILANCIA, P.; BERSELLI, G.; BRUZZONE, L. und FANGHELLA, P.: A Practical Method for Determining the Pseudo-rigid-body Parameters of Spatial Compliant Mechanisms via CAE Tools. In: Procedia Manufacturing 11 (2017), S. 1709–1717. ISSN: 23519789. DOI: 10.1016/j.promfg.2017.07.374.

[16] BILANCIA, P.; BERSELLI, G.; MAGLEBY, S. und HOWELL, L.: On the modeling of a contact-aided cross-axis flexural pivot. In: Mechanism and Machine Theory 143 (2020), S. 103618. DOI: 10.1016/j.mechmachtheory.20 19.103618.

[17] BILANCIA, P.; SMITH, S. P.; BERSELLI, G.; MAGLEBY, S. P. und HOWELL, L. L.: Zero Torque Compliant Mechanisms Employing Pre-buckled Beams. In: Journal of Mechanical Design 142.11 (2020). ISSN: 1050-0472. DOI: 10.1115/1.4046810.

[18] Bodkhe, S. und Ananthasuresh, G. K.: Multi-patch Isogeometric Analysis of Planar Compliant Mechanisms. In: Mechanism and Machine Science. Hrsg. von Sen, D.; Mohan, S. und Ananthasuresh, G. K. Lecture Notes in Mechanical Engineering. Singapore: Springer Singapore, 2021, S. 671–690. ISBN: 978-981-15-4476-7. DOI: 10.1007/978-981-15-4477-4_48.

[19] Böhm, V.; Schorr, P.; Feldmeier, T.; Chavez-Vega, J.-H.; Henning, S.; Zimmermann, K. und Zentner, L.: An Approach to Robotic End Effectors Based on Multistable Tensegrity Structures. In: New Trends in Mechanism and Machine Science. Hrsg. von Pisla, D.; Corves, B. und Vaida, C. Bd. 89. Mechanisms and Machine Science. Cham: Springer International Publishing, 2020, S. 470–478. ISBN: 978-3-030-55060-8. DOI: 10.1007/978-3-030-55061-5_53.

[20] Brigham Young University: Software Analysis. URL: https://www.compliantmechanisms.byu.edu/software-analysis (zuletzt geprüft am 11. 02. 2022).

[21] Campanile, L. F.; Jähne, R. und Hasse, A.: Exact analysis of the bending of wide beams by a modified elastica approach. In: Proceedings of the Institution of Mechanical Engineers, Part C: Journal of Mechanical Engineering Science 225.11 (2011), S. 2759–2764. ISSN: 0954-4062. DOI: 10.1177/0954406211417753.

[22] Cao, L.; Dolovich, A. T.; Chen, A. und Zhang, W.: Topology optimization of efficient and strong hybrid compliant mechanisms using a mixed mesh of beams and flexure hinges with strength control. In: Mechanism and Machine Theory 121 (2018), S. 213–227. DOI: 10.1016/j.mechmachtheory.2017.10.022.

[23] Chattaraj, N.; Ananthasuresh, G. K. und Ganguli, R.: Design of a distributed compliant mechanism using spring-lever model and topology optimization for piezoelectrically actuated flapping wings. In: Mechanics of Advanced Materials and Structures 28.2 (2021), S. 118–126. ISSN: 1537-6494. DOI: 10.1080/15376494.2018.1549295.

[24] Chen, G. und Bai, R.: Modeling Large Spatial Deflections of Slender Bisymmetric Beams in Compliant Mechanisms Using Chained Spatial-Beam Constraint Model. In: Journal of Mechanisms and Robotics 8.4 (2016). ISSN: 1942-4302. DOI: 10.1115/1.4032632.

[25] Chen, G. und Ma, F.: Kinetostatic Modeling of Fully Compliant Bistable Mechanisms Using Timoshenko Beam Constraint Model. In: Journal of Mechanical Design 137.2 (2015). ISSN: 1050-0472. DOI: 10.1115/1.4029024.

[26] CHEN, G.; MA, F.; HAO, G. und ZHU, W.: Modeling Large Deflections of Initially Curved Beams in Compliant Mechanisms Using Chained Beam-Constraint-Model. In: Proceedings of the ASME International Design Engineering Technical Conferences and Computers and Information in Engineering Conference – 2018. New York, N.Y.: American Society of Mechanical Engineers, 2018. ISBN: 978-0-7918-5180-7. DOI: 10.1115/DETC2018-85515.

[27] CHEN, G.; SHAO, X. und HUANG, X.: A new generalized model for elliptical arc flexure hinges. In: The Review of scientific instruments 79.9 (2008), S. 095103. DOI: 10.1063/1.2976756.

[28] CHEN, X.; DENG, Z.; HU, S.; GAO, J. und GAO, X.: Design of a Compliant Mechanism Based Four-Stage Amplification Piezoelectric-Driven Asymmetric Microgripper. In: Micromachines 11.1 (2019). ISSN: 2072-666X. DOI: 10.3390/mi11010025.

[29] CHOI, M.-J. und CHO, S.: Isogeometric Optimal Design of Compliant Mechanisms Using Finite Deformation Curved Beam Built-Up Structures. In: Journal of Mechanical Design 142.8 (2020). ISSN: 1050-0472. DOI: 10.1115/1.4043585.

[30] CHRISTEN, G. und PFEFFERKORN, H.: Nachgiebige Mechanismen - Aufbau, Gestaltung, Dimensionierung und experimentelle Untersuchung. In: Kurvengetriebe, Koppelgetriebe, gesteuerte Antriebe. Bd. 1423. VDI-Berichte. Düsseldorf, 1998, S. 309–329. ISBN: 3180914238.

[31] COSANDIER, F.; EICHENBERGER, A.; BAUMANN, H.; JECKELMANN, B.; BONNY, M.; CHATAGNY, V. und CLAVEL, R.: Development and integration of high straightness flexure guiding mechanisms dedicated to the METAS watt balance Mark II. In: Metrologia 51.2 (2014), S88–S95. ISSN: 0026-1394. DOI: 10.1088/0026-1394/51/2/S88.

[32] COSANDIER, F.; HENEIN, S.; RICHARD, M. und RUBBERT, L., Hrsg.: The Art of Flexure Mechanism Design. First edition. Lausanne und Boca Raton, Fl.: EFPL Press und CRC Press Taylor & Francis Group, 2017. ISBN: 9782940222568.

[33] CULPEPPER, M. L. und KIM, S.: A Framework and Design Sythesis Tool Used to Generate, Evaluate and Optimize Compliant Mechanism Concepts for Research and Education Activities. In: Volume 2: 28th Biennial Mechanisms and Robotics Conference, Parts A and B. ASMEDC, 2004, S. 1583–1588. ISBN: 0-7918-4695-4. DOI: 10.1115/DETC2004-57606.

[34] da Silva, G. A.; Beck, A. T. und Sigmund, O.: Topology optimization of compliant mechanisms with stress constraints and manufacturing error robustness. In: Computer Methods in Applied Mechanics and Engineering 354 (2019), S. 397–421. ISSN: 00457825. DOI: 10.1016/j.cma.2019.05.046.

[35] Dankert, J. und Dankert, H.: Technische Mechanik: Statik, Festigkeitslehre, Kinematik/Kinetik. 4. korrigierte und ergänzte Auflage. Wiesbaden: B. G. Teubner Verlag / GWV Fachverlage GmbH Wiesbaden, 2006. ISBN: 3-8351-0006-8. DOI: 10.1007/978-3-8351-9083-2.

[36] Darnieder, M.; Theska, R.; Fröhlich, T.; Pabst, M.; Wenig, R. und Hillbrunner, F.: Design of high-precision weighing cells based on static analysis. In: Engineering for a changing world : 59th IWK, Ilmenau Scientific Colloquium, Technische Universität Ilmenau, 2017 (2017).

[37] Dexigner: Compliant mechanisms. URL: https://designerdata.nl/calculators/compliant-mechanisms (zuletzt geprüft am 14. 02. 2022).

[38] Dirksen, F. und Lammering, R.: On mechanical properties of planar flexure hinges of compliant mechanisms. In: Mechanical Sciences 2.1 (2011), S. 109–117. DOI: 10.5194/ms-2-109-2011.

[39] Dsouza, R. D.; Navin, K. P.; Theodoridis, T. und Sharma, P.: Design, fabrication and testing of a 2 DOF compliant flexural microgripper. In: Microsystem Technologies 24.9 (2018), S. 3867–3883. ISSN: 0946-7076. DOI: 10.1007/s00542-018-3861-y.

[40] Eeastman, F. S.: The Design of Flexure Pivots. In: Journal of the Aeronautical Sciences 5.1 (1937), S. 16–21. DOI: 10.2514/8.499.

[41] Elsisy, M. M.; Arafa, M. H.; Saleh, C. A. und Anis, Y. H.: Modeling of a Symmetric Five-Bar Displacement Amplification Compliant Mechanism for Energy Harvesting. In: Sensors (Basel, Switzerland) 21.4 (2021). DOI: 10.3390/s21041095.

[42] FlexSys Inc: FlexWorks™ Software. URL: www.flxsys.com/software (zuletzt geprüft am 07. 02. 2022).

[43] Francke, W. und Friemann, H.: Schub und Torsion in geraden Stäben: Grundlagen - Berechnungsbeispiele. 3., vollst. neubearb. Aufl. Wiesbaden: Vieweg, 2005. ISBN: 978-3-528-03990-5.

[44] Friedrich, R.; Lammering, R. und Heurich, T.: Nonlinear modeling of compliant mechanisms incorporating circular flexure hinges with finite beam elements. In: Precision Engineering 42 (2015), S. 73–79. ISSN: 01416359. DOI: 10.1016/j.precisioneng.2015.04.001.

[45] FUCHSSTEINER, W. und OLSEN, O. W.: Torsion und Plattentheorie. In: Beton- und Stahlbetonbau 72.2 (1977), S. 35–38. ISSN: 00059900. DOI: 10.1002/best.197700060.

[46] GALLEGO, J. A. und HERDER, J.: Synthesis Methods in Compliant Mechanisms: An Overview. In: Volume 7: 33rd Mechanisms and Robotics Conference, Parts A and B. ASMEDC, 8302009, S. 193–214. ISBN: 978-0-7918-4904-0. DOI: 10.1115/DETC2009-86845.

[47] GANDHI, I. und ZHOU, H.: Synthesizing Constant Torque Compliant Mechanisms Using Precompressed Beams. In: Journal of Mechanical Design 141.1 (2019). ISSN: 1050-0472. DOI: 10.1115/1.4041330.

[48] GÖTTSCHE, J. J. und PETERSEN, M.: Festigkeitslehre - klipp und klar: Mit 30 Beispielen und 43 Aufgaben mit Lösungen. Lehrbücher des Bauingenieurwesens. München und Wien: Fachbuchverl. Leipzig im Carl Hanser Verl., 2006. ISBN: 3-446-40415-5.

[49] GRAMBOW, A.: Bestimmung der Materialparameter gefüllter Elastomere in Abhängigkeit von Zeit, Temperatur und Beanspruchungszustand. Dissertation. Aachen: RWTH, 2002.

[50] GRÄSER, P.; LINSS, S.; HARFENSTELLER, F.; ZENTNER, L. und THESKA, R.: Large stroke ultra-precision planar stage based on compliant mechanisms with polynomial flexure hinge design. In: Proceedings of the 17th International Conference of the European Society for Precision Engineering and Nanotechnology. Hrsg. von BILLINGTON, D. und PHILLIPS, D. Bedford: Euspen, 2017, S. 207–208. ISBN: 9780995775107.

[51] GRÄSER, P.; LINSS, S.; ZENTNER, L. und THESKA, R.: On the influence of the flexure hinge orientation in planar compliant mechanisms for ultra-precision applications. In: Engineering for a changing world : 59th IWK, Ilmenau Scientific Colloquium, Technische Universität Ilmenau, September 11-15, 2017 : proceedings (2017).

[52] GRÄSER, P.; LINSS, S.; ZENTNER, L. und THESKA, R.: Optimization of Compliant Mechanisms by Use of different Polynomial Flexure Hinge Contours. In: Interdisciplinary applications of kinematics. Hrsg. von KECSKEMÉTHY, A.; GEU FLORES, F.; CARRERA, E. und ELIAS, D. A. Mechanisms and Machine Science. Cham, Switzerland: Springer, 2019. ISBN: 3030164233.

[53] GRÄSER, P.; LINSS, S.; ZENTNER, L. und THESKA, R.: Ultra-precise linear motion generated by means of compliant mechanisms. In: Proceedings of the 15th international conference of the European Society for Precision

Engineering and Nanotechnology. Hrsg. von LEACH, R. Bedford: Euspen, 2015, S. 241–242. ISBN: 9780956679079.

[54] GRÄSER, P.; LINSS, S.; HARFENSTELLER, F.; TORRES, M.; ZENTNER, L. und THESKA, R.: High-precision and large-stroke XY micropositioning stage based on serially arranged compliant mechanisms with flexure hinges. In: Precision Engineering 72 (2021), S. 469–479. ISSN: 01416359. DOI: 10.1016/j.precisioneng.2021.02.001.

[55] GRÄSER, P.; LINSS, S.; ZENTNER, L. und THESKA, R.: Design and Experimental Characterization of a Flexure Hinge-Based Parallel Four-Bar Mechanism for Precision Guides. In: Microactuators and micromechanisms. Hrsg. von ZENTNER, L.; CORVES, B.; JENSEN, B. und LOVASZ, E.-C. Bd. 45. Mechanisms and Machine Science. Cham: Springer International Publishing, 2017, S. 139–152. ISBN: 978-3-319-45387-3. DOI: 10.1007/978-3-319-45387-3_13.

[56] GRIEBEL, A.; HENNING, S.; SCHALE, F.; GRIEBEL, S. und ZENTNER, L.: Modellbasierte Untersuchungen zur Kraftüberwachung anhand des Verformungsverhaltens einer Matratzenfeder. In: Tagungsband 13. Kolloquium Getriebetechnik, Fachhochschule Dortmund, 18. - 20. September 2019. Hrsg. von GÖSSNER, S. Berlin: Logos Berlin, 2019, S. 191–200. ISBN: 9783832549794.

[57] GRIEBEL, S.: Entwicklung und Charakterisierung fluidmechanischer nachgiebiger Aktuatoren am Beispiel eines multifunktionalen Sauggreifers. Dissertation. Technische Universität Ilmenau und Universitätsverlag Ilmenau. DOI: 10.22032/dbt.46923.

[58] GROSS, D.; HAUGER, W.; SCHRÖDER, J. und WALL, W. A.: Technische Mechanik 2: Elastostatik. 12., aktual. Aufl. Springer-Lehrbuch. Berlin: Springer Vieweg, 2014. ISBN: 978-3-642-40965-3. DOI: 10.1007/978-3-642-40966-0.

[59] HAO, G.; KONG, X. und REUBEN, R. L.: A nonlinear analysis of spatial compliant parallel modules: Multi-beam modules. In: Mechanism and Machine Theory 46.5 (2011), S. 680–706. DOI: 10.1016/j.mechmachtheory.2010.12.007.

[60] HARFENSTELLER, F.; HENNING, S. und LINSS, S.: Vergleich nichtlinearer Kontinuums-Balkenmodelle mit finiten Balkenmodellen für die Analyse nachgiebiger Mechanismen. In: Siebte IFToMM D-A-CH Konferenz. Hrsg. von IFTOMM D-A-CH. 2021. DOI: 10.17185/duepublico/74053.

[61] Hasse A.; Franz M. und Mauser K.: Synthesis of Compliant Mechanisms with Defined Kinematics. In: Microactuators and micromechanisms. Hrsg. von Zentner, L.; Corves, B.; Jensen, B. und Lovasz, E.-C. Bd. 45. Mechanisms and Machine Science. Cham: Springer International Publishing, 2017, S. 227–238. isbn: 978-3-319-45387-3. doi: 10.1007/978-3-319-45387-3_20.

[62] He, C.; Xie, Q.; Yang, Z. und Xue, S.: Modelling large planar deflections of flexible bundled conductors in substations using a modified chained-beam constraint model. In: Engineering Structures 185 (2019), S. 278–285. issn: 01410296. doi: 10.1016/j.engstruct.2019.01.119.

[63] Henein, S.; Spanoudakis, P.; Droz, S., Myklebust, L. I. und Onillon, E.: Flexure pivot for aerospace mechanisms. In: Proceedings of the 10th European Space Mechanisms and Tribology Symposium. Hrsg. von Harris, R. A. ESA SP. Noordwijk: ESA Publ. Division, 2003, S. 285–288.

[64] Henning, S.; Linss, S.; Gräser, P.; Schneider, J. D.; Theska, R. und Zentner, L.: Optimization of Compliant Path-Generating Mechanisms Based on Non-linear Analytical Modeling. In: MICROACTUATORS, MICROSENSORS AND MICROMECHANISMS. Hrsg. von Zentner, L. und Strehle, S. Bd. 96. Mechanisms and Machine Science. [S.l.]: SPRINGER NATURE, 2021, S. 25–35. isbn: 978-3-030-61651-9. doi: 10.1007/978-3-030-61652-6_3.

[65] Henning, S. und Zentner, L.: Entwicklung eines PC-Programms zur Analyse von nachgiebigen Mechanismen für beliebige Bewegungsaufgaben. In: Sechste IFToMM D-A-CH Konferenz. Hrsg. von IFToMM D-A-CH. 2020. doi: 10.17185/duepublico/71185.

[66] Henning, S. und Zentner, L.: Nichtlinear-analytische Modellbildung nachgiebiger Mechanismen unter Berücksichtigung des Querkraftschubs. In: Tagungsband 13. Kolloquium Getriebetechnik, Fachhochschule Dortmund, 18. - 20. September 2019. Hrsg. von Gössner, S. Berlin: Logos Berlin, 2019, S. 31–40. isbn: 9783832549794.

[67] Henning, S.; Linss, S.; Gräser, P.; Theska, R. und Zentner, L.: Nonlinear analytical modeling of planar compliant mechanisms. In: Mechanism and Machine Theory 155 (2020), S. 104067. doi: 10.1016/j.mechmachtheory.2020.104067.

[68] Henning, S.; Linss, S.; Schorr, P. und Zentner, L.: PC-Programm zur Analyse und Synthese von Festkörpergelenken mit unterschiedlichen

Aussparungsgeometrien. In: Vierte IFToMM D-A-CH Konferenz. Hrsg. von IFToMM D-A-CH. 2018. DOI: 10.17185/duepublico/45331.

[69] Henning, S.; Linss, S.; Vollrath, T. und Zentner, L.: Elasto-Kinematic Modeling of Planar Flexure Hinge-Based Compliant Mechanisms Incorporating Branched Links. In: Advances in Mechanism and Machine Science. Hrsg. von Uhl, T. Bd. 73. Mechanisms and Machine Science. Cham: Springer International Publishing, 2019, S. 1599–1608. ISBN: 978-3-030-20130-2. DOI: 10.1007/978-3-030-20131-9_158.

[70] Henning, S.; Linss, S. und Zentner, L.: detasFLEX – A computational design tool for the analysis of various notch flexure hinges based on nonlinear modeling. In: Mechanical Sciences 9.2 (2018), S. 389–404. DOI: 10.5194/ms-9-389-2018.

[71] Henning, S.; Linss, S. und Zentner, L.: Numerical calculation of compliant four-bar mechanisms with flexure hinges. In: The 4th International Conference Mechanical Engineering in XXI Century. Hrsg. von Janković, P. Niš: Faculty of Mechanical Engineering, 2018, S. 267–270. ISBN: 9788660551032.

[72] Henning, S.; Linss, S. und Zentner, L.: Synthesemethode zur Bestimmung geeigneter Geometrieparameter von Festkörpergelenken. In: Siebte IFToMM D-A-CH Konferenz. Hrsg. von IFToMM D-A-CH. 2021. DOI: 10.17185/DUEPUBLICO/74040.

[73] Henning, S. und Zentner, L.: Analysis of planar compliant mechanisms based on non-linear analytical modeling including shear and lateral contraction. In: Mechanism and Machine Theory 164 (2021), S. 104397. DOI: 10.1016/j.mechmachtheory.2021.104397.

[74] Henning, S. und Zentner, L.: Analytische Berechnung des Verformungsverhaltens räumlicher nachgiebiger Mechanismen. In: Achte IFToMM-D-A-CH Konferenz. Hrsg. von IFToMM D-A-CH. 2022. DOI: 10.17185/duepublico/75435.

[75] Hesse, W., Hrsg.: Aluminium-Werkstoff-Datenblätter: Aluminium Material Data Sheets. 7. Auflage 2016. Beuth Wissen. Berlin, Wien und Zürich: Beuth Verlag, 2016. ISBN: 9783410268765.

[76] Horie, M.; Hoshikawa, Y. und Kamiya, D.: Optimum Design of Mass Distribution of the Injection Molding Pantograph Mechanism with Constant Output Link Orientation. In: Micromechanics and microactuators. Hrsg. von Ananthasuresh, G. K.; Corves, B. und Petuya, V. Bd. 2. Mechanisms

and Machine Science. Dordrecht: Springer, 2012, S. 31–39. ISBN: 978-94-007-2720-5. DOI: 10.1007/978-94-007-2721-2_4.

[77] HOWELL, L. L.: Compliant mechanisms. A Wiley-Interscience publication. New York und Weinheim: Wiley, 2001. ISBN: 978-0471384786.

[78] HOWELL, L. L.; MAGLEBY, S. P. und OLSEN, B. M., Hrsg.: Handbook of Compliant Mechanisms. Chichester: Wiley, 2013. ISBN: 9781119953456. DOI: 10.1002/9781118516485.

[79] HUYNH, N.-T.; HUANG, S.-C. und DAO, T.-P.: Optimal displacement amplification ratio of bridge-type compliant mechanism flexure hinge using the Taguchi method with grey relational analysis. In: Microsystem Technologies 27.4 (2021), S. 1251–1265. ISSN: 0946-7076. DOI: 10.1007/s00542-018-4202-x.

[80] IBRAHIM, A.; WARSAME, A. A. und PERVAIZ, S.: Finite element (FE) assisted investigation of a compliant mechanism made of various polymeric materials. In: Materials Today: Proceedings 28 (2020), S. 1181–1187. ISSN: 22147853. DOI: 10.1016/j.matpr.2020.01.105.

[81] INTERNATIONAL FEDERATION FOR THE PROMOTION OF MECHANISM AND MACHINE SCIENCE: IFToMM dictionaries online. URL: http://www.iftomm-terminology.antonkb.nl/ (zuletzt geprüft am 09. 02. 2022).

[82] IQBAL, S.; LAI, Y.; SHAKOOR, R. I.; RAFFI, M. und BAZAZ, S. A.: Design, analysis, and experimental investigation of micro-displacement amplification compliant mechanism for micro-transducers. In: The Review of scientific instruments 92.10 (2021), S. 105007. DOI: 10.1063/5.0061820.

[83] IVANOV, I. und CORVES, B.: Fatigue testing of flexure hinges for the purpose of the development of a high-precision micro manipulator. In: Mechanical Sciences 5.2 (2014), S. 59–66. DOI: 10.5194/ms-5-59-2014.

[84] IVANOV, I.: Methodical development of a parallel kinematic positioning system based on monolithic structures with flexure hinges. Dissertation. Aachen: RWTH Aachen, 2016.

[85] JAHN, H.; HENNING, S. und ZENTNER, L.: CoMSys - ein GUI-basiertes Berechnungstool zur Analyse und Optimierung nachgiebiger Mechanismen. In: Achte IFToMM-D-A-CH Konferenz. Hrsg. von IFTOMM D-A-CH. 2022. DOI: 10.17185/duepublico/75432.

[86] JANSSEN, H.: To the point precision engineering knowledge database. URL: https://www.jpe-innovations.com/precision-point/ (zuletzt geprüft am 14. 02. 2022).

[87] JESÚS CERVANTES-SÁNCHEZ, J.; RICO-MARTÍNEZ, J. M.; PACHECO-GUTIÉRREZ, S. und CERDA-VILLAFAÑA, G.: Static analysis of spatial parallel manipulators by means of the principle of virtual work. In: Robotics and Computer-Integrated Manufacturing 28.3 (2012), S. 385–401. ISSN: 07365845. DOI: 10.1016/j.rcim.2011.11.002.

[88] JONKER, J. B. und MEIJAARD, J. P.: SPACAR — Computer Program for Dynamic Analysis of Flexible Spatial Mechanisms and Manipulators. In: Multibody Systems Handbook. Hrsg. von SCHIEHLEN, W. Berlin, Heidelberg: Springer Berlin Heidelberg, 1990, S. 123–143. ISBN: 978-3-642-50997-1. DOI: 10.1007/978-3-642-50995-7_9.

[89] JOO, J. und KOTA, S.: Topological Synthesis of Compliant Mechanisms Using Nonlinear Beam Elements. In: Mechanics Based Design of Structures and Machines 32.1 (2004), S. 17–38. ISSN: 1539-7734. DOI: 10.1081/SME-12 0026588.

[90] KAHROBAIYAN, M. H.; ZANATY, M. und HENEIN, S.: An Analytical Model for Beam Flexure Modules Based on the Timoshenko Beam Theory. In: Proceedings of the ASME International Design Engineering Technical Conferences and Computers and Information in Engineering Conference – 2017. New York, N.Y: American Society of Mechanical Engineers, 2017. ISBN: 978-0-7918-5817-2. DOI: 10.1115/DETC2017-67512.

[91] KANG, B. und WEN, J.: Design of Compliant MEMS Grippers for Micro-Assembly Tasks. In: IEEE/RSJ International Conference on Intelligent Robots and Systems, 2006. Piscataway, NJ: IEEE Operations Center, 2006, S. 760–765. ISBN: 1-4244-0258-1. DOI: 10.1109/IROS.2006.282626.

[92] KIM, C.: Decomposition Strategies for the Synthesis of Single Input-Single Output and Dual Input-Single Output Compliant Mechanisms. In: Proceedings of the ASME International Design Engineering Technical Conferences and Computers and Information in Engineering Conference - 2007. New York, NY: ASME, 2008, S. 137–146. ISBN: 0-7918-4809-4. DOI: 10.1115/DE TC2007-35449.

[93] KIRMSE, S.; CAMPANILE, L. F. und HASSE, A.: Synthesis of compliant mechanisms with selective compliance – An advanced procedure. In: Mechanism and Machine Theory 157 (2021), S. 104184. DOI: 10.1016/j.mechm achtheory.2020.104184.

[94] KONG, K.; CHEN, G. und HAO, G.: Kinetostatic Modeling and Optimization of a Novel Horizontal-Displacement Compliant Mechanism. In: Journal of

Mechanisms and Robotics 11.6 (2019). ISSN: 1942-4302. DOI: 10.1115/1.4044334.

[95] KONG, N.; SANDERS, A. und WULFSBERG, J. P.: On the Design Methodology of Flexure-Based Compliant Mechanisms by Utilizing Pseudo-Rigid-Body Models with 3-DOF Joints. In: Proceedings of the 14th IFToMM World Congress. Hrsg. von INTERNATIONAL FEDERATION FOR THE PROMOTION OF MECHANISM AND MACHINE SCIENCE. Red Hook, NY: Taipei 2015, 2015, S. 631–637. ISBN: 978-986-04-6098-8. DOI: 10.6567/IFToMM.14TH.WC.OS3.021.

[96] KOSTER, M. P.: Constructieprincipes voor het nauwkeurig bewegen en positioneren. Vijfde druk, vijfde oplage. Amersfoort: ThiemeMeulenhoff, 2008. ISBN: 905574610X.

[97] Kurvengetriebe, Koppelgetriebe, gesteuerte Antriebe: Problemlösungen in der Bewegungstechnik ; Tagung Kassel, 15. und 16. September 1998. Bd. 1423. VDI-Berichte. Düsseldorf, 1998. ISBN: 3180914238.

[98] LAU, G. K.; DU, H. und LIM, M. K.: Use of functional specifications as objective functions in topological optimization of compliant mechanism. In: Computer Methods in Applied Mechanics and Engineering 190.34 (2001), S. 4421–4433. ISSN: 00457825. DOI: 10.1016/S0045-7825(00)00325-X.

[99] LI, S.; HAO, G. und WRIGHT, W. M.: Design and modelling of an anti-buckling compliant universal joint with a compact configuration. In: Mechanism and Machine Theory 156 (2021), S. 104162. DOI: 10.1016/j.mechmachtheory.2020.104162.

[100] LI, Y. und XU, Q.: A Totally Decoupled Piezo-Driven XYZ Flexure Parallel Micropositioning Stage for Micro/Nanomanipulation. In: IEEE Transactions on Automation Science and Engineering 8.2 (2011), S. 265–279. ISSN: 1545-5955. DOI: 10.1109/TASE.2010.2077675.

[101] LI, Y. und XU, Q.: Design of a new decoupled XY flexure parallel kinematic manipulator with actuator isolation. In: 2008 IEEE/RSJ International Conference on Intelligent Robots and Systems. Hrsg. von YANGMIN LI, Q. X. Piscataway, NJ: IEEE Service Center, 2008, S. 470–475. ISBN: 9781424420582. DOI: 10.1109/IROS.2008.4650580.

[102] LIAW, H. C. und SHIRINZADEH, B.: Robust generalised impedance control of piezo-actuated flexure-based four-bar mechanisms for micro/nano manipulation. In: Sensors and Actuators A: Physical 148.2 (2008), S. 443–453. ISSN: 09244247. DOI: 10.1016/j.sna.2008.09.006.

[103] LIN, S.; WANG, J.; XIONG, W.; HU, Q.; LIU, H. und WANG, Q.: Design and Modeling of a Curved Beam Compliant Mechanism with Six Degrees of Freedom. In: Micromachines 13.2 (2022), S. 208. ISSN: 2072-666X. DOI: 10.3390/mi13020208.

[104] LING, M.; CAO, J.; JIANG, Z. und LI, Q.: Development of a multistage compliant mechanism with new boundary constraint. In: The Review of scientific instruments 89.1 (2018), S. 015009. DOI: 10.1063/1.5007890.

[105] LING, M.; CAO, J.; JIANG, Z. und LIN, J.: A semi-analytical modeling method for the static and dynamic analysis of complex compliant mechanism. In: Precision Engineering 52 (2018). ISSN: 01416359. DOI: 10.1016/j.precisioneng.2017.11.008.

[106] LINSS, S.; GRÄSER, P.; HENNING, S.; HARFENSTELLER, F.; THESKA, R. und ZENTNER, L.: Synthesis Method for Compliant Mechanisms of High-Precision and Large-Stroke by Use of Individually Shaped Power Function Flexure Hinges. In: Advances in Mechanism and Machine Science. Hrsg. von UHL, T. Bd. 73. Mechanisms and Machine Science. Cham: Springer International Publishing, 2019, S. 1569–1578. ISBN: 978-3-030-20130-2. DOI: 10.1007/978-3-030-20131-9_155.

[107] LINSS, S.: Ein Beitrag zur geometrischen Gestaltung und Optimierung prismatischer Festkörpergelenke in nachgiebigen Koppelmechanismen. Dissertation. Ilmenau: Technische Universität Ilmenau, 2015.

[108] LINSS, S.; GRÄSER, P.; RÄDER, T.; HENNING, S.; THESKA, R. und ZENTNER, L.: Influence of geometric scaling on the elasto-kinematic properties of flexure hinges and compliant mechanisms. In: Mechanism and Machine Theory 125 (2018), S. 220–239. DOI: 10.1016/j.mechmachtheory.2018.03.008.

[109] LINSS, S.; GRÄSER, P.; TORRES, M.; KALETSCH, T.; THESKA, R. und ZENTNER, L.: A Novel Planar Two-Axis Leaf-Type Notch Flexure Hinge with Coincident Rotation Axes and Its Application to Micropositioning Stages. In: MICROACTUATORS, MICROSENSORS AND MICROMECHANISMS. Hrsg. von ZENTNER, L. und STREHLE, S. Bd. 96. Mechanisms and Machine Science. [S.l.]: SPRINGER NATURE, 2021, S. 1–14. ISBN: 978-3-030-61651-9. DOI: 10.1007/978-3-030-61652-6_1.

[110] LINSS, S.; HENNING, S.; ZHAO, C. und ERBE, T.: The bending-torsion-stiffness ratio of flexure hinges with common and polynomial notch shapes. In: Siebte IFToMM D-A-CH Konferenz. Hrsg. von IFTOMM D-A-CH. 2021. DOI: 10.17185/duepublico/74059.

[111] LINSS, S.; HENNING, S. und ZENTNER, L.: Modeling and Design of Flexure Hinge-Based Compliant Mechanisms. In: Kinematics - Analysis and Applications. Hrsg. von MIZRAHI, J. IntechOpen, 2019. ISBN: 978-1-78984-490-0. DOI: 10.5772/intechopen.85224.

[112] LINSS, S.; SCHORR, P.; HENNING, S. und ZENTNER, L.: Contour-independent design equations for the calculation of the rotational properties of commonly used and polynomial flexure hinges. In: Engineering for a changing world : 59th IWK, Ilmenau Scientific Colloquium, Technische Universität Ilmenau, 2017 (2017).

[113] LINSS, S.; SCHORR, P. und ZENTNER, L.: General design equations for the rotational stiffness, maximal angular deflection and rotational precision of various notch flexure hinges. In: Mechanical Sciences 8.1 (2017), S. 29–49. DOI: 10.5194/ms-8-29-2017.

[114] LIU, K. und TOVAR, A.: An efficient 3D topology optimization code written in Matlab. In: Struct. Multidiscipl. Optim. (Structural and Multidisciplinary Optimization) 50.6 (2014), S. 1175–1196. DOI: 10.1007/s00158-014-1107-x.

[115] LIU, M.; ZHAN, J.; ZHU, B. und ZHANG, X.: Topology optimization of compliant mechanism considering actual output displacement using adaptive output spring stiffness. In: Mechanism and Machine Theory 146 (2020), S. 103728. DOI: 10.1016/j.mechmachtheory.2019.103728.

[116] LIU, P. und YAN, P.: Kinetostatic Modeling of Bridge-Type Amplifiers Based on Timoshenko Beam Constraint Model. In: International Journal of Precision Engineering and Manufacturing 19.9 (2018), S. 1339–1345. ISSN: 2234-7593. DOI: 10.1007/s12541-018-0158-0.

[117] LOBONTIU, N.: Compliant mechanisms: Design of flexure hinges. Boca Raton: CRC Press, 2003. ISBN: 9780849313677.

[118] LOBONTIU, N.: Planar Flexible Hinges With Curvilinear-Axis Segments for Mechanisms of In-Plane and Out-of-Plane Operation. In: Journal of Mechanical Design 137.1 (2015), S. 012302. ISSN: 1050-0472. DOI: 10.1115/1.4028792.

[119] LU, T.-F.; HANDLEY, D. C. und YONG, Y. K.: Position control of a 3 DOF compliant micro-motion stage. In: 8th International Conference on Control, Automation, Robotics and Vision, 2004, ICARCV 2004. Piscataway, NJ: IEEE Operations Center, 2004, S. 1274–1278. ISBN: 0-7803-8653-1. DOI: 10.1109/ICARCV.2004.1469029.

[120] MA, F. und CHEN, G.: Chained Beam-Constraint-Model (CBCM): A Powerful Tool for Modeling Large and Complicated Deflections of Flexible Beams in Compliant Mechanisms. In: Proceedings of the ASME International Design Engineering Technical Conferences and Computers and Information in Engineering Conference - 2014. New York, NY: ASME, 2014. ISBN: 978-0-7918-4636-0. DOI: 10.1115/DETC2014-34140.

[121] MA, F. und CHEN, G.: Influence of non-ideal fixed-end constraints on kinetostatic behaviors of compliant bistable mechanisms. In: Mechanism and Machine Theory 133 (2019), S. 267–277. DOI: 10.1016/j.mechmachtheory.2018.11.008.

[122] MA, F. und CHEN, G.: Modeling Large Planar Deflections of Flexible Beams in Compliant Mechanisms Using Chained Beam-Constraint-Model1. In: Journal of Mechanisms and Robotics 8.2 (2016). ISSN: 1942-4302. DOI: 10.1115/1.4031028.

[123] MARANGONI, R. R.; RAHNEBERG, I.; HILBRUNNER, F.; THESKA, R. und FRÖHLICH, T.: Analysis of weighing cells based on the principle of electromagnetic force compensation. In: Measurement Science and Technology 28.7 (2017), S. 075101. ISSN: 0957-0233. DOI: 10.1088/1361-6501/aa6bcd.

[124] MARLER, R. T. und ARORA, J. S.: Survey of multi-objective optimization methods for engineering. In: Structural and Multidisciplinary Optimization 26.6 (2004), S. 369–395. ISSN: 1615-147X. DOI: 10.1007/s00158-003-0368-6.

[125] MEGARO, V.; ZEHNDER, J.; BÄCHER, M.; COROS, S.; GROSS, M. und THOMASZEWSKI, B.: A computational design tool for compliant mechanisms. In: ACM Transactions on Graphics 36.4 (2017), S. 1–12. ISSN: 07300301. DOI: 10.1145/3072959.3073636.

[126] MENG, Q.; LI, Y. und XU, J.: New empirical stiffness equations for corner-filleted flexure hinges. In: Mechanical Sciences 4.2 (2013), S. 345–356. DOI: 10.5194/ms-4-345-2013.

[127] MILOJEVIĆ, A.; PAVLOVIĆ, N. D.; MILOŠEVIĆ, M. und TOMIĆ, M.: New Software for Synthesis of Compliant Mechanisms. In: Proceedings of The 2nd International Conference Mechanical Engineering in XXI Century. Niš, Serbia, 2013.

[128] MODLER, N.; MODLER, K.-H.; HUFENBACH, W.; MĂRGINEANU, D.; LOVASZ, E. C. und PERJU, D.: Simulation Models for Compliant Mechanisms with Integrated Actuators. In: 13th World Congress in Mechanism and Machine Science. Hrsg. von INTERNATIONAL FEDERATION FOR THE PRO-

MOTION OF MECHANISM AND MACHINE SCIENCE. Red Hook, NY: Curran, 2011, S. 1–7. ISBN: 9781629930770.

[129] NIARITSIRY, T.-F.; FAZENDA, N. und CLAVEL, R.: Simulation analysis of the sources of inaccuracy of a parallel manipulator. In: 42nd IEEE Conference on Decision and Control. Piscataway, N.J: IEEE, 2003, S. 266–271. ISBN: 0-7803-7925-X. DOI: 10.1109/RISSP.2003.1285585.

[130] PARLAKTAŞ, V.; TANIK, E. und TANIK, Ç. M.: On the design of a novel fully compliant spherical four-bar mechanism. In: Advances in Mechanical Engineering 11.9 (2019). ISSN: 1687-8140. DOI: 10.1177/1687814019879548.

[131] PAROS, J. M. und WEISBORD, L.: How to design flexure hinges. In: Machine design 25 11 (1965), S. 151–156.

[132] PARVARI RAD, F.; BERSELLI, G.; VERTECHY, R. und PARENTI-CASTELLI, V.: Design and stiffness analysis of a compliant spherical chain with three degrees of freedom. In: Precision Engineering 47 (2017), S. 1–9. ISSN: 01416359. DOI: 10.1016/j.precisioneng.2016.06.011.

[133] PEDERSEN, C. B. W.; BUHL, T. und SIGMUND, O.: Topology synthesis of large-displacement compliant mechanisms. In: International Journal for Numerical Methods in Engineering 50.12 (2001), S. 2683–2705. ISSN: 0029-5981. DOI: 10.1002/nme.148.

[134] PEI, X. und YU, J.: ADLIF: A new large-displacement beam-based flexure joint. In: Mechanical Sciences 2.2 (2011), S. 183–188. DOI: 10.5194/ms-2-183-2011.

[135] PHAM, H.-H. und CHEN, I.-M.: Stiffness modeling of flexure parallel mechanism. In: Precision Engineering 29.4 (2005), S. 467–478. ISSN: 01416359. DOI: 10.1016/j.precisioneng.2004.12.006.

[136] RAATZ, A.: Stoffschlüssige Gelenke aus pseudo-elastischen Formgedächtnislegierungen in Pararellrobotern. Dissertation. Braunschweig: Technische Universität Braunschweig, 2006.

[137] REDDY, J. N.: Energy principles and variational methods in applied mechanics. 2. ed. Mechanical engineering. Hoboken, NJ: Wiley, 2002. ISBN: 047117985X.

[138] RÖSNER, M. und LAMMERING, R.: Effiziente räumliche Modelle komplexer nachgiebiger Mechanismen auf Basis elastischer Festkörpergelenke: Hamburg, Helmut-Schmidt-Univ., Diss., 2015. Bd. Heft Dezember 2015. /Bericht aus dem Institut für Mechanik. Hamburg und Hamburg: Helmut-Schmidt-Universität Bibliothek, 2016.

[139] Rubbert, L.; Bitterli, R.; Ferrier, N.; Fifanski, S.; Vardi, I. und Henein, S.: Isotropic springs based on parallel flexure stages. In: Precision Engineering 43 (2016), S. 132–145. ISSN: 01416359. DOI: 10.1016/j.precisioneng.2015.07.003.

[140] Rust, W.: Nichtlineare Finite-Elemente-Berechnungen: Kontakt, Geometrie, Material. 2., überarbeitete und erweiterte Auflage. SpringerLink Bücher. Wiesbaden: Vieweg+Teubner, 2011. ISBN: 978-3-83481-491-3. DOI: 10.1007/978-3-8348-8148-9.

[141] Schnapp, C.; Amstein, M.; Henning, S.; Meyer, E.; Erbacher, B. und Hofmann, J.: Fahrzeugsitz. WO 2016/120143 A1. 2016.

[142] Schotborgh, W. O.; Kokkeler, F. G.; Tragter, H. und van Houten, F. J.: Dimensionless design graphs for flexure elements and a comparison between three flexure elements. In: Precision Engineering 29.1 (2005), S. 41–47. ISSN: 01416359. DOI: 10.1016/j.precisioneng.2004.04.003.

[143] Shen, X.; Zhang, L. und Qiu, D.: A lever-bridge combined compliant mechanism for translation amplification. In: Precision Engineering 67 (2021), S. 383–392. ISSN: 01416359. DOI: 10.1016/j.precisioneng.2020.10.010.

[144] Shusheng, B.; Hongzhe, Z. und Jingjun, Y.: Modeling of a Cartwheel Flexural Pivot. In: Journal of Mechanical Design 131.6 (2009). ISSN: 1050-0472. DOI: 10.1115/1.3125204.

[145] Smith, S. T.; Chetwynd, D. G. und Bowen, D. K.: Design and assessment of monolithic high precision translation mechanisms. In: Journal of Physics E: Scientific Instruments 20.8 (1987), S. 977–983. ISSN: 0022-3735. DOI: 10.1088/0022--3735/20/8/005.

[146] Smith, S. T.: Flexures. CRC Press, 2000. ISBN: 9780429180361. DOI: 10.1201/9781482282962.

[147] Spura, C.: Einführung in die Balkentheorie nach Timoshenko und Euler-Bernoulli. essentials. Wiesbaden: Springer Fachmedien Wiesbaden, 2019. ISBN: 978-3-658-25215-1. DOI: 10.1007/978-3-658-25216-8.

[148] Svetlitsky, V. A.: Statics of Rods. Foundations of Engineering Mechanics. Berlin, Heidelberg: Springer Berlin Heidelberg, 2000. ISBN: 978-3-540-45593-6.

[149] THÜMMEL, T.; HUBER, R.; HORIE, M. und ISHIKAWA, C.: Motion Control Design of a Molded Pantograph Mechanism with Large-Deflective Hinges. In: Proceedings of the IUTAM Symposium on 'Vibration Control of Nonlinear Mechanisms and Structures'. Hrsg. von ULBRICH, H. und GÜNTHNER, W. Solid Mechanics and its Applications. Springer, 2005, S. 355–364. ISBN: 9781402041600.

[150] TIAN, Y.; ZHOU, C.; WANG, F.; LU, K. und ZHANG, D.: A novel compliant mechanism based system to calibrate spring constant of AFM cantilevers. In: Sensors and Actuators A: Physical 309 (2020), S. 112027. ISSN: 09244247. DOI: 10.1016/j.sna.2020.112027.

[151] TIMOSHENKO, S. P.: LXVI. On the correction for shear of the differential equation for transverse vibrations of prismatic bars. In: The London, Edinburgh, and Dublin Philosophical Magazine and Journal of Science 41.245 (1921), S. 744–746. ISSN: 1941-5982. DOI: 10.1080/14786442108636264.

[152] TOLLMIEN, W.; SCHLICHTING, H. und GÖRTLER, H.: Ludwig Prandtl Gesammelte Abhandlungen: Zur angewandten Mechanik, Hydro- und Aerodynamik. Berlin, Heidelberg und s.l.: Springer Berlin Heidelberg, 1961. ISBN: 978-3-662-11837-5. DOI: 10.1007/978-3-662-11836-8.

[153] TORRES MELGAREJO, M. A.; DARNIEDER, M.; LINSS, S.; ZENTNER, L.; FRÖHLICH, T. und THESKA, R.: On Modeling the Bending Stiffness of Thin Semi-Circular Flexure Hinges for Precision Applications. In: Actuators 7.4 (2018), S. 86. ISSN: 2076-0825. DOI: 10.3390/act7040086.

[154] TORRES MELGAREJO, MARIO ANDRÉ; HENNING, S.; ZENTNER, L. und THESKA, R.: Zum Einfluss von geometrischen Abweichungen von Festkörpergelenken auf das Bahnverhalten von nachgiebigen Geradführungsmechanismen für Ultrapräzisionsanwendungen. In: Achte IFToMM-D-A-CH Konferenz. Hrsg. von IFTOMM D-A-CH. 2022. DOI: 10.17185/duepublico/75447.

[155] TSEYTLIN, Y. M.: Notch flexure hinges: An effective theory. In: Review of Scientific Instruments 73.9 (2002), S. 3363–3368. ISSN: 0034-6748. DOI: 10.1063/1.1499761.

[156] TURKKAN, O. A. und SU, H.-J.: DAS-2D: A concept design tool for compliant mechanisms. In: Mechanical Sciences 7.2 (2016), S. 135–148. DOI: 10.5194/ms-7-135-2016.

[157] VAN BEEK, A.: Calculator for a single notched hinge. URL: https://www.tribology-abc.com/calculators/c14_2.htm (zuletzt geprüft am 14. 02. 2022).

[158] Venanzi, S.; Giesen, P. und Parenti-Castelli, V.: A novel technique for position analysis of planar compliant mechanisms. In: Mechanism and Machine Theory 40.11 (2005), S. 1224–1239. doi: 10.1016/j.mechmachtheory.2005.01.009.

[159] Venkiteswaran, V. K. und Su, H.-J.: A parameter optimization framework for determining the pseudo-rigid-body model of cantilever-beams. In: Precision Engineering 40 (2015), S. 46–54. issn: 01416359. doi: 10.1016/j.precisioneng.2014.10.002.

[160] Venkiteswaran, V. K. und Su, H.-J.: A Versatile 3R Pseudo-Rigid-Body Model for Initially Curved and Straight Compliant Beams of Uniform Cross Section. In: Journal of Mechanical Design 140.9 (2018). issn: 1050-0472. doi: 10.1115/1.4040628.

[161] Venkiteswaran, V. K. und Su, H.-J.: Extension Effects in Compliant Joints and Pseudo-Rigid-Body Models. In: Journal of Mechanical Design 138.9 (2016), S. 535. issn: 1050-0472. doi: 10.1115/1.4034111.

[162] Venkiteswaran, V. K.; Turkkan, O. A. und Su, H.-J.: Speeding Up Topology Optimization of Compliant Mechanisms With a Pseudorigid-Body Model. In: Journal of Mechanisms and Robotics 9.4 (2017). issn: 1942-4302. doi: 10.1115/1.4035992.

[163] Vink, J.: Calculating Flexure Hinges. url: https://www.vinksda.com/toolkit-mechanical-calculations/calculating-flexure-hinges/ (zuletzt geprüft am 14. 02. 2022).

[164] Vollrath, T.: Nichtlineare Berechnung und Simulation des mechanisch-kinematischen Verhaltens von nachgiebigen Mechanismen mit Festkörpergelenken. Masterarbeit. Ilmenau: Technische Universität Ilmenau, 2019.

[165] Wang, J.; Yang, Y.; Yang, R.; Feng, P. und Guo, P.: On the validity of compliance-based matrix method in output compliance modeling of flexure-hinge mechanism. In: Precision Engineering 56 (2019), S. 485–495. issn: 01416359. doi: 10.1016/j.precisioneng.2019.02.006.

[166] Wang, X.; Luo, Z. und Geng, X.: Experimental verification of robust topology optimization for compliant mechanism. In: Rapid Prototyping Journal 26.9 (2020), S. 1485–1502. issn: 1355-2546. doi: 10.1108/RPJ-06-2019-0172.

[167] Wilding, S. E.; Howell, L. L. und Magleby, S. P.: Spherical lamina emergent mechanisms. In: Mechanism and Machine Theory 49 (2012), S. 187–197. doi: 10.1016/j.mechmachtheory.2011.10.009.

[168] Will, C.: Continuum Models for Biologically Inspired Tactile Sensors: Theory, Numerics and Experiments. Dissertation. Ilmenau: Technische Universität Ilmenau, 2018.

[169] Wu, K. und Hao, G.: Design and nonlinear modeling of a novel planar compliant parallelogram mechanism with general tensural-compresural beams. In: Mechanism and Machine Theory (2020), S. 103950. doi: 10.1016/j.mechmachtheory.2020.103950.

[170] Wu, M.; Yang, F.; Lu, Y.; Wang, J.; Wang, G.; Yue, H. und Yu, H.: Compliance Analysis for Flow Effector Actuator Based on Serial Compliant Mechanism With Double Guide Ends. In: IEEE Access 7 (2019), S. 28913–28928. doi: 10.1109/ACCESS.2019.2899408.

[171] Wu, Y. und Zhou, Z.: Design calculations for flexure hinges. In: Review of Scientific Instruments 73.8 (2002), S. 3101–3106. issn: 0034-6748. doi: 10.1063/1.1494855.

[172] Wunderlich, W. und Kiener, G.: Statik der Stabtragwerke. Wiesbaden: Vieweg+Teubner Verlag, 2004. isbn: 978-3-519-05061-2. doi: 10.1007/978-3-322-80128-9.

[173] Xiangzhou, Z.; Yougao, L.; Zhiyong, D. und Hongzan, B.: Statics of rotational 3-UPU parallel mechanisms based on principle of virtual work. In: IEEE International Conference on Robotics and Biomimetics, 2007. Piscataway, NJ: IEEE Service Center, 2007, S. 1954–1959. isbn: 978-1-4244-1761-2. doi: 10.1109/ROBIO.2007.4522466.

[174] Yang, X.; Li, W.; Wang, Y. und Ye, G.: Output displacement analysis for compliant single parallel four-bar mechanism. In: 2010 International Conference on Mechatronics and Automation. Piscataway, NJ: IEEE, 2010, S. 1354–1357. isbn: 978-1-4244-5140-1. doi: 10.1109/ICMA.2010.5588308.

[175] Yuanqiang, L.; Wangyu, L. und Lei, W.: Analysis of the displacement of lumped compliant parallel-guiding mechanism considering parasitic rotation and deflection on the guiding plate and rigid beams. In: Mechanism and Machine Theory 91 (2015), S. 50–68. doi: 10.1016/j.mechmachtheory.2015.04.007.

[176] Zentner, L.; Henning, S. und Fröhlich, T.: Design of Compliant Mechanisms Based on Rigid-Body Mechanisms. In: Ro. J. Techn. Sci. - Appl. Mechanics 67 (2022), S. 61–78.

[177] Zentner, L.: Nachgiebige Mechanismen. München: De Gruyter, 2014. doi: 10.1524/9783486858907.

[178] ZENTNER, L. und LINSS, S.: Compliant systems: Mechanics of elastically deformable mechanisms, actuators and sensors. Berlin: De Gruyter, 2019. ISBN: 978-3-11-047731-3.

[179] ZETTL, B.; SZYSZKOWSKI, W. und ZHANG, W. J.: Accurate low DOF modeling of a planar compliant mechanism with flexure hinges: the equivalent beam methodology. In: Precision Engineering 29.2 (2005), S. 237–245. ISSN: 01416359. DOI: 10.1016/j.precisioneng.2004.09.001.

[180] ZHANG, H.-X.; RYOO, Y.-J. und BYUN, K.-S.: Development of Torque Sensor with High Sensitivity for Joint of Robot Manipulator Using 4-Bar Linkage Shape. In: Sensors (Basel, Switzerland) 16.7 (2016). DOI: 10.3390/s16070991.

[181] ZHANG, Y.; GE, W.; ZHANG, Z.; MO, X. und ZHANG, Y.: Design of compliant mechanism-based variable camber morphing wing with nonlinear large deformation. In: International Journal of Advanced Robotic Systems 16.6 (2019), S. 172988141988674. ISSN: 1729-8814. DOI: 10.1177/1729881419886740.

[182] ZHAO, L.; LI, K.; CHANG, Y. und LI, J.: Topology Optimization Design of Compliant Mechanism of Composite Wing Leading Edge. In: Journal of Physics: Conference Series 1215.1 (2019), S. 012002. ISSN: 1742-6588. DOI: 10.1088/1742-6596/1215/1/012002.

[183] ZHU, B.; ZHANG, X.; ZHANG, H.; LIANG, J.; ZANG, H.; LI, H. und WANG, R.: Design of compliant mechanisms using continuum topology optimization: A review. In: Mechanism and Machine Theory 143 (2020), S. 103622. DOI: 10.1016/j.mechmachtheory.2019.103622.

[184] ZHU, D. und ZHAN, W.: Topology optimization of a 6-DOF spatial compliant mechanism based on Stewart propotype platform. In: Acta Mechanica Sinica 35.5 (2019), S. 1044–1059. ISSN: 0567-7718. DOI: 10.1007/s10409-019-00877-8.

[185] ZICHNER, M.: Mechanismenelemente mit lokal angepasster Nachgiebigkeit. Dissertation. Dresden: Technische Universität Dresden, 2018.